21世纪高职高专现代物业管理系列教材

房屋管理与维修实务

（第2次修订本）

张艳敏　岳　娜　主编

清华大学出版社
北京交通大学出版社
·北京·

内容简介

本书根据高职院校的任务驱动类课程教材要求，将物业管理企业“房屋管理与维修”这一核心工作岗位的工作任务分解成一个个有机联系的典型子任务，主要包括：房屋管理与维修工作认知，房屋查勘与完损等级评定，规划设计和施工阶段物业前期介入，房屋质量控制与验收，房屋装修管理，房屋结构管理、维修与养护，房屋防水管理与维修，房屋装饰工程的管理与维修和房屋维修预算。每一典型任务模块为一教学单元，并给以具体的工作任务。让学生在教师的指导下边分析边根据课本所提供的背景知识研究出解决问题的方法，最后给出相应的实训任务，使学生对所学的知识和以后的工作岗位有较为完整的掌握和理解。

本书作为高等职业教育物业管理专业的教材，同样适合作为物业管理行业从业人员的培训教材或参考读物。

图书在版编目（CIP）数据

房屋管理与维修实务／张艳敏，岳娜主编．—北京：清华大学出版社；北京交通大学出版社，2012.8（2022.7 重印）
ISBN 978－7－5121－1129－5

Ⅰ．①房…　Ⅱ．①张…　②岳…　Ⅲ．①工程装修－高等职业教育－教材
Ⅳ．①TU767

中国版本图书馆 CIP 数据核字（2012）第 194094 号

责任编辑：解　坤
出版发行：清 华 大 学 出 版 社　　邮编：100084　　电话：010－62776969　　http://www.tup.com.cn
　　　　　北京交通大学出版社　　邮编：100044　　电话：010－51686414　　http://press.bjtu.edu.cn
印 刷 者：北京时代华都印刷有限公司
经　　销：全国新华书店
开　　本：185×230　　印张：18.25　　字数：409 千字
版　　次：2020 年 7 月第 2 次修订　　2022 年 7 月第 6 次印刷
书　　号：ISBN 978－7－5121－1129－5/TU・88
印　　数：6 401～7 400 册　　定价：45.00 元

本书如有质量问题，请向北京交通大学出版社质监组反映。对您的意见和批评，我们表示欢迎和感谢。
投诉电话：010－51686043，51686008；传真：010－62225406；E-mail：press@bjtu.edu.cn。

前言

"房屋管理与维修"是物业管理部门的一项重要工作，房屋管理与维修工作的好坏是物业公司工作质量和服务能力的重要体现，也是业主对物业服务满意度评价的重要因素之一。工作环节主要包括房屋管理、日常养护和维修施工技术等工作，在实际工作过程中管理和维修是有机融合在一起的，因此要求从业人员要对房屋管理和维修工作的程序有一个完整的、系统的认识。本书以"全程物业管理"模式下房屋管理与维修工作的工作链为主线，根据物业管理专业学生的知识结构和工作特点立足于实用和适用，使学生在了解房屋结构基础知识的基础上，掌握房屋管理和养护的措施及房屋损坏的维修方法，为今后做好房屋使用管理、养护、维修的技术和施工管理打好专业基础。

本书根据高职教学中任务驱动类教学方法用书需求坚持"学生为主体，教师为主导"的原则进行编写，将"房屋管理与维修"这一核心工作岗位按照工作阶段的先后将工作任务分解成一个个有机联系的典型子任务，主要包括：房屋管理与维修工作认知，房屋查勘与完损等级评定，规划设计和施工阶段物业前期介入，房屋质量控制与验收，房屋装修管理，房屋结构管理、维修与养护，房屋防水管理与维修，房屋装饰工程的管理与维修，最后还就房屋维修预算进行简单的讲解和举例，以使学生对房屋管理与维修工作有一个完整的认识。每一典型任务模块为一教学单元，每一个学习情境给出职场典例和具体的工作任务，让学生首先通过职场典例对未来工作情景有一个简单的认识，在教师的指导下，通过"自学、教授和探索"边做边学，最后结合实训任务让学生在模拟的工作情景中完成相关知识的学习，教师结合授课内容边讲解边对学生的技术方案进行评析。

本书由武汉职业技术学院建筑工程学院张艳敏、西安欧亚学院岳娜任主编，武汉职业技术学院建筑工程学院王俊松、章晓霞任副主编。具体编写分工为：张艳敏编写学习情境一、二，学习情境三任务一、三，学习情境四至学习情境八，并绘制部分图表；岳娜编写学习情境三任务二；章晓霞编写学习情境九任务一并绘制部分图；王俊松编写学习情境九任务二。全书由张艳敏统稿、定稿，由刘勇副教授审核。

由于时间仓促和编写水平有限，本书难免有不足之处，希望能得到广大师生和读者批评指正。

科研项目：本书受湖北省教育厅科研项目"物业管理专业仿真教学体系的研究与实践"支持。

编　者

2012 年 6 月

目　录

学习情境一 房屋管理与维修工作认知

教学导航

学习任务	任务一　房屋管理与维修工作概述 任务二　房屋维修问题处理工作程序 任务三　房屋维修质量管理工作（了解） 任务四　房屋维修计划管理（了解） 任务五　房屋维修施工项目管理（了解）	参考学时	10
能力目标	通过教学，要求学生认识房屋管理与维修工作的重要性，了解本门课讲授的体系结构及学习方法，通过实训了解维修管理工作的思考方法		
教学资源与载体	多媒体网络平台、教材、动画 PPT 和视频等，教学楼，作业单、工作单、工作计划单、评价表		
教学方法与策略	项目教学法、引导法、演示法、参与型教学法		
教学过程设计	引入案例→发放作业单→观看录像→填写作业单→分组学习、讨论→教师讲解		
考核与评价内容	知识的自学能力、理解和动手能力、语言表达能力；工作态度；任务完成情况与效果		
评价方式	自我评价（10%）、小组评价（30%）、教师评价（60%）		

职场典例一

暑假，物业管理专业大一学生刘刚刚刚结束专业基础课学习，被安排到万科城花工程部实习。工程部张经理根据刘刚的专业特点让他配合自己完成房屋保养、维修管理工作，并希望他能结合所学的专业知识将本岗位工作做好。刘刚毕业之后非常希望能留在万科物业工作，为了给经理留下好印象，他下定决心一定要把工作做好。作为一个刚刚结束大一学习的学生，他要搞清楚下面几个问题。

(1) 什么是房屋管理与维修工作？具体的工作内容是什么？

(2) 在该岗位工作可以用到哪些以前学到的专业基础课程?

(3) 为了能更好地完成该工作我还要学习哪些相关知识?

为了帮助刘刚更好地完成该工作，张经理先让刘刚看了一段关于房屋管理、保养与维修的工作录像。

教师活动

(1) 教师演示物业管理工作中房屋管理、保养与维修工作录像(见教学资源包)。

(2) 同时下发作业单，让学生在作业单的引导下，先填写完与本课程相关的前续课程的相关知识点，然后边看录像边填写作业单的相关内容。让学生通过作业单理解与本课程相关的前续课程和知识点有哪些。

学生活动

在观看录像前填写如表1-1所示的作业单。

表1-1 作业单一

相关知识复习	答案
一栋建筑一般是由哪几部分组成?	
建筑物下部结构由什么组成，作用是什么?	
建筑物上部结构由什么组成，作用分别是什么?	
常用的建筑材料有哪些?	

边观看录像边完成表1-2所示的作业单。

表1-2 作业单二

问题	答案
房屋管理与维修工作的主要目的是什么?	
房屋管理与维修工作主要包括哪几个主要的工作阶段?	
房屋维修工作主要包括哪几类?	
房屋管理与维修工作与新建项目的管理有什么区别?	

任务一 房屋管理与维修工作概述

物业管理是对房地产消费环节重要的管理，其中高质量的房屋管理、养护与维修工作是物业管理中极其重要的工作环节，它决定了建筑物经济寿命的长短，也决定了房地产价值。良好的物业管理可以在很大程度上提高房地产的价值，现在在购买房产时越来越多的人关注物业管理，更关注物业管理人员对房屋管理、养护与维修方法的科学性、适用性和经济性。

引起房屋经济寿命结束的原因有很多，可能是技术方面的，也可能是经济方面的或管理方面的。例如，某房屋设计使用年限为50年，50年期满，房屋各主要构件老化而被拆除，这种拆除是由于技术原因引起的；再如，有些房屋由于后期的保养、管理和维修不当，使房屋的经济寿命远远短于设计使用的年限。为使房屋经济寿命尽可能延长，现在很多物业公司越来越重视房屋管理中的“超前期介入工作”，即在项目的设计、施工阶段和接管验收阶段，就已经从业主和后期物业管理的角度对房屋质量层层把关，发现问题及时解决，尽可能使房屋质量问题降到最低点，为延长房屋的经济寿命打下质量基础并且大大降低了后期保养和维修的成本，进而提高了业主对物业工作的满意度。作为一名从事管理、养护与维修的物管人员一定要熟知影响房屋经济寿命的原因并将延长经济寿命的技术方法应用到具体的管理工作中。

一、“全程”房屋管理与维修工作

由于自然因素、人为因素的影响房屋交付使用后逐渐破损，使用价值逐渐降低。为了全面或部分地恢复失去的使用功能，防止、减少和控制损坏程度，延长使用寿命，达到保值增值的目的，物业管理企业需要对房屋进行日常保养（如定期对外墙进行粉刷等），对破损房屋进行维修与加固，对不同等级的房屋功能进行恢复与改善，从而保持和提高房屋的完好率，更好地为业主的居住、生活和工作服务。在传统意义上，人们认为房屋管理与维修是从房屋竣工验收开始，由物业管理部门在对房屋进行查勘鉴定、评定房屋完损等级工作的基础上，对房屋进行维护和修理，使其保持或恢复良好状态或使用功能的活动。

但是在对物业使用后人们发现许多质量问题、使用功能上的缺陷等都是由于房屋竣工验收前的某些工作环节所造成的。如物业外立面统一与业主安装空调及排风设施的具体需求的矛盾、物业设施设备质材选型配置不合理、屋面墙面门窗由于质量监督环节疏忽在业主使用一段时间后多处出现渗漏水现象等，其结果给业主带来诸多不便，也对房地产企业及物业管理企业的管理运营造成极大的负面影响，具体原因如下。首先，由于部分发展商开发理念落后，以为物业管理只是售后服务，因而只在物业即将发售时才匆匆选择物业管理企业，从事入伙管理服务与日常物业管理服务，造成地产开发前期缺乏对物业管理的统一规划。其次，房屋的建筑设计人员以往只重视规划设计规范的合法性而缺乏对业主消费心理与规律的把握。随着“全程物业管理服务”这一全新物业服务理念的提出，物业管理中的房屋管理与维修工作也大大提前，从原来的竣工验收开始逐步提前到房地产项目的规划、设计和施工阶段，即“全程房屋管理与维修”。这种形式的房屋管理与维修工作，早在规划设计阶段，物业管理专家会就物业规划的合理性（更多是人性化常理，是对业主消费心理与规律的把握，不只是规划设计规范的合法性）提出专业建议，在房屋的施工阶段站在业主的角度上对房屋质量进行监督，使所交付的房屋产品功能令业主满意、质量更有保证，也会使后期物业管理和维修成本大大降低。

全程房屋管理与维修从所处的工作环节来讲主要包括以下几个工作阶段。

1. 前期介入阶段的房屋管理工作

在前期介入阶段，物业管理专家会就物业规划的合理性、对业主消费心理与规律的把握等提出专业建议，对设计上存在的不利于后期业主使用和物业管理工作的问题与开发商、设计单位进行沟通，对存在的问题尽可能在施工前进行整改。

2. 建设阶段的房屋管理与维修工作

在房地产的建设与施工阶段，物业管理单位代表业主对房屋的建筑工程质量层层把关，发现质量问题及时填写房屋质量反馈单，交给开发商，由开发商通知施工单位定期进行整改，物业公司通过参与分阶段施工验收和竣工验收，尽可能将房屋保质保量地交给业主。

3. 交房阶段的房屋管理和维修

新房转交给业主，简称交房，业主对新房的验收是非常挑剔的，交房时由物业公司专人陪同业主，现在还出现了第三方专业的验房师，一同对房屋的质量进行全方位的检测。在验房过程中如有质量问题，验房师代表业主先和物业公司陪同验房的工作人员进行沟通协商，对于会影响业主正常使用的质量问题由业主填写《房屋质量问题反馈表》，递交物业公司，物业公司将同一批交房的问题汇总后协同开发商一起跟相关的施工单位沟通，对问题进行维修或给出合理的答复。

4. 空置房的房屋管理、保养和维修

集中交房后对于业主长期不收房或收房后长期不装修的房屋定期进行检查，一般1～2周进行一次，对于后期因自然原因引起的房屋质量问题进行及时维修。

5. 园区巡视及房屋的保养和管理

在交房后特别是业主入住后，公共部分的设施或设备因人为或自然原因不可避免地会出现损坏。物业工作人员在园区进行巡视时，及时发现问题及时解决，这种事前发现问题、解决问题的方法可以大大提高业主的满意度。

6. 房屋维修管理工作

以上几个工作阶段是对房屋质量进行鉴定、发现维修问题的工作过程。物业管理中所涉及的房屋维修问题一般包括地基基础工程维修、楼地面工程维修、屋面工程维修、装饰装修工程维修、门窗工程维修等。房屋维修管理是指物业管理公司为做好房屋维修工作而开展的计划、组织、控制、协调等过程的集合，包括组织开展对企业所管房屋的查勘鉴定工作，围绕整个企业的房屋维修工作所做的计划管理、质量管理、编制维修工程预算、组织施工项目招标投标及开展对技术、劳动、材料、机器等生产要素的管理。

房屋维修管理的主体是物业管理公司，一种是物业管理公司拥有自己的维修施工队伍，为组织好维修项目的施工而以项目施工过程为对象开展的管理工作，包括编制项目施工计划并确定施工项目的控制目标，做好施工准备工作，对施工过程实施组织和控制并做好项目竣工验收。另一种是物业管理公司自己没有施工队伍，施工项目是委托其他专业维修单位来从事施工活动的，在这种情况下，房屋维修管理主要是指物业管理公司的项目负责人对维修项目施工过程实施监督管理，以确保施工过程处于受控状态，从而实现企业预定的项目成本、质量、工期目标。

二、房屋维修工程的分类

按照房屋维修的不同性质，房屋维修可分为不同的类型。

1. 按维修对象的不同分类

按维修对象的不同可分成结构性维修和非结构性维修。结构性维修是指为保证房屋结构安全、适用和耐久，对老朽、破损或强度、刚度不足的房屋结构构件进行检查、鉴定及修理。非结构性维修是指为保障房屋的正常使用和改善居住条件，对房屋的装修、设备等部分的更新、修理和增设，其主要作用是恢复房屋的使用功能，保护结构构件免遭破坏，延长房屋的使用年限。

2. 按所维修房屋的完损程度不同分类

按所维修房屋的完损程度不同需要进行小修、中修、大修、翻修和综合维修。小修也称维护，是指对房屋的日常零星维修维护工作，其目的是使房屋保持原来的等级，如屋面补漏，修补面层、泛水、屋脊等，钢、木门窗的整修，拆换五金，配玻璃，换窗纱，油漆等。小修工程要及时维修，否则会影响生产或生活的正常进行。维修造价是同类结构新建造价的1% 以下。小修是经常性的检修和养护工作，可以通过定期或不定期的、全面和重点的检查，通过用户保修和定期与用户联系等方法及时地发现和修复破损部位，保证全部房屋建筑及附属设备的完好和使用。

中修是指房屋少量部位已损坏或不符合建筑结构要求，需进行局部修理，在修理中需牵动或拆换少量主体构件，但保持原房屋的规模和结构。适用于一般损坏的房屋，中修的维修造价是同类结构新建造价的 20% 以下。如拆换木梁柱或加固部分钢筋混凝土梁柱，墙体的局部拆砌，加固补强，平屋面防水层的部分重做或全部重做，室内外墙面装修的大面积修补或重做等，都属于中修工程。

大修是指房屋的主要结构部位损坏严重，房屋已不安全，需要进行全面的修理，在修理中需牵动或拆除部分主体构件的修理工作。适用于严重损坏的房屋；大部分受损但无倒塌危险或局部有危险而仍要继续使用的房屋。如需对主体结构进行全面的抗震加固的房屋，因改善居住条件需要局部改造的房屋，屋面升高、平屋顶上增建坡屋顶等工程，维修造价是同类结构新建造价的 25% 以上。

翻修是指房屋已失去维修价值，主体结构严重损坏，丧失正常使用功能，有倒塌危险，需全部拆除，另行设计，重新在原地或异地进行更新建造的过程。适用于主体结构严重损坏、丧失正常使用功能、有倒塌危险、无维修价值的房屋，基本建设规划范围内需要拆迁恢复的房屋。一般该类工程不能扩大面积，以原有房屋旧料为主，其费用应低于该建筑物同类结构的新建造价。

综合维修工程一般也称为成片轮修工程，指成片多栋（大楼为单栋）房屋大、中、小修一次性应修尽修的工程，综合维修工程一次费用应在该片（栋）建筑同类结构新建造价的20%以上。综合维修后的房屋必须符合基本完好或完好房屋标准的要求。

3. 按经营管理的性质不同分类

按经营管理的性质不同可分成恢复性维修、赔偿性维修、补偿性维修、返工性维修和救灾性维修。恢复性维修是指修复因自然损耗造成损坏的房屋及其构件的维修活动，它的作用是恢复房屋的原有状况与功能，保障居住安全和正常使用。赔偿性维修是指修复因用户私自拆改、增加房屋荷载、改变使用性质、违约使用及过失造成损坏的房屋及其构件的维修活动，其维修费用应由责任人承担。补偿性维修是指在房屋移交时，通过对该房屋的质量、完损情况进行检查鉴定，发现有影响居住安全和使用的损坏部位，而对房屋进行的一次性的维修工作，其费用由移交人与接收人通过协商解决。返工性维修是指因房屋的设计缺陷、施工质量不好或管理失当造成的再次维修，其维修费用由责任人承担。救灾性维修是指修复因自然灾害造成损坏的房屋及其构件的维修活动，对于重大天灾，如风灾、火灾、水灾、震灾等，维修费用由政府有关部门拨专款解决；对于人为失火造成的灾害，维修费用按“赔偿性维修”规定的办法处理，责任者需担负全部或部分费用。

三、房屋管理和维修工作的特点

房屋维修和新建房屋基础理论相同，但房屋维修有其不同的特点。

（1）房屋管理和维修是一项经常性的工作。房屋使用期限长，在使用中由于自然或人为的因素影响，会导致房屋、设备的损坏或使用功能的减弱，而且由于房屋所处的地理位置、环境和用途的差异，同一结构房屋使用功能减弱的速度和损坏的程度也是不均衡的。因此，房屋管理和维修是大量的经常性的工作。

（2）房屋维修是在已有房屋基础上进行的，工作上受到很大的条件限制。比如，受到原有资料、条件、环境的局限，设计与施工都只能在一定活动范围内活动，难以作出超越客观环境的创新。

（3）房屋维修量大面广、零星分散。量大面广是指房屋维修涉及各个单位、千家万户，项目多而杂；零星分散是指由于房屋的固定性及房屋损坏程度的不同，决定了维修场地和维修队伍随着修房地段、位置的改变而具有流动性、分散性。

（4）房屋维修技术要求高。房屋维修要保持原有的建筑风格和设计意图，因此技术要求相对于建造同类新建工程来讲要高。房屋维修有其独特的设计、施工技术和操作技能的要求，而且对不同建筑结构、不同等级标准的房屋，采用的维修标准也不同。

（5）房屋管理和维修是多工种同时进行的工程，一般是主体交叉施工，可以培养工人的“一工多技”、“一手多能”技术。

任务二　房屋维修问题处理工作程序

职场典例二

工程部很多维修工作是在接到业主投诉或投诉电话后进行的，但是当工程部接到前台王宏递交过来的房屋质量问题投诉单以后，发现很多问题使维修工作不知该如何着手，或者记录有问题误导了工程部维修人员的思维出现不必要的麻烦，引起业主的不满。为了规范该问题的处理过程，王经理让刘刚和王宏一起研究一套科学的管理方案，如试点成功后准备在本公司各项目部推广。

教师活动

房屋维修管理工作方案设计实训
（相关参考资料见教学资源包）

1. 将学生分成4组，每一组扮演不同的角色

第一组（5人）：扮演业主，负责投诉。

第二组（5人）：扮演前台，接待投诉→完整填写投诉接待单→将维修信息传达给工程部相关人员→维修效果回访。

第三组（5人）：扮演工程部维修人员，根据维修单分析质量原因拟定维修管理方案。

第四组：其余学生为专家组，负责对每一组的表现进行打分。

2. 活动组织

（1）安排前台5位学生讨论如何将业主的投诉问题记录全面和正确（5分钟）。

（2）将教学资源包5个房屋损坏问题打印出来分别下发到5位业主手中，交代注意事项。

（3）首先让第一位业主完成投诉（第一位维修人员回避），第一位前台接待记录投诉信息，并将信息传达给第一位工程部维修人员；依次完成5个问题的投诉。

（4）让工程部维修人员将自己掌握的维修信息和相关业主交流，验证自己的分析正确与否。

（5）安排各组人员汇总问题，讨论找出解决问题的方法（10分钟）。

（6）结合点评和讨论结果完成最后一个问题的投诉。

（7）专家代表和教师点评，各组代表进行总结。

学生活动

（1）第一组五位学生分别扮演业主完成教师指定维修问题的投诉，投诉方式见教师所

发放的损坏问题清单。

(2) 第二组扮演前台，由组长组织讨论（时间5分钟）。主要讨论：如何接待不同方式的业主投诉、如何完整正确地记录投诉问题、如何将维修问题传达给工程部。

(3) 第三组扮演工程部维修人员，根据维修任务单拟定科学合理的维修管理工作流程，并将维修方案和业主沟通取得业主的认可。

(4) 各组对自己完成的工作进行总结，第四组专家组给每组的表现进行评价。

(5) 教师讲授相关知识点，每组学生学习后对刚才自己完成的工作讨论完善，各组之间交流学习，并选派代表展示本组的工作方案。

一、物业公司房屋维修工作程序

1. 做好对所管房屋的查勘鉴定和日常巡视工作

为了掌握房屋的使用情况和完损状况，物业管理公司必须做好房屋的查勘鉴定工作。查勘鉴定是掌握所管房屋完损程度的一项经常性的管理基础工作，为维护和修理房屋提供依据，并可以根据房屋的用途和完好情况进行科学的管理，在确保业主居住安全的基础上，尽可能地提高房屋的使用价值并合理延长房屋的使用寿命。查勘鉴定一般可分为定期查勘鉴定、季节性查勘鉴定及工程查勘鉴定等。房屋使用状况的日常巡视和管理被称为物业管理的前馈控制，是在业主没有投诉甚至在没有发现房屋损坏前所采取的一种事前控制方法，该方法可以大大降低业主对房屋质量问题的投诉，提高物业服务的满意度，是提高物业服务质量的一种有效措施。

2. 房屋维修问题的登记

房屋维修问题的登记是维修工作的重要依据，登记信息的正确性和完整性直接关系到维修工作的好坏。房屋维修问题的登记根据问题来源主要分为三种：第一种是物业公司员工在日常巡视时发现维修问题的登记，第二种是业主在装修和使用中发现问题通过电话登记，第三种是业主直接到物业服务中心进行登记。在维修信息登记时第二种和第三种登记容易出现信息失真现象。主要是由于业主对维修问题认识片面、描述不清，片面的信息导致前台记录错误，再进一步传递给工程人员就会误导工程维修人员，导致维修方法使用不当、维修效果差，引起业主对维修工作的不满。如何避免上述情况的发生？首先，物业相关人员特别是前台和工程部维修人员应对房屋维修知识有专业的认识，这样才能从业主提供的信息中提炼出真实的信息，保证房屋维修工作的顺利展开。其次，前台在接待投诉时往往会遗漏一些信息，而这些信息对维修问题的分析往往是至关重要的，如业主门牌号、出现损坏的时间、损坏现象等。因此需要物业服务人员专门设计一个科学的登记表（如表1－3所示），可以在房屋损坏信息登记时起到引导和提示的作用。

表1－3　××小区业主房屋维修登记表

编号：

序号	时间	房号	姓名	联系方式	反映问题	记录人	备注

3. 房屋损坏现场考察下达维修任务

当工程部人员接到前台的维修登记信息后，首先应派有丰富维修经验的工程人员到现场实地考察，分析损坏的原因。将维修方法、时间、权责问题及业主应配合的相关事宜与业主沟通，回到项目部后，确定具体的维修人员，下发维修服务单（见表1－4）。和维修人员一起根据现场情况拟定科学的维修施工方案。对于较普遍、暂不影响业主正常生活的损坏现象应集中维修并制订科学合理的维修计划。现场考察时如业主有非常急迫的维修要求，在条件允许的情况下物业公司应尽可能地满足业主要求。

表1－4　维修服务单

编号：

<table>
<tr><td>房号</td><td colspan="2"></td><td>联系电话</td><td colspan="2"></td><td>预约服务时间</td><td colspan="2"></td></tr>
<tr><td>服务内容</td><td colspan="5"></td><td>材料提供</td><td colspan="2">□ 服务中心
□ 住户</td></tr>
<tr><td>派工人</td><td colspan="7"></td><td>备注</td></tr>
<tr><td>登记时间</td><td colspan="3">时　　分</td><td colspan="2">到达现场时间</td><td colspan="2">时　　分</td><td rowspan="9"></td></tr>
<tr><td>使用材料名称</td><td colspan="3"></td><td colspan="2"></td><td colspan="2"></td></tr>
<tr><td>数量</td><td colspan="3"></td><td colspan="2"></td><td colspan="2"></td></tr>
<tr><td>单位</td><td colspan="3"></td><td colspan="2"></td><td colspan="2"></td></tr>
<tr><td>单价</td><td colspan="3"></td><td colspan="2"></td><td colspan="2"></td></tr>
<tr><td>总价</td><td colspan="3"></td><td colspan="2"></td><td colspan="2"></td></tr>
<tr><td colspan="2">维修内容</td><td colspan="6"></td></tr>
<tr><td>是否及时</td><td rowspan="3"></td><td colspan="2">工时：</td><td colspan="4">人次　　　　时</td></tr>
<tr><td>服务质量</td><td colspan="2" rowspan="2">业主签名：</td><td colspan="4">收取费用：</td></tr>
<tr><td>服务态度</td><td>服务人：</td><td colspan="4">负责人：</td></tr>
<tr><td>验收意见</td><td colspan="8"></td></tr>
</table>

回访验证（上门/电话/信函）：

回访人：

4. 维修方案拟订和房屋维修计划管理

房屋维修的问题涉及建筑物不同的部位，如主体结构、门窗、装修、楼地面、屋面、油漆粉饰工程维修等。建筑物不同部位、不同原因造成的损害维修方法都不尽相同，甚至维修时间的不同也会影响维修的效果。因此物业公司的工作人员要拟定出有效可行的维修方案，不仅要掌握专业维修知识，而且要积累丰富的维修施工经验。房屋维修计划管理是物业管理公司计划管理的重要内容，维修计划管理的内容一般包括物业公司房屋维修计划的编制、检查、调整及总结等一系列环节，其中积极做好房屋维修工作的综合平衡是房屋维修计划管理的基本工作方法。

5. 维修工程预算

维修工程预算是物业管理公司一项十分重要的基础工作，同时也是维修施工项目管理中核算工程成本、确定和控制维修工程造价的主要手段。通过工程预算工作可以在工程开工前事先确定维修工程预算造价，依据预算工程造价可以组织维修工程招投标并签订施工承包合同。在此基础上，一方面物业管理公司可据此编制有关资金、成本、材料供应及用工计划，甚至也是申请维修基金的重要依据，另一方面维修工程施工队伍可据此编制施工计划并以此为标准进行成本控制。

6. 房屋维修成本管理

成本管理是物业管理公司为降低企业成本而进行的各项管理工作的总称。房屋维修成本管理是物业管理公司成本管理的重要组成部分。房屋维修成本是指耗用在各个维修工程上的人工、材料、机具等要素的货币表现形式，即构成维修工程的生产费用，把生产费用归集到各个成本项目和核算对象中，就构成维修工程成本。房屋维修成本管理是指为降低维修工程成本而进行的成本决策、成本计划、成本控制、成本核算、成本分析和成本检查等工作的总称。维修成本管理工作的好坏直接影响到物业管理公司的经济效益及业务质量。

7. 房屋维修要素管理

在房屋维修施工活动中，离不开技术、材料、机具、人员和资金等构成房屋维修施工生产的要素。所谓房屋维修要素管理，是指物业管理公司为确保维修工作的正常开展，而对房屋维修过程中所需技术、材料、机具、人员和资金等所进行的计划、组织、控制和协调工作。所以，房屋维修要素管理包括技术管理、材料管理、机具管理、劳动管理和财务管理。

8. 房屋维修质量管理

房屋维修质量管理是指为保证维修工程质量而进行的管理工作。保证质量是房屋维修管理的重要目标之一，也是物业管理公司质量管理的重要组成部分。房屋维修质量管理的内容一般包括对房屋维修质量的理解（管理理念）、建立企业维修工程质量保证体系及开展质量管理基础工作等。

9. 房屋维修施工监理

房屋维修施工监理是指物业管理公司将所管房屋的维修施工任务委托给有关专业维修单位，为确保实现原定的质量、造价及工期目标，以施工承包合同及有关政策法规为依据，对承包施工单位的施工过程所实施的监督和管理。房屋维修施工监理一般由物业管理公司的工程部门指派项目经理负责，其主要管理任务是在项目的施工中实行全过程的造价、质量及工期三大目标的控制，进行合同管理并协调项目施工各有关方面的关系，帮助并督促施工单位加强管理工作并对施工过程中所产生的信息进行处理。

10. 维修质量回访

房屋维修施工结束以后，物业公司工程部门的负责人要及时进行质量回访，了解所采用维修技术的维修效果，积累维修经验。并且对维修施工人员的工作态度、维修技术水平进行调查，业主接受调查后信息核实无误要在维修服务单相关栏中签字。对业主不满意的问题要及时查找原因，找出解决问题的方法，不断提高物业公司的服务水平和综合竞争力。

二、房屋维修日常服务的程序及考核指标

1. 日常服务程序

房屋维修日常服务主要是处理各种各样的小修项目，这些小修项目通常从物业管理人员的日常巡视及日常保修两个渠道来收集。小修项目的特点是修理范围广、项目零星分散、时间紧、要求及时、具有经常性的服务性质。房屋维修日常服务应力争做到“水电急修不过夜，小修项目不过三（天），一般项目不过五（天）”。物业管理人员应根据房屋维修的计划表和随时发生的小修项目，开列小修维修单。维修人员凭维修单领取材料（或经费），根据维修单开列的工程地点、项目内容进行施工。

2. 考核指标

房屋维修日常服务的考核指标主要有：定额指标、经费指标、服务指标和安全指标。

1）定额指标

小修养护工人的劳动效率要100%达到或超过人工定额；材料消耗不超过或低于材料消耗定额。达到小修养护工程定额的指标是完成小修养护工作量、搞好日常服务的必要保证。

2）经费指标

小修养护经费主要通过收取物业管理服务费凑集。中修、大修及更新改造经费则使用业主购房时缴纳的服务管理维修基金。一般经费指标是考核小修养护工程是否节约使用小修工程经费的指标，是指实际使用小修养护费用与计划或预算小修养护费用之比。

3）服务指标

（1）走访查房率：通常要求管理员每月对辖区内住（用）户的走访查房率为50%以上；每季对辖区内住（用）户要逐户走访查房一遍，即季度走访查访率等于100%。月（季）走访查房率计算公式如下：

$$月(季)走访查房率=[当月(季)走访查房户数/辖区内住(用)户总数]\times100\%$$

（2）养护计划率：应按管理员每月编制的小修养护计划表一次组织施工。考虑到小修中对应修项目需及时处理，因此在一般情况下，养护计划率要达到80%以上，遇到特殊情况，可统一调整养护计划率。月养护计划率计算公式如下：

月养护计划率 =［当月完成计划内项目户数/当月养护计划安排的户次数］×100%

（3）养护及时率，即某时间段内实际完成的小修养护次数占全部报修中应修户次数的百分率。一般来说月（季）小修养护及时率要达到99%。月养护及时率计算公式如下：

月养护及时率 =［当月完成的小修养护次数/当月全部报修中应修的户次数］×100%

4）安全指标

为确保生产安全，物业管理企业应建立一系列安全生产操作规程和安全检查制度，以及相配套的安全生产奖惩办法。在安全生产中要十分注意以下三个方面：

（1）严格遵守操作规程、不违章上岗和操作，持证上岗；

（2）注意工具、用具的安全检查，及时修复或更换有不安全因素的工具、用具；

（3）按施工规定选用结构部件的材料，如利用旧料时要特别注意旧料安全性能的检查，争强施工期间和完工后交付使用的安全性。

三、房屋维修与管理工作原则

房屋维修与管理工作的总原则是美化城市、有利生产、方便生活、造福业主。

（1）坚持实用、经济、合理、安全的原则。

（2）维护房屋不受损坏的原则。能修则修，应修尽修，以修为主，全面保养。

（3）对不同建筑结构、等级标准的房屋采用不同的维修标准的原则。

（4）为业主服务的原则。

任务三　房屋维修质量管理工作

一、房屋维修质量管理工作概述

房屋维修质量管理是指为保证和提高维修工程质量，贯彻“预防为主”，为下道工序负责、为住户负责而进行的一系列管理工作的总和。施工项目的质量管理是一种一次性的动态过程。所谓动态管理过程，是指维修施工项目管理的对象、内容和重点，都随着工程的进展而变化，而且某一阶段工程质量的好坏，是建立在前一阶段质量管理工作基础之上的。由于施工项目质量管理的一次性，所以要求领导素质高、组织管理严格、操作精心。

1. 房屋维修质量管理的指导思想

搞好房屋维修质量管理，必须树立正确的指导思想，主要有下列几个方面。

（1）明确对质量的全面认识。质量，除通常指工程（产品）本身的质量外，还包含产品形成与使用过程中各种要素的质量（称要素质量或工序质量）和各方面工作的质量（称工作质量）。房屋维修产品质量离不开工序质量这一基础。工作质量则是工序质量、产品质量及经济效益的保证和基础。所以，要保证和提高房屋维修工程质量，就必须努力提高各方面的工作质量，以工作质量来保证和提高工序质量，从而最终达到保证和提高工程质量的目的。

（2）树立全面质量管理的基本观点。房屋维修工程质量要体现“一切为用户服务”的观点，这不仅要把施工项目的使用者作为用户，还要把施工中的下道工序当做上道工序的用户。全面管理的观点，即依靠所有部门的全体人员，在形成产品的全过程中对全面质量进行的“三全管理”、树立预防为主的观点和用数据说话的观点。

（3）正确处理质量、成本、工期间的关系。要正确处理质量、成本、工期之间对立统一的关系，也就是要正确处理“好、快、省”之间的对立统一关系。概括地说，就是要在维修项目现有的技术条件下，合理地把“好、快、省”这几个目标协调起来，做到好中求快、好中求省，以高效率、低成本、高质量的维修工程使用户满意。

2. 房屋维修质量管理的内容

房屋维修质量管理要做好以下几个方面的工作。

（1）建立健全质量监督检查机构，配置专职或兼职质检人员，分层管理，层层负责，并相互协调配合。

（2）质量机构和质检人员必须坚持标准，参与编制工程质量的技术措施，并监督实施，指导执行操作规程。

（3）坚持贯彻班组自检、互检和交接检查制度，对维修工程的关键部位一定要经过检查合格、办理签证手续后，才能进行下一道工序施工。

（4）在施工准备阶段，应熟悉施工条件和施工图纸，了解工程技术要求，这是为提高施工组织设计质量、制订质量管理计划与质量保证措施、提供控制质量的可靠依据。

（5）在施工过程中，加强中间检查与技术复核工作，特别是对关键部位的检查复核工作。

（6）搞好施工质量的检查验收，坚持分项工程的检查，做好隐蔽工程的验收及工程质量的评定，不合格的工程不予验收签证。

（7）加强现场对建筑物构件、成品与半成品的检查验收，检查出厂合格证书或测验报告。

（8）严格对建筑材料的品种、规格和质量进行检查验收，主要材料应有产品合格证或测试报告。

（9）若发生工程质量事故，按有关规定及时上报技术管理部门，并查清事故原因，进行研究处理。

（10）对已交付使用的维修工程要进行质量跟踪，实行质量回访。在保修期内，因施工造成质量问题时，按合同规定负责保修。

二、维修施工项目的质量保证体系

（一）质量保证体系的概念

质量保证是物业管理公司向用户保证其维修的工程在规定期限内能正常使用。它体现了企业对工程质量负责到底的精神，把现场施工的质量管理与交工后用户使用质量联系在一起。

质量保证体系，是企业以保证和提高工程质量为目标，运用系统的概念和方法，把各部门、各环节的质量管理职能组织起来，形成一个有明确任务、职责和权限，相互协调、互相促进的有机整体。

（二）质量保证体系的内容

维修施工项目的质量保证体系一般由思想工作体系、质量控制体系和组织保证体系组成。

1. 思想工作体系

思想工作体系就是由维修项目负责人带头，责成各部门或班组负责人开展的质量教育活动。首先，对职工进行“为用户服务、对用户负责”的质量责任教育。在此基础上，再进行全面质量管理知识的教育，树立“质量第一”、“预防为主”的观点，然后进行必要的技术业务培训。

维修项目质量管理是全员的管理，每个职工都要为保证质量作出贡献。维修质量管理的要求，要扎根在每个职工的思想中，落实在他们的行动上。

2. 质量控制体系

质量控制，就是质量事故的防患，是维修工程质量工作的重点。维修项目的质量控制要贯穿于维修的全过程。

1）维修工程设计方案的质量控制

一般地说，维修工程设计过程的质量控制，主要由有关设计单位负责。但是维修企业和维修项目管理人员可以从以下几个方面对设计质量发挥重要作用。

（1）参与设计方案的讨论、审订，进行图纸会审。特别是对于某些有特殊施工工艺要求的工程。

（2）向设计单位提供施工的技术装备、技术水平和质量保证的有关资料，使设计尽量结合施工实际。

（3）做好施工过程中的技术核定，及时修改不符合现场施工实际的设计差错或原设计方案。

2）维修准备过程的质量控制

维修工程准备过程，主要包括以下几个方面。

(1) 拟定高质量的施工方案和施工组织设计。

(2) 按计划严格进行准备工作并检查质量。对全场性的准备工作、单位工程的准备工作和作业条件的准备工作，都应按有关的准备工作计划周密进行并严格检查其质量，包括进场的施工设备及原材料的复核、检测、试验和鉴定等。

(3) 做好技术交底。逐级做好技术交底，使全体施工人员熟悉工程情况、设计意图、技术要求、质量标准和施工方法等。

3) 材料、半成品的质量控制

对材料、半成品的质量控制包括以下几个方面。

(1) 严格按质量标准订货、采购、包装和运输。

(2) 物资进场要按技术验收标准进行检查和验收。

(3) 按规定的条件和要求进行堆存、保管和集中加工。

(4) 按进度计划及时地供应现场。对重要的材料或半成品，要把质量管理延伸到供应或生产单位。包括提前质量检查，协助供应单位加强质量管理，进行材料的供应监督等。

4) 施工机械、设备的质量保证

包括正确地选择施工机械设备，做好进场安装后的检查试车，使在用的机械设备经常保持良好状态。

5) 施工过程的质量控制

施工过程是工程质量形成的主要过程，其质量控制是维修项目质量管理的中心环节。

(1) 加强施工工艺管理。工艺是直接加工和改造劳动对象的技术和方法。工艺控制好了，可以从根本上减少废次品，提高质量的稳定性。为此，必须及时督促操作规程、工艺标准等的认真执行。

(2) 施工过程中的工序控制。好的工程质量是由一道道工序在生产中形成的。要从根本上防止不合格品的产生，就必须对每道工序进行质量控制。这是保证质量的基础，也是施工过程质量控制的重点。

(3) 施工过程中的中间检查和技术复核。对工程质量有较大影响的部位和环节，要加强中间检查和技术的复核。

(4) 做好主要阶段和交工前的质量检查，发现问题及时处理。

6) 使用过程的质量控制

房屋维修质量管理的最终目的是满足用户的使用要求。工程的质量，最终要通过使用才能表现出来。使用过程的质量控制，就是把质量管理延伸到工程的使用过程即工程交付使用后，要做好质量回访和保修，建立保修单和技术服务档案，提高服务质量。其次对工程的使用要求和效果进行普查或专题性的调查分析。如针对某种质量通病进行专题性的调查分析等。调查是质量外部反馈的主要信息来源，是质量管理的重要依据。

3. 组织保证体系

搞好房屋维修工程的质量管理工作，必须要有严密的组织保证体系。为此，要设立相应的机构，配备称职人员，明确划分职责和权限。如果物业管理公司自行承担维修施工任务，则要以项目经理为核心组建质量管理部门，下设专业施工队的专职质检员，班组兼职质检员，并按班组建立质量管理小组。质量管理小组的工作是质量管理的基础。如果物业管理公司将维修施工任务承包给外部专业施工单位，则要以项目为对象组织甲方的项目管理部，实行内部维修施工项目监理。

任务四　房屋维修计划管理

一、房屋维修计划管理的意义和任务

1. 房屋维修计划

计划作为企业管理的重要职能之一，是对企业生产经营活动的事先安排。房屋维修计划作为物业管理公司的一项重要管理职能，是对物业管理公司所管房屋开展维修活动的事先安排。房屋维修计划的内容主要包括在一定时期内有关房屋维修的计划目标、实施方案和相应的保证性措施。

所谓房屋维修的计划目标，是指物业管理公司在计划期内必须完成的维修工作的数量、质量和效益等方面的标准。其中维修工作的数量是指在计划时期内预期对所需维修的房屋、房屋的部位、维修工作的内容及相应的实物工程量和工作量的一种规定。维修工作质量是指对计划期内所需维修的房屋的质量要求。维修工作效益是指维修成果与成本的关系，具体反映在维修工程成本、劳动生产率及维修工程工期等效益指标上。

作为房屋维修计划内容之一的实施方案，是指为实现维修计划目标而采取的工作方法和步骤。实施方案的内容包括计划期内维修工作的时间安排、实施维修工作的方式、维修工程的技术方案及组织措施等内容。

房屋维修计划的保证性措施是指为确保维修计划目标及相应实施方案的实现而做的辅助性计划。其内容包括房屋维修资金使用计划、物资供应计划、劳动力计划及技术支持计划等。

房屋维修计划是一项专业性强又具体的工作计划，为了全面规划物业管理公司的房屋维修工作，必须从不同层次、不同角度编制计划，并做好各种计划之间的综合平衡工作，理顺各种计划之间的关系，使之成为相互联系、相互影响、协调一致的计划体系。

2. 房屋维修计划体系

从系统的观点讲，企业属于一个有着具体目标的人造系统，构成企业的各个部门、各个单位及各种要素之间存在相互联系、相互制约的系统关系。房屋维修作为物业管理公司生产经营活动的组成部分，其活动的开展必然要受公司内部其他部门和活动的制约。所以，房屋维修不仅是物业管理公司内部房屋维修部门的工作，而且是全公司生产经营活动的一部分。为了使房屋维修工作得以正常开展并取得良好的效益，必须构造并协调房屋维修部门与全公司各个层次及各个部门之间的关系。而房屋维修计划作为全面指导公司开展房屋维修活动的指导性文件，则必须围绕维修工作的正常开展，对物业管理公司内部各层次、各部门的工作作出相应的安排。为此，在房屋维修计划中，必须编制一系列相互联系、相互影响的计划，并做好各种计划之间的综合平衡工作，使它们成为一个有机的整体。

所谓房屋维修计划体系，是指以房屋维修施工计划为中心，由一系列相互联系、相互影响的计划所组成的体系。房屋维修计划体系中的各种计划，按不同的分类标准可分为不同的类型。

（1）按计划内容分，可分成房屋维修施工计划和企业各部门的保证性计划两类。房屋维修施工计划是直接指导物业管理公司开展房屋维修工作的计划文件，具有主体计划的性质。而物业管理公司各部门围绕房屋维修施工计划的实现而做的保证性计划，如材料采购供应计划、劳动力计划、机具供应计划、资金使用计划等，均属于辅助性计划。制定房屋维修计划时，必须处理好维修施工计划与其他保证性计划的系统关系，保持计划内容、形式、数量、质量指标的相互适应、相互协调及相互统一。同时，还必须根据房屋维修工作的特点，不断调整、完善维修计划的内容和指标，努力促进维修工作的正常开展，确保物业管理公司房屋维修计划的全面贯彻实施。

（2）按计划期的长短分，房屋维修计划可分为年度计划、季度计划和月度计划。房屋维修年度计划是物业管理公司对其年度维修工作的事先安排。由于计划期较长，所以计划内容比较粗糙，属于控制性计划。房屋维修季度和月度计划是管理公司对其季度和月度内预期需要开展维修工作的事先安排，它是具体指导维修工作的计划文件，属于操作性或实施性的计划。

二、房屋维修计划管理

房屋维修计划管理是物业管理公司计划管理的组成部分，是为了使房屋维修工作能够达到预期目标的综合性管理工作。

房屋维修计划管理是指为高效率地实现企业计划职能而围绕房屋维修所开展的计划编制、组织实施及控制协调活动。其目的是通过合理安排和有效协调，高效率地利用企业现有的生产要素，协调好企业各职能部门的关系，从而使房屋维修工作正常开展。房屋维修计划管理的内容包括计划编制、计划检查、计划调整和计划总结等一系列工作，其中积极做好计划工作的综合平衡，是维修计划管理的基本工作。

为搞好房屋维修管理，要建立健全计划管理机构和工作制度，明确各级管理人员的职责，保证维修工作在预先拟定的内容、步骤和投资标准内进行，严格控制投资标准，合理安排人力、物力和财力，并在执行计划中做好调节和综合平衡工作。

1. 房屋维修计划管理的意义

（1）计划是管理的开端，是管理循环的起始，任何管理都不能与计划相脱节，没有计划就失去了对行动的引导，就谈不上管理。

（2）计划管理是房屋维修部门与物业管理公司其他部门发生业务联系的纽带，它在正确处理公司全局与局部、维修部门与其他部门业务关系方面有着十分重要的意义。企业组织机构只规定企业各部门的管理职能，而各部门在开展具体业务管理时，则必须按计划办事，计划是指导和评价企业各职能部门工作的依据和标准。

（3）房屋维修工作涉及面广、影响因素多，为了使其正常地、高效率地进行，必须对其实行全过程的平衡和协调，使维修工作经常处于计划的指导下进行，而这一点必须通过维修计划管理才能实现。

（4）计划执行过程中的及时反馈是优化生产经营活动的重要方法，通过维修计划管理及时检查计划的执行情况并通过控制协调及时作出优化处理。若无计划管理就不能使优化得到继续，就不能使企业人、财、物及产、供、销等各方面之间保持科学、合理的关系。

2. 房屋维修计划管理的特点

由于房屋维修工作的特点，使其计划管理工作有许多不同于其他业务的复杂情况。房屋维修计划管理的特点可以概括如下。

（1）计划的自主性差。物业管理公司的业务性质属于服务性的，其房屋维修工作的开展一方面取决于用户的要求，另一方面取决于所管房屋的完损情况，所以计划的自主性较差。

（2）计划的多变性。维修施工中变化因素多，如施工对象、现场环境、气候和协作单位等条件的变化，而且这些因素往往难以预见。因此，劳动生产率不稳定，影响开竣工，影响计划的稳定性。

（3）计划的不均衡性。由于维修施工的季节性与不均衡性，造成计划期内的施工内容与比例不同，使年、季、月之间做到计划均衡的难度很大。

3. 房屋维修计划管理的任务

（1）根据国家房管政策对维修工作的要求，根据房屋损坏情况及用户的实际需要，在调查研究及分析预测的基础上，制订房屋维修计划，确定合理的房屋维修周期、维修范围和维修方案。

（2）做好房屋维修计划的综合平衡和优化工作，保证重点工程，统筹安排，最优地使用企业的资源，提高综合经济效益。

（3）在组织维修计划的实施过程中，通过控制和协调手段，消除执行过程中的薄弱环节及不协调因素，保证生产有节奏、有秩序地进行。这里讲的控制和协调是指年度计划对季度计划的控制和协调，季度计划对月度计划的控制和协调。

（4）做好执行情况的检查、统计和分析，总结经验和教训，及时反馈、及时调整和改进，不断提高计划管理水平。

4. 房屋维修计划管理的目的

（1）有计划地对房屋进行维修保养，尽可能地避免房屋维修工作的盲目性，确保房屋安全正常使用，尽量提高房屋的使用功能，延长房屋的使用寿命。

（2）保证合理使用维修资金，使有限的资金发挥最大的维修效果，实现最大的经济效益和社会效益，努力使用户满意，提高物业管理公司的信誉。

（3）提高房屋维修管理水平，实现房屋维修目标，全面完成维修任务。

总之，做好房屋维修计划管理工作，要根据国家房屋政策对维修工作的要求、房屋完好损坏情况及用户的实际需要，在调整及预测基础上，制订维修计划并做好综合平衡工作，合理使用企业资源，做到节省开支、缩短工期，对维修活动的各个方面进行有效的组织、指挥、协调和控制，不断提高房屋维修质量，尽最大可能满足用户的需求，取得更好的经济效益、社会效益和环境效益。

三、房屋维修计划的编制

1. 房屋维修计划编制的原则

编制房屋维修计划应本着实事求是、量力而行、留有余地的原则。即从房屋维修工程的实际出发，计划的编制既考虑到必要，又考虑到可能。

（1）所谓实事求是，是指应根据房屋的完损情况及用户的具体要求，在确保房屋安全使用的基础上，正确处理重点和一般的关系，区分主要矛盾和次要矛盾，合理安排维修计划。

（2）所谓量力而行，是指正确处理用户需要、技术与经济的关系，在编制维修计划时，在听取用户意见的同时，应充分考虑技术上的可行性和经济上的合理性，做好房屋维修方案的论证工作，在确保房屋正常使用功能和合理延长房屋使用寿命的基础上，尽量减少用户的经济负担。

（3）所谓留有余地，是指计划应有弹性。房屋维修施工的特殊性决定了在维修施工过程中存在很多不确定因素及外部环境对它的干扰，一旦某个不确定因素变成现实的影响因素，一旦某个外部环境因素对施工过程产生负面影响，都会带来实际施工情况偏离原计划从而改变原计划的情况。随着这些情况的出现，必将对人力、物力、财力等企业资源提出新的要求。所以，在编制计划时必须充分考虑上述可能出现变化的因素，做好准备，即在编制计划时应留有余地。

2. 房屋维修计划的内容

房屋维修计划的内容主要包括以下几个方面。

1）房屋维修施工计划

房屋维修施工计划是物业管理公司房屋维修计划的主导和核心，是编制其他计划的依据。维修施工计划必须反映计划期内所需维修房屋的名称、维修部位及维修性质、规模（建筑面积和实物工期量）、投资额、各项工程开竣工日期、施工任务的分配方式（自营维修或外包维修）、维修项目进度表及维修项目施工技术方案等。

2）房屋维修辅助计划

房屋维修辅助计划属于支持、保证性计划，它为确保完成房屋维修施工计划创造条件。

其内容主要包括以下几个方面。

(1) 房屋维修施工力量计划。包括临时工、合同工的招聘计划，自有工人的组织及供应计划，各维修班组（或施工项目部）任务的安排，外包工程的招投标计划等。

(2) 房屋维修材料供应计划。包括材料、器材的采购、运输、储存计划等。

(3) 房屋维修机具供应计划。包括机具的购置、维修、更新计划等。

(4) 房屋维修技术支持计划。包括技术人员的组织与配备、技术制度的制定、施工安全措施等。

(5) 房屋维修资金使用计划。包括资金的需要量预测、资金筹措、资金使用计划等。

(6) 房屋维修成本及利润计划。包括成本预测、成本目标确定、成本控制、成本核算及预期实现利润额计划等。

3. 房屋维修计划的编制方法

1) 编制依据

编制房屋维修计划主要依据以下经营环境和条件的分析。

(1) 依据党和国家对房地产管理的方针、政策及必要的经济预测和技术预测资料。

(2) 房屋的完损状况。现有房屋的完损状况是编制年度维修计划的主要依据，通过组织查勘鉴定，掌握房屋各类完损等级情况后，为确保房屋安全、正常使用，保持房屋的正常使用功能，必须安排不同类型的维修。例如，危险房屋必须及时安排修理排险；严重损坏房屋可根据情况考虑翻修或大修；一般损坏房屋可进行中修上升为完好房；完好和基本完好房屋经常进行维护保养，以保持完好的状态等。所以要根据现有房屋的完损情况，着重在确保安全的前提下，编制安排全年房屋维修的总规模及翻修、大修、中修、综合维修等各类维修工程的规模。

(3) 编制房屋维修计划，除上述主要依据外，还应考虑物业管理公司自身的条件。根据公司的施工力量、材料供应能力、设备及人员素质等因素进行综合全面的平衡。

2) 年度维修计划的编制

年度维修计划的编制与维修工程量、工期、降低成本、安全、质量、服务、施工管理等有着密切的联系，年度维修计划的编制步骤如下。

(1) 根据房屋完损状况、国家有关房屋维修管理的政策及标准、企业自身的施工力量、用户提出的正确意见等因素研究确定计划期内房屋维修的总规模及各种维修类型的规模。

(2) 根据有关技术要求和企业自身条件确定维修任务分配方案（即确定是自营维修还是自包维修）并编制相应的年度维修施工进度计划。

(3) 根据房屋维修工程量、在维修施工中各种资源的消耗量标准（定额）及进度安排，编制有关人工、材料、机具、成本、资金计划。

制定年度维修计划时，还应注意以下几点：

① 对企业自身条件应有全面正确的了解，在自身具备的条件基础上编制计划；

② 对房屋损坏等级统计资料和维修施工中工料消耗资料要有积累和分析；

③ 在编制计划时，应做好综合平衡工作，协调好各层次、各方面的关系。

3）季度维修计划的编制

季度维修计划是在年度维修计划的基础上，按照均衡生产的原则，并结合季节特点，编制季度计划，季度计划要保证年度计划的顺利完成。

（1）编制季度维修计划要考虑的因素。首先，应根据季节不同、气候条件不同（如冬季天寒地冻、夏季盛夏酷暑），适当安排维修任务和采取施工措施。其次，应根据不同季节安排不同维修项目，如维修屋面工程应尽量安排在雨季到来之前进行。最后，应根据不同季节安排不同住户维修，如修理商业用房应尽量安排在营业淡季进行，学校用户可安排在寒暑假期间施工等。

（2）季度维修计划的编制。编制季度维修计划时，应在年度维修计划的指导下，根据季度特点及有关具体条件来确定本季度维修施工的工程量及相应的进度计划，在确定本季度维修工程量及进度计划时应考虑与年度维修计划总量的比例，在条件许可的基础上，尽量赶早，以确保年度计划的完成。在编制季度维修计划时，应拟定具体的维修设计方案和施工方案，以作为编制资源供应计划的依据。季度维修计划中每个维修工程均应编制工程预算，以确定该工程的预算造价及工料消耗量指标，并在此基础上编制劳动力组织计划及材料、机具、资金供应计划。对在建工程，应参照其原有的施工组织设计中总进度的要求来编制季度维修计划进度表；对新开工程，在未编制进度计划表的情况下，首先要摸清在建工程在季度维修计划中施工进度计划表上的工程量及相应资源的分配情况，在此基础上，对新开工程进行研究，初步排出其施工进度计划，并对其资源进行综合平衡，考虑工程搭接，尽量组织均衡施工。

（3）月度维修计划的编制。在充分保证季度维修计划完成的前提下，根据季度维修计划中各项工程准备情况及房屋完损情况，按轻重缓急原则编制月度维修计划。工程准备情况主要指工程前期准备，包括工程项目的查勘设计，维修项目报批，水电表移位，道路占用办理，住用户动迁，维修队伍、材料、设备等准备情况。

月度维修计划的编制方法与季度维修计划相同，维修项目若是月度计划，基本上均做查勘预算，编制的依据是施工分段作业计划，如情况有变化，在月度计划中要进行调整。月度维修计划应保证季度维修计划的完成。如有特殊情况，应办理一定手续，经批准后才可以调整计划。

四、房屋维修计划的执行和控制

编制房屋维修计划，是计划管理的开始，重要的是在计划确定以后，如何贯彻执行，保证计划的实施。

房屋维修计划控制的主要内容包括：修缮项目的进度、产量、质量、成本和安全等。其控制的手段应为各级人员深入实际地检查，召集有关会议等。

房屋维修计划要使维修工作达到总要求。因此，必须将维修计划按内部组织机构层层分解，落实到基层，实行责任制，并让从事维修的有关人员了解，使计划成为全体人员的奋斗目标。在计划的贯彻执行过程中，要进行经常性的监督检查和考核。房屋维修施工中对已有房屋进行的维护保养、修理、改造，受到多种因素的制约。例如：因使用单位和使用人不能搬迁而使维修不能按期进行；因房屋周围环境牵连而改变维修方案；因城市规划的需要而提前更新改造；因维修经费限制而降低维修标准和减少维修工程量，以及建筑材料价格调整，突发性天灾人祸等。这些必然会影响原计划的实施和完成。因此，加强对维修计划的监督检查和考核，发现问题及时研究解决，搞好综合平衡，对于维修计划的完成尤为重要。

维修计划执行情况检查的主要内容有：计划指标分解及措施落实情况、计划指标的完成情况、原计划的正确程度、执行过程中出现的问题及解决的办法、有哪些经验教训等。

为了确保按规定工期完成任务，在计划管理中还要重视抓好扫尾工作计划。当一个阶段的工程完成70%左右时，就要准备下一阶段的开工，所以这时往往容易重视新开工阶段工程，而忽视对上一阶段的扫尾工作，使工期得不到保证。因此必须重视扫尾工程计划，对扫尾计划要落实到人，并要落实时间、落实任务，以确保整个工程按工期计划完成。

任务五　房屋维修施工项目管理

一、房屋维修施工项目管理概述

房屋维修工程施工项目管理工作，是以维修施工生产活动为中心，贯穿于维修施工的全过程。房屋是不动产，是固定不变的实体，其式样多、结构类型复杂，维修工程有特定的用户与使用要求，故管理变异性大、困难多。为了高效、优质、低成本地完成维修项目的施工任务，提高维修工程施工的经济效益，物业管理公司必须做好维修施工项目的管理工作。

1. 维修施工项目管理概念

房屋维修施工项目管理，就是对完成维修建筑产品的施工全过程所进行的组织和管理。房屋维修施工过程是指从接受维修施工任务到工程交工验收的全部过程。这个过程包括：签订房屋维修工程合同、施工组织与准备、施工调度与管理、质量管理与施工安全及竣工交验等。

房屋维修施工项目管理是针对房屋维修工程施工所进行的一系列组织与管理工作的总称。由于房屋维修施工项目的特点，决定了房屋维修施工项目管理是一项综合的、复杂的施工生产管理活动。一方面，它是直接从事房屋维修施工活动的维修施工企业生产管理中的重要组成部分；另一方面，它也是物业管理公司房屋维修管理的重要内容。

根据管理的主体不同，房屋维修施工项目管理可分为甲方的项目管理和乙方的项目管理。这两种管理除了管理主体所处的地位不同外，其管理方法和内容基本一致。

2. 维修施工项目管理的主要任务

维修施工项目管理的主要任务是贯彻维修工程的施工程序，合理安排人力、物力、财力，不断更新维修技术，在保证质量及工期的前提下，提高劳动生产率，降低维修工程施工成本，增加盈利；在维修施工中，运用科学管理的方法与职能，对维修工程计划、生产、技术、物资、劳力和财务进行业务管理，对维修工程质量、工程成本和进度进行合理、有效的控制。

3. 维修施工项目管理的基本内容

房屋维修施工项目管理贯穿于整个施工阶段，在施工全过程的不同阶段，施工管理工作的重点和具体内容是不相同的。施工管理的实质应是对施工生产进行合理的计划、组织、协调、控制和指挥。在施工中，人力组织得是否合理，物力是否得到了充分利用，财力用得是否得当，机械设备和劳动力搭配得是否合适，施工方案是否先进可靠等，都直接影响房屋维修的成效。所有这些，需要在施工过程中经过科学的安排、精密的计算和合理的组织管理，这些课题就构成了施工项目管理的全部内容。房屋维修施工项目管理的内容一般包括以下几个方面。

（1）落实维修任务，签订承包合同。

（2）在工程开工前，解决住户临时迁移，做到水、电、道路通畅，并安排大宗材料堆放，设备安置进场，确定施工方案等各项准备工作。

（3）组织均衡流水立体交叉施工，并对施工过程进行质量控制和全面协调工作。

（4）加强对维修现场的平面管理，合理利用空间，促进文明施工，创文明施工现场。

（5）做好参与项目施工的各方的协调工作并开展合同管理工作。

从以上内容看，房屋维修施工项目管理还包含企业的其他专业管理，如计划、技术、质量、材料、机械、成本等管理内容。施工项目管理是综合性的管理，它正是要运用这些专业管理方法对维修工程实施全过程的管理。

二、房屋维修施工准备工作

1. 房屋维修施工准备工作的任务

施工准备是指维修工程开工前，甲、乙双方在组织、技术、经济、劳力和物资等方面，为保证工程顺利开工而必须事先做好的一项综合性的组织工作。维修工程应根据工程量的大小及工程的难易程度等具体情况分别编制施工组织设计（大型工程）、施工方案（一般工程）或施工说明（小型工程）。

施工准备工作，是房屋维修工程组织施工和管理的重要内容。在工程开工前，必须有合理的施工准备期。施工准备工作的基本任务是掌握房屋维修工程的特点、进度要求，摸清施工的客观条件；从技术、物资、人力和组织等方面为房屋维修工程施工创造一切必要的条件。认真细致地做好施工准备工作，对充分发挥人的积极因素，合理组织人力、物力，加快施工进度，提高房屋维修工程质量，节约资金和原材料等，都起着十分重要的作用。

实践证明，凡是重视施工准备工作，开工前和施工中都能认真地、细致地为施工生产创造一切必要的条件，则该项维修工程就能够顺利完成；反之，忽视准备工作，仓促上马，虽然有着加快工程进度的良好愿望，但是往往事与愿违，工程进行中缺东少西，延误时间，浪费力量，有的甚至被迫停工，最后不得不反过头来，补做各项准备工作，这样必然推迟工程进度，造成不应有的损失。

2. 维修施工准备工作主要内容

维修施工组织准备工作的内容很多，其主要内容有以下几个方面。

(1) 对维修工程应摸清施工现场情况，包括电缆、电机及煤气、供暖、给排水等地下管网及其走向，并平整好现场。

(2) 维修工程设计图纸齐全。

(3) 编制施工组织设计或施工方案获得批准。

(4) 材料、成品和半成品等构件能陆续进入现场，确保连续施工。

(5) 领取建筑施工执照。

(6) 安置好需搬迁的住（用）户，切断或接通水、电源。

(7) 落实资金和劳动力计划。

3. 维修工程施工组织设计

施工组织设计是全面安排施工的技术经济文件，是指导施工的主要依据之一。正确编制和全面贯彻施工组织设计，是保证顺利施工的首要条件，也是维修工程必不可少的组织措施。

1) 施工组织设计的主要任务

施工组织设计任务主要包括以下几个方面。

(1) 规定最合理的施工程序，保证以最短的工期完成维修工程，并按期投入使用。

(2) 采用技术上先进、经济上合理的施工方法和技术组织措施。

(3) 选定最有效的施工机具和劳动组织。

(4) 周密计算和安排人力、物力，保证均衡施工。

(5) 制定正确的工程进度计划，找出施工过程中的关键问题。

(6) 对施工现场的平面和空间进行合理布置与管理等。

2) 施工组织设计内容

根据维修工程的不同规模和技术要求的差异，分别编制施工组织设计、一般工程施工方案或小型工程施工说明。施工组织设计或施工方案（施工说明）的内容一般包括以下几个方面。

(1) 工程概况。包括工程地点、面积、投资、维修工程内容、工期、主要工种工程量、材料设备及用户搬迁时间等。

(2) 单位工程进度计划。

(3) 施工任务的组织分工和安排，总包、分包的分工范围，物业管理公司、维修施工单位和设计单位的三方协作关系。

(4) 劳动力组织及需要量计划。

(5) 主要材料、预制品、施工机具需要量及旧料代用计划。

(6) 生产、生活临时设施计划。

(7) 施工用水、用电、燃料的供应办法。

(8) 施工现场总平面图，包括：标明应清理的现场障碍物、给定定位坐标、地下管网情况、水电源的接设、消防设备位置、现场材料的存放位置和道路设置。

(9) 保证工程质量及安全生产的技术组织措施。

(10) 各项技术经济指标等。

三、施工阶段管理工作

1. 施工调度工作

由于维修工程施工的可变因素多，以及计划工作不可能十分准确，在维修施工中总会出现不协调和新的不平衡。施工调度就是以工程施工进度计划为依据，在整个施工过程中不断求得劳动力、材料、机械与施工任务和进度要求之间的平衡，并解决好工种与专业之间衔接的综合性协调工作。

施工调度工作，是及时平衡、解决矛盾、保证正常施工的手段。其主要任务有以下几个方面。

(1) 经常检查、督促施工计划和工程合同的执行情况，进行人力、物力的平衡调度，促进施工生产活动的进行。

(2) 组织好材料运输，确保施工连续性，监督检查工程质量、安全生产、劳动防护等情况，发现问题，找出原因、提出措施、限期改正。根据天气预报，做好雨季施工工作。

2. 施工现场管理

1) 施工现场经常性管理

施工现场管理是以施工组织设计、一般工程施工方案或小型工程施工说明为依据，在施工现场进行的各种管理活动。现场管理要指派专人负责，并贯穿到整个工程的始终。

维修工程施工现场管理工作的主要内容有：

(1) 修建或利用各项临时设施，安排好施工衔接及料具进退场，节约施工用地；

(2) 按计划拆除旧建筑，排除障碍物，清运渣土等；

(3) 注意生产与住（用）户安全，在拆除与翻修时，设立施工防护标志，处理好与毗邻建筑物或构筑物的关系。

2) 施工现场材料管理

施工现场材料管理是指一个工程对象、一个施工现场的材料供应管理工作的全过程。现场材料管理是管好、用好材料的基本落脚点，是衡量维修施工企业管理水平和实现文明施工的重要标志。

维修工程施工现场材料管理的主要内容有：

(1) 根据施工进度和场地大小，有计划地组织建筑材料分期分批进场，以满足工程连续施工的需要；

(2) 按施工材料需用计划，实行材料限额领料与核算制度，并做好现场材料的检查、保管；

(3) 加强现场平面管理，根据施工进度变化及时调整材料堆放位置；

(4) 及时回收旧料、废料，做好修旧利用；

(5) 维修工程竣工后，及时清理现场，将剩余材料进行清点，并办好转、退料手续。

3) 施工现场机械设备管理

施工现场机械设备管理的目的就是要充分发挥机械的效率和机械化施工的优越性，更好地为生产服务。机械设备应贯彻预防为主、维修并重的原则。设备在使用过程中，要尽量避免发生故障，以免影响生产和人身安全。

4) 施工班组管理

施工班组管理的主要任务是积极采用科学的管理方法，学习和采用先进施工工艺和操作技术，优质低耗、均衡快速地完成维修任务。

3. 施工安全管理

认真贯彻执行安全生产管理制度，是搞好房屋维修工作的一项重要措施。因此，要加强对安全生产工作的领导，建立健全安全生产管理制度，严格执行安全操作规程，确保安全施工。

安全检查机构或人员必须认真执行安全生产的方针、政策、法令、条例，经常对现场作业进行安全检查，并组织职工学习安全生产操作规程。生产活动中施工人员受到严重伤害的事故有物体打击、高空坠落、机械伤害等。此外，由于施工方法不当，施工质量低劣，发生倒塌也会造成重大事故。为了预防这些事故的发生，施工单位的领导应经常对施工人员进行施工现场安全生产教育，包括进入现场必须戴安全帽；高空、悬空作业，无安全设备的，必须系好安全带；高空作业时，不准往下乱抛材料、工具、垃圾等；各种电动机械设备，必须有有效的接地和安全防护装置才能开动使用；各种机械设备，必须做到定机、定人；凡未经短期训练的人员，严禁使用机电设备；吊装区域不得随便入内，起吊时吊臂旋转半径范围内不准有人停留和行走，警戒措施要做好。

四、房屋维修工程验收

竣工交验必须符合房屋竣工交验的条件和质量评定标准，才能通知有关部门进行竣工验收。合格签证后才能交付使用。

1. 工程交验的具体条件

(1) 符合维修设计或维修方案的全部要求，并全部完成合同中规定的各项工程内容。

(2) 做到水通、电通、路通和建筑物周围场地平整，供暖通风恢复正常运转并具备使用功能。

(3) 各种施工技术资料准备齐全。

① 维修施工单位应根据各地城市建设的档案管理的有关规定，对施工技术资料进行分类整理，装订成册。一部分资料移交房产管理机构，一部分资料自留归档。

② 竣工图整理。凡按图施工的工程应以原有施工图作竣工图，工程变更不大的可利用原有施工图修正即可，对于变更较大的工程，必须重新绘制竣工图。竣工图必须加盖竣工图签，经复核无误，施工负责人签字后方能归档。

2. 房屋维修工程验收的依据

（1）项目批准文件；

（2）工程合同；

（3）维修设计图纸或维修方案说明；

（4）工程变更通知书；

（5）技术交底记录或纪要；

（6）隐蔽工程验收记录；

（7）材料、构件检验及设备调试等资料。

3. 维修工程质量交验标准

（1）维修工程的分项、分部工程必须达到国家建设部颁发的《房屋修缮工程质量检验评定标准》中规定的合格标准和合同规定的质量要求。

（2）维修工程中的主要项目，如钢筋强度、水泥标号、混凝土工程和砌筑砂浆等，均应符合《房屋修缮工程质量检验评定标准》中规定的全部要求。

（3）观感质量评定得分合格率不低于95%。

4. 一般大、中、翻修工程竣工交验标准

（1）必须达到维修方案的全部要求，并完成合同规定的各项维修内容。

（2）维修工程的施工文件和技术资料准备齐全，装订成册。

（3）所修的分部、分项工程必须达到《房屋修缮工程质量检验评定标准》所规定的合格标准。

（4）观感质量评定得分合格率不低于95%。维修单位通过自检达到以上条件和标准后，才能通知房屋管理机构进行竣工交验。

5. 工程验收组织

房屋管理机构在接到施工单位验收通知后，应及时组织设计或方案制定人员、甲方代表、房屋管理技术负责人及施工单位进行交工验收。按维修技术管理权限，大、中修项目及重大修建项目由各级房屋管理部门组织验收。因施工质量不合格需返工时，应限期修复，经复验合格办理验收签证，并评定质量等级。

在工程验收时，还应签订回访保修协议。回访保修期限。大、中修工程一般为半年，翻修工程为1年。

本学习情境是房屋管理与维修工作的入门内容，主要任务是使读者对房屋管理与维修工

作有一个综合的了解，即知道前续课程和所学过的相关知识点与本课程的联系，又使后续课程的学习在明确的目标中进行，便于学生自学能力的培养。

本学习情境对新时期的“全程”房屋管理与维修工作的产生、意义及与传统房屋管理、维修工作的区别进行了阐述，对房屋管理与维修工程的分类、工作特点进行了概况的说明。同时介绍了房屋维修工作的工作程序及维修工作的考核指标。

（1）“全程”房屋管理与维修工作模式产生的原因？有什么作用？

（2）“全程”房屋管理与维修工作包括哪几个工作阶段，每一个工作阶段主要的工作内容是什么？

（3）房屋维修工作与新建房屋相比有什么特点？

（4）如果你作为工程部维修人员，结合本学习情境所学知识为某一物业公司房屋维修管理工作设计一套科学的工作程序，并简述工作时应注意的问题。

学习情境二 房屋查勘与完损等级评定

学习任务	任务一　房屋损坏与查勘鉴定工作 任务二　房屋完损等级评定	参考学时	6
能力目标	了解房屋损坏的原因及预防措施；具备查勘鉴定能力；具备完成房屋完损等级评定的能力；具有根据查勘和评定结果制定房屋保养和维修计划的能力		
教学资源与载体	多媒体网络平台、教材、动画 PPT 和视频等，教学楼，作业单、工作单、工作计划单、评价表		
教学方法与策略	项目教学法、引导法、演示法、参与型教学法		
教学过程设计	引入案例→提出问题→分组学习、讨论→教师讲解，学生参与讲解→指导房屋完损等级评定实训		
考核与评价内容	知识的自学能力、理解和动手能力、语言表达能力；工作态度；任务完成情况与效果		
评价方式	自我评价（10%），小组评价（30%），教师评价（60%）		

职场典例

刘刚和王宏拟定的房屋维修工作管理方案得到了领导的表扬，这大大增强了刘刚干好物业管理工作的信心。项目部所接管的房屋有6年了，为了对所管辖范围内房屋的完损进行评定，并以此为依据拟定科学的维修计划，项目部决定近期开展房屋查勘工作，由于人手不够，工程部经理让刘刚参加本次查勘工作。接到任务后，刘刚就在想，是不是房屋的日常检查就是房屋查勘？要做好该工作刘刚要清楚下面一些专业问题。

任务一　房屋损坏与查勘鉴定工作

教师活动

下达任务：以校园某一建筑群为例，让学生结合自己的认识及所处的环境和使用情况总结出造成建筑物损坏的原因都有哪些，如何对一栋建筑物进行全面的查勘，采用何种方法确保查勘工作无漏项。

学生活动

分组学习、研讨，集中参与讲解，完成作业单（表2-1）。

表2-1　作业单

相关知识复习	答　案
什么是房屋查勘？房屋查勘工作的作用是什么？	
如何进行房屋查勘？	
什么是完损等级评定？房屋查勘与完损等级评定的关系是什么？	
如何确定房屋的完损等级？	

一、房屋损坏的原因

由于多种原因的影响，房屋建成交付使用后就开始损坏。房屋的损坏分为外部损坏和内部损坏。房屋的外部损坏是指房屋的外露部位，如屋面、外墙、勒脚、外门窗和防水层等的污损、起壳、锈蚀及破坏等现象。内部损坏是指房屋的内部结构、装修、内门窗、各类室内设备的磨损、污损、起壳、蛀蚀及破坏现象。房屋外部项目的长期失修，会加速内部结构、装修、设备的损坏。导致房屋损坏的原因是多方面的，基本上可分为自然损坏和人为损坏两类。

1. 自然损坏

自然损坏的因素有4种：气候因素、生物因素、地理因素和灾害因素。这4种因素对房屋不同部分的构件产生不同影响，所引起的损坏也不尽相同。自然损坏的速度是缓慢的、突发性的。

1）气候因素

房屋因经受自然界风、霜、雨、雪和冰冻的袭击，以及空气中有害物质的侵蚀与氧化作用，会对其外部构件产生老化和风化的影响。这种影响随着大气干湿度和温度的变化会有所不同，但都会使构件发生风化剥落，质量引起变化，如木材的腐烂糟朽、砖瓦的风化、铁件的锈蚀、钢筋混凝土的胀裂、塑料的老化等，尤其是构件的外露部分更易损坏。

2）生物因素

主要是虫害（如白蚁、蟑螂、老鼠、蛾、蜘蛛等）、菌类（如真菌、湿腐菌、干腐菌

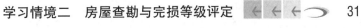

等）的作用，使建筑物构件的断面减少、强度降低；而且还会损坏建筑物装饰材料表面，反映在墙纸的剥落、褪色，地毯虫蛀，木质地板的损坏，石膏碎落，灯饰电源的损坏，通风口的堵塞及蜘蛛网等方面，影响建筑物的观瞻。

3）地理因素

主要是指地基土质（如软土、膨胀土、湿陷性黄土等）分布地区如预防或处理不当就会引起房屋的不均匀沉降对上部结构造成不良影响。地基盐碱化作用也会引起房屋的损坏，尤其是建在盐碱土壤上的建筑物，如不采取预防措施，盐碱侵蚀建筑砌体后，不但会影响建筑物的使用功能和观瞻效果，还会大大缩短使用寿命，造成重大经济损失。

4）灾害因素

主要是突发性的天灾人祸（如洪水、火灾、地震、滑坡、龙卷风、战争等）对建筑物所造成的损坏。有些损坏是可以修复的，有些是不可修复的。

2. 人为损坏

人为损坏是相对于自然损坏而言的，主要有以下几种情况：使用不当、设计和施工质量的低劣、预防保养不善等因素。

1）使用不当

由于人们在房屋内生活或生产，人们的生产或生活活动及设备、生活日用品承载的大小、摩擦撞击的频率、使用的合理程度等都会影响房屋的寿命。例如，不合理地改装、搭建，不合理地改变房屋用途等，都会使房屋的某些结构遭受破坏，或者造成超载压损；使用上爱护不够或使用不当也会产生破坏。此外，还有由于周围设施的影响而造成房屋的损坏，如因人防工程、市政管道、安装电缆等缺乏相应技术措施而导致塌方或地基沉降，造成房屋墙体的闪动、开裂及其他变形等。

2）设计和施工质量的低劣

这是先天不足。房屋在建造或修缮时，由于设计不当、质量差或者用料不符合要求等，影响了房屋的正常使用，加速了房屋的损坏。例如，房屋坡度不符合要求，下雨时排水慢造成漏水；砖墙砌筑质量低劣，影响墙体承重力而损坏变形；有的木结构的木材质量差或制作不合格，安装使用后不久就变形、断裂、腐烂；有的水泥晒台、阳台因混凝土振捣质量差或钢筋位置摆错而造成断裂等。

3）预防保养不善

有的房屋和设备，由于没有适时采取预防保养措施或者修理不够及时，造成不应产生的损坏或提前损坏，以致发生房屋破损、倒塌事故。例如，钢筋混凝土露筋、散水裂缝、铁件白铁落水设备未进行油漆保养、门窗铰链松动等，若不及时保养，都可能酿成大祸。

房屋的各部位因所处的自然条件和使用状况各有不同，损坏的产生和发展是不均衡的。即使在相同部位、相同条件下，由于使用的材料不同，其强度和抗老化的性能不同，损坏也会有快有慢。上述因素往往相互交叉影响或作用，从而加剧了房屋破损的过程。房屋内部外部损坏的项目现象分析如图 2－1 所示。

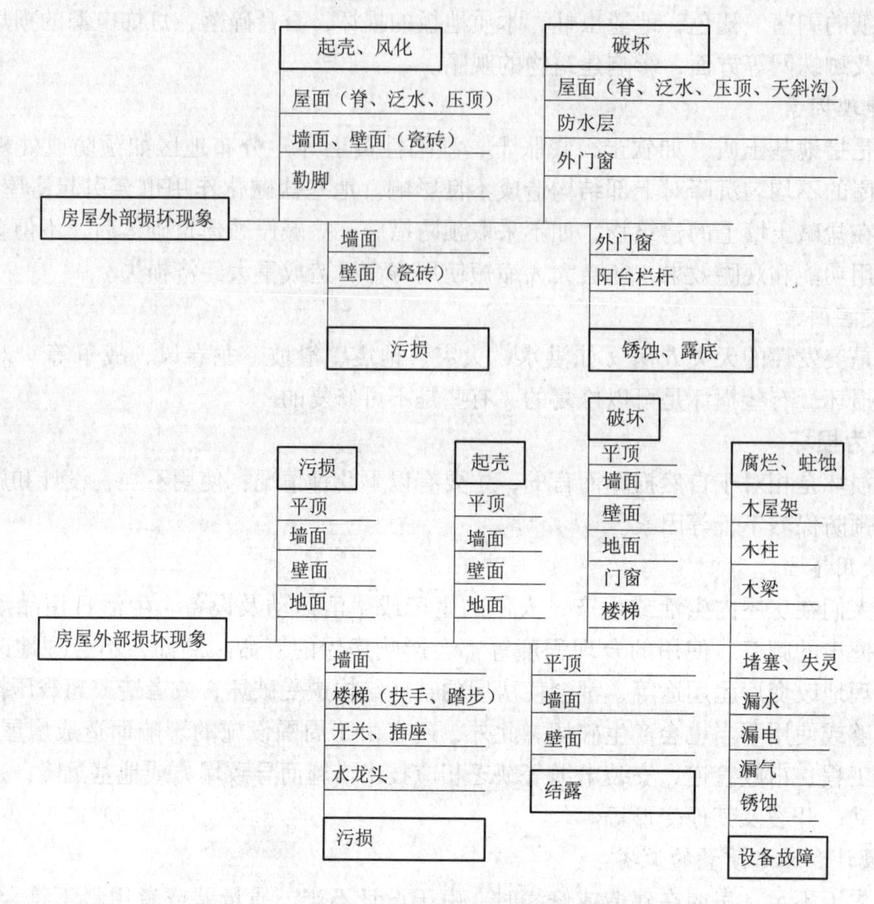

图 2－1　房屋内部外部损坏的项目现象分析图

二、房屋维修的周期

根据房屋普查完好率鉴定记录和历年维修记录的统计分析，了解房屋各项目损坏的规律，确定了房屋损坏的维修期限。房屋维修周期分为一般项目的维修周期和全项目或多项目损坏最佳综合性大修周期。一般项目的损坏维修周期有下列几种情况。

（1）瓦屋面及外墙粉刷损坏决定于屋脊、泛水和外粉刷砂浆的强度和耐水性。目前一般使用水泥浆，可保持在 15 年左右。

（2）平屋面的损坏决定于防水层的材料和施工质量及水泥浆的强度，按目前沥青油毡的防水层，可保持 5 ～ 8 年。

（3）瓦屋面和平屋面的计划养护或中修可以 3 年一次。

（4）外门窗计划检修及油漆保养周期，可以 5 ～ 6 年一次。

（5）外墙粉刷计划检修周期，可以5年左右一次。

（6）水电设备计划检修周期，可以6～8年一次。

（7）室内一般项目的计划养护、检修周期，可以6～8年一次。

各类结构房屋的维修周期：砖木结构房屋12～15年；砖混结构房屋15～20年；钢筋混凝土结构房屋20～25年。

三、房屋查勘工作

1. 房屋查勘工作与查勘目的

物业管理中房屋管理和维修工作的开展一般分为两大步骤：查勘和实施。查勘是房屋维修工作的前提，也是房屋管理的重要工作环节，实施是房屋维修工作的落实。查勘中重要的技术环节是接管验收和日常检查中的损坏现象的分析。房屋查勘是物业管理公司了解和掌握所管房屋的完损状况而进行的一项基础工作。房屋查勘鉴定的目的是：① 监督房屋的合理使用，掌握房屋结构、部件、设备的技术状态，及时纠正违反设计和使用规定的违章行为；② 掌握房屋的完损状况，依据《房屋完损等级评定标准》，确定房屋的完好等级，计算房屋完好率；③ 为安全使用提供信息、为编制房屋修缮计划提供依据；④ 为拟定房屋修缮工程方案提供依据。

2. 房屋查勘顺序

房屋查勘工作首先根据查勘的目的制定查勘方案。一般采用“从外部到内部，从屋顶到底层，从承重构件到非承重构件，从表面到隐蔽，从局部到整体”的顺序，也可以根据房屋的现场条件、环境情况、结构现状等，进行局部或重点的查勘。

3. 房屋查勘方法

（1）直观检查法。指以目测和简单工具检查房屋的完损情况，用线、尺测量损坏程度和损坏构件数量，以经验判断构件危损原因和范围等级。

（2）仪器检查法。指用经纬仪、水准仪等来检查房屋的变形、缺陷、倾斜等；用回弹仪、枪击法、撞击法、敲击法等机械方法进行非破损性检查；用万能试验机等从房屋构件上取出试件进行测试。

（3）计算、观测、资料分析与现场观测相结合检查法。主要是通过计算、资料分析、到现场观察采用仪器进行检查。这种检查法比较细致、准确。但投入现场的人员较多，现场工作量较大，只有对重要房屋的检查才采用。

（4）重复观测检查法。主要由于房屋危损变化仍在发展中，一次检查不解决问题，需要通过多次重复观测，才能掌握危损情况稳定程度。

（5）荷载试验检查法。主要由于房屋发生质量事故，房屋需变更用途或加层而无法取得必要的物理力学数据时，要进行荷载试验，以便对房屋结构、构件的耐力进行评定。

以上几种查勘方法，有时往往需要同时或交叉使用。

4. 房屋查勘鉴定分类

房屋查勘鉴定分为三类：定期查勘鉴定、季节性查勘鉴定及工程查勘鉴定。

1）房屋定期查勘鉴定

房屋定期查勘鉴定即每隔1～3年，由专门知识和工作经验的人员对所管房屋进行逐栋逐层的查勘，全面掌握完损状况，评定房屋完好等级。查勘时间宜在每年第四季度进行。定期查勘鉴定的结果是编制维修计划的依据。

房屋定期查勘可分为结构、装修和设备三大部分。设备的定期检查一般要委托房屋查勘鉴定专业部门负责，房屋结构和装修部分的检查内容和要求如下：基础是否有不均匀沉降现象；柱、梁、墙、屋架、楼地板、阳台、楼梯等有无裂缝、变形、损伤、锈蚀、腐烂等现象及其位置与程度；屋面防水层老化程度，裂缝起壳渗漏水情况；油漆是否有剥落等现象及其程度；墙壁是否有渗水现象及其程度；外墙抹灰及顶棚、内墙抹灰有无裂缝、起壳、脱落等现象及其程度；门窗是否有松动、腐烂，开关是否灵活，玻璃油漆是否脱落；下水道是否畅通，有无阻塞现象等。

定期查勘前应拟定好每个时期的检查重点和要求，制定全面的检查计划。检查要逐栋、逐件、逐项地进行，深入细致。对检查出的各种问题，根据维修工程分类规定，按轻重缓急，分别纳入大、中、小修计划中处理。对危及安全及严重漏雨、漏水、漏电的房屋建筑，应组织技术鉴定，进行不必要的加固应急处理。对危及安全及严重漏雨、漏水、漏电的房屋建筑，应组织技术鉴定，进行必要的加固应急处理。全部检查结束后，应全面分析技术状态的变化情况，制定房屋整治规划，为确定下一年度维修工作项目提供基础资料。

2）房屋季节性查勘鉴定

房屋季节性查勘鉴定即根据一年四季的特点，结合当地气候特征（雨季、台风、大雪、山洪等），着重对维修房、严重损坏房进行检查，及时抢险解危，避免发生塌房伤人事故。房屋季节性查勘的内容：屋架能否承受雨雪的荷载；砖墙能否承受风压积水浸泡；窗扇、雨篷、广告牌等是否会下坠伤人；排水设施排水是否畅通，是否会造成积水等。

3）工程查勘鉴定

工程查勘鉴定即定项检查，对需修项目的安全度、完损程度查勘鉴定，提出具体意见，以确定该工程的维修方案。

任务二 房屋完损等级评定

一、房屋的完损等级

房屋的完损等级是指对现有房屋的完好或损坏程度划分的等级，即现有房屋的质量等级，考核维修效益及城市规划和旧城区改造提供资料依据的工作过程，执行部门为物业公司或房地管理部门。物业公司进行完损等级评定是为掌握管辖范围内房屋面貌，以便进行科学合理的房屋管理和维修；房地管理部门进行的房屋完损等级评定主要是为城市规划部门改造提供基础资料和依据而进行的。评定房屋的完损等级是按照统一的标准、统一的项目、统一的评定方法，对现有整幢房屋进行综合性的完好和损坏的等级评定。这项工作技术性强，既有目观检测，又有定性定量的分析。目前，我国对房屋质量的评定，是以原国家城乡建设环境保护部1985年制定颁布的《房屋完损等级评定标准》作为依据的（见附件）。

按该法规规定，房屋完损等级一般按房屋的结构、装修、设备三个组成部分的完好、损坏程度分为五个等级标准，即完好房、基本完好房、一般损坏房、严重损坏房、危险房。

（1）完好房。指房屋的结构构件完好，装修和设备完好、齐全完整，管道畅通，现状良好，使用正常；或虽个别分项有轻微损坏，但一般经过小修就能修复。

（2）基本完好房。指房屋结构基本完好，少量构部件有轻微损坏，装修基本完好，油漆缺乏保养，设备、管道现状基本良好，能正常使用，经过一般性维修即可修复。

（3）一般损坏房。指房屋结构一般性损坏，部分构部件有损坏或变形，屋面局部漏雨，装修局部破损，油漆老化，设备管道不够畅通，水卫、电照管线、器具和零件有部分老化、损坏或残缺，需要进行中修或局部大修更换零件。

（4）严重损坏房。指房屋年久失修，结构有明显变形或损坏，屋面严重漏雨，装修严重变形、破损，油漆老化见底，设备陈旧不齐全，管道严重堵塞，水卫、电照管线、器具和零件残缺及严重损坏，需要进行大修或翻修、改建。

（5）危险房。指房屋承重构件已属危险构件，结构丧失稳定和承载能力，随时有倒塌可能，不能确保使用安全的房屋。详见建设部颁发的《危险房屋鉴定标准》（CJ13－86）。

二、房屋完损等级评定

1. 房屋完损等级评定的相关规定

凡新接管和经过维修后的房屋应按该标准重新评定完损等级。房屋完损等级的评定，一般以“幢”为评定单位，一律以“建筑面积”（m^2）为计量单位。有抗震设防要求的地区，在划分房屋完损等级时应结合抗震能力进行评定。评定房屋等级的做法一般分为定期和不定期两种。

1）定期评定房屋完损等级

每隔一定时期（1～3年，或根据各地规定）对所管房屋逐栋进行一次全面的完损等级评定，包括组织准备、实施查勘、统计汇总3个阶段。

2）不定期评定房屋完损等级

（1）根据气候特征，如雨季、台风、暴风雪等，着重对危险房屋、严重损坏房屋和一般损坏房屋等进行检查、评定完损等级。

（2）房屋经过中修、大修、翻修和综合维修竣工验收以后，应重新评定完损等级。

（3）接管验收新建房屋后，要评定房屋完损等级。

2. 房屋完损等级的评定方法

房屋完损等级评定时要根据房屋各个组成部分的实际完损程度严格按照建设部颁发的《房屋完损等级评定标准》进行综合评定。标准在评定工作实施前拟定好，且每个评定人员一定要按照同一标准进行评定。如有异议，要经评定小组集中讨论决定。

（1）先将每栋房屋分为结构、装修、设备等分别进行分项评定，如果组成部分各项完损程度符合同一个完损标准，则该房屋的完损等级就是分项所评定的完损等级。

（2）房屋的结构部分各项完损程度符合同一完损标准，在装修、设备部分中有一、二项完损度下降一个等级，其余各项仍和结构部分符合同一完损标准，则该房屋的完损等级按结构部分的完损程度来确定。

（3）房屋结构部分中非承重墙与楼地面分项完损程度下降一个等级完损标准，在装修或设备部分中有一项完损程度下降一个等级完损标准，其余三个组成部分的各项都符合上一个等级以上的完损标准，则该房屋的完损等级可按上一个等级的完损程度来确定。

（4）房屋结构部分项中地基基础承重构件、屋面等项的完损程度符合同一完损标准，其余各分项完损程度可有高出一个等级的完损标准，则该房屋完损等级可按地基基础承重结构，屋面等项的完损程度来确定。

3. 房屋完损等级评定程序

为准确评估房屋的完损等级，除了要按照一定的标准或方法外，还要遵循一定评定程序，一般评定程序如下。

（1）建立评定组织，制订房屋完损等级评定计划。

（2）组织评定人员培训，搞好试点工作。

（3）准备查勘工具及各种统计记录表格。

（4）按《房屋完损等级评定标准》进行现场查勘鉴定。根据每栋房屋的结构、装修、设备部分各项目的完损状况进行整理分析，填写房屋完损等级评定表。

（5）按房屋完损等级评定方法分析每栋房屋的查勘资料，确定该栋房屋的完损等级。

（6）评定完每栋房屋的完损等级后，填写房屋完损等级统计汇总表，进行统计汇总。以掌握房屋各类结构的完损等级状况，制定合理的养护、维修计划。

4. 房屋完损等级评定应注意事项

（1）要以整栋房屋进行综合评定。

（2）对重要房屋的完损等级应严格复合测试。

（3）房屋完损等级评定要以房屋的实际完损程度为依据，严格按建设部颁发的《房屋完损等级评定标准》进行，不能以建筑年代来评定房屋完损等级，也不能以房屋原设计标准的高低代替评定房屋完损等级的标准。

(4) 评定房屋完损等级时，地基基础、承重构件、屋面等项的完损等级程度是决定房屋完损等级的主要条件；要以三项中最低的完损标准来评定。

(5) 要严格掌握完好房和危房的标准。评定完好房时，房屋结构部分的各项指标都要达到完好标准，才能评定完好房。评定危险房时，应参照《危险房屋鉴定标准》。

(6) 评定严重损坏房时，结构、装修、设备各部分的分项完损程度不能下降到危险房屋的标准。危险房屋的标准与评定方法另按《危险房屋鉴定标准》进行。

三、房屋的完好率计算与危房率计算

1. 房屋完好率

房屋完好率一律以建筑面积（m^2）为单位进行计算，评定时以栋为评定单位，完好房的建筑面积与基本完好房的建筑面积之和，占总的建筑面积的百分比，即为房屋完好率。

房屋完好率 =(完好房建筑面积 + 基本完好房建筑面积)/总的房屋建筑面积

房屋经过大修、中修后要重新评定调整房屋的完好率；但零星小修后不能调整房屋的完好率；正在大修中的房屋应按大修前的房屋评定，一旦房屋竣工验收应重新评定；新接管的新建房屋，同样按本标准评定完好率。

2. 危房率

整栋危险房屋的建筑面积占总建筑面积的百分比即为危房率。

危房率 = 整栋危险房屋的建筑面积/总建筑面积

实训 教学楼完损等级评定

1. 实训任务与目的

以3栋教学楼为一个物业管理单元，让学生通过现场查勘，掌握每栋各结构构件的使用状况、房屋查勘工作过程及完损等级的评定方法。

2. 人员分组及任务安排

学生进行抽签分组（共三组），以组为单位完成其中一栋房屋查勘工作：房屋完损状况检查任务的分配、编制完损检查登记表、房屋完损等级评定工作。

3. 实训内容及实训步骤

(1) 接受查勘任务，组织本组查勘人员到负责查勘的建筑进行实地考察。

(2) 结合建筑物现场的情况按房屋的结构、装修、设备三大组成部分中各个分项绘制完损等级评定表，可参考表2-2完成。

表2－2 房屋完损状况查勘表

序号	分部	项目	权值	分数
1	结构	屋架		
2		柱		
3		承重砖墙		
4		钢筋混凝土框架构件（包括阳台）		
5		平屋面（包括晒台）		
6		瓦屋面		
7		各种屋脊		
8		各类出线、泛水烟囱		
9		各类天、斜沟		
10		各类楼地面		
11	装修	各类外粉刷		
12		各类线脚粉刷、雨篷、阳台、晒台		
13		门窗		
14		油漆		
15		内粉刷		
16		踢脚线		
17		瓷砖		
18	设备	各种照明		
19		卫生设备		
20		给排水（水箱）		
21		各种落水、水管		
22		路面明沟		
23		下水道、阴井、化粪池		
24		电梯消防设备		
25		各种水泵		
26		暖气设备		
总计分数			100	
房屋完损等级评定				

注：查勘细项可以根据现场适当增减，评分标准要统一。

（3）编制完损定级评定标准。

（4）每组人员分工完成各部分的评定打分。

（5）汇总各完损等级评定表，给每栋建筑一个综合评定结果。

（6）结合每栋的查勘与完损等级评定结果制定房屋的维修和保养计划。

4. 上交完损等级评定表

包含该栋房屋完损等级评定汇总表一份和个人打分的分表若干。

5. 完损等级评定注意事项

注意处理好房屋完损等级评定、房屋维修保养时工作与用户（办公和教学）之间的关系，即不要影响建筑物内正常的教学和办公次序。

6. 问题讨论

（1）你认为完损等级评定结果是每栋一个还是每个物业管理项目有一个？

（2）如何根据完损等级评定结果拟定房屋的维修与保养计划？

7. 技能考核

（1）房屋查勘能力；

（2）运用评定标准进行房屋完损等级评定的能力。

优____良____中____及格____不及格____

本学习情境是房屋管理与维修工作的入门内容，主要任务是使读者对房屋管理与维修工作有一个综合的了解，即知道前续课程和所学过的相关知识点与本课程的联系，又使后续课程的学习在明确的目标中进行，便于学生自学能力的培养。

本学习情境对新时期的“全程”房屋管理与维修工作的产生、意义及与传统房屋管理、维修工作的区别进行了阐述，对房屋管理与维修工程的分类、工作特点进行了概况的说明。同时介绍了房屋维修工作的工作程序及维修工作的考核指标。

（1）房屋的完损等级有哪些？标准各是什么？

（2）如何制定房屋的维修规划？

（3）房屋查勘和房屋接管验收工作有什么联系？

（4）房屋查勘工作的工作过程是什么？

学习情境三 规划设计和施工阶段物业前期介入

学习任务	任务一　前期介入 任务二　规划设计阶段的前期介入 任务三　项目施工阶段的前期介入	参考学时	8
能力目标	通过教学，要求学生认识规划设计和施工阶段物业公司前期介入的重要性；掌握规划设计阶段前期介入工作的要领；施工阶段物业公司前期介入的工作要领		
教学资源与载体	教材、职场典例、PPT、图纸、作业单、评价表		
教学方法与策略	项目教学法、引导法、演示法、参与型教学法		
教学过程设计	职场典例引入前期介入→发放作业单→填写作业单→分组学习、讨论→教师讲解→实训→教师点评		
考核与评价内容	知识的自学能力、理解和动手能力、语言表达能力；工作态度；任务完成情况与效果		
评价方式	自我评价（10%），小组评价（30%），教师评价（60%）		

职场典例

海天名人广场项目的前期介入

2009年8月中旬，深圳景园物业管理公司与振业置业公司签约，为其开发的海天名人广场提供物业管理顾问服务，随后由管理、土建、机电、智能化等方面6名专业人士组成的顾问团抵达现场，开始了前期顾问服务工作。

当时，海天名人广场尚处于结构施工阶段。顾问团通过分析市场、阅读图纸、勘验现场和比较测算，从满足物业管理服务需求、保证物业管理运行质量、控制物业管理经济成本的角度，提出了30余项优化设计建议（独特的身份和视角，使物业公司考虑问题更细致、更周密、更长远，因而也就更容易发现设计上的瑕疵、漏洞和缺憾）。期间，他们还发现整个小区的消火栓系统存在设计超标的问题。

海天名人广场有5座高层楼宇，每幢每层平面为800多平方米，有两道分布合理的消火栓及其立管就足以满足国家消防规范的要求。然而某设计院竟为其设计了三道，这意味着不仅无谓增加了30多万元的建筑成本，而且还无端影响了户内布局（在开发商的主要合作方中，唯有物业公司的取费不与工程总造价相联系，所以他们不存在盲目鼓动开发商无谓增加投资以提高自身收益的利益的冲动）。于是，深圳景园顾问团提议开发商抓紧找设计院洽商变更设计，取消一道消火栓及其立管。

开发商认为这项建议确实很有道理，便马上和设计院进行交涉。不料设计院不愿意否定自己的设计方案，坚持认定必须要有三道消火栓及其立管，开发商反复交涉也未获认可，球又被踢回深圳景园。深圳景园的专业人员不屈不挠，书面列出国家消防设计规范的有关条款，并和海天名人广场的原消火栓设计进行对比分析，指出其不合理所在。开发商据此再次找到设计院，设计院这次无法予以拒绝，只好按照深圳景园的意见修改了设计。

通过消火栓系统的设计变更，开发商不仅体会到了深圳景园的技术实力，而且感受到了他们的负责精神，随后又把整个项目的智能化工程交给了深圳景园楼宇科技公司设计、施工。

教师活动

学生分组→下达任务→让学生阅读上述案例并填写作业单（表3－1）

学生活动

分组集中讨论→汇总讨论结果→每组代表讲解案例答案要点以及学习的心得

表3－1　作业单

序号	问　　题	答案要点
1	该前期介入时间点是？是否是最佳的介入时点？你认为最佳时间点是什么？	
2	在项目设计阶段该物业公司前期介入的主要工作内容是？	
3	深圳景园物管在前期介入阶段发现设计不合理是如何处理的？	
4	该案例给你的启发是什么？	

任务一　前期介入

一、物业管理前期介入

前期介入是现代物业管理的一种新模式，物业管理公司的前期介入应包括两个阶段：超前介入和前期管理。是专业物业管理公司或资深物业管理人员受开发商聘请参与该物业项目的小区规划、设计、施工等阶段的讨论并提出建议的工作过程。一般是从物业管理服务和业主的使用及生活需要的角度为开发商提出小区规划、房屋设计、设备选用、功能规划、施工监管、工程验收接管甚至房屋销售、租赁等多方面的建设性意见，并制定物业管理方案，以便为日后的物业管理工作打下良好的基础。

物业管理专业人士前期介入的重要性主要体现在以下几个方面：首先，在规划前和规划设计之初，物业管理专业人士的提前参与，依据其丰富的管理经验，为开发商和业主提供前期的专业性指导，能有效避免物业项目因设计时考虑不周造成先天不足而影响今后业主使用，使物业更具有适用性；其次，前期介入使物业规划更有利于今后物业管理公司的管理和服务，大大降低了后期的管理费用，前期介入对房屋建设的质量进行了细致入微的把关，从而大大降低房屋的维修成本，不仅提升业主对物业服务的满意度，还可以提升物业公司的社会信誉；最后，因物业管理专业人士的前期介入能从物业的使用和居家生活的需要考虑，提升物业使用的附加值，形成开发商的新卖点，有利于开发商建造精品物业，促进房屋销售。

二、前期介入时与相关部门的合作

物业公司在前期介入时主要的合作部门有：开发商、设计单位、施工单位。其中物业管理公司的前期介入工作能否顺利进行，关键在于开发商的重视程度，只有开发商认识到了前期介入的必要性和重要性，才能很好和规划、设计以及施工单位联系，配合物业管理公司完成相关工作。物业管理公司首先应与开发商签订前期介入服务合同，依据服务合同主动参与、积极配合，要将过去管理和服务中的经验告知相关人员，要以前瞻性和预见性去感知可能会发生的问题，积极主动地采取措施，将问题处理在萌芽状态。重大问题一定要书面函告开发商，方能引起开发商重视，同时也能规避物业管理责任。

开发商能否采纳物业管理公司的建议一般取决于以下几个方面：一是会不会增加开发成本，二是实施难度大不大，三是对设计风格和外立面的影响，四是对其房屋销售有无好处。基于各方面的因素考虑，开发商可能不会对物业管理公司的建议全面采纳，但是协调得越好，采纳得越多。

物业管理公司前期介入时应注意几点：建议一定要专业，否则得不到大家的认可；分析产生问题的原因、危害和影响，要准确、有依据、以理服人，且提出的建议能减少损失，能增加效益，最好是开发商、施工方和物业管理公司多方受益；不要只提问题，要有建议，要有方案，要有措施，更要有解决问题的办法，讲原则、讲道理、讲利弊、讲方法、讲感情。物业管理公司要诚心实意地沟通，全心全意地服务，全面参与配合项目的开发建设。搞好前期介入工作，是物业管理公司规范管理、优质服务的有力保障。

在物业管理的早期介入工作中，开发商的理解和支持是非常重要的，但物业管理企业能否在早期介入中提供有价值的意见和建议也是早期介入能否落实的关键环节。只有当开发商由被动的强迫接受转化为强烈的要求物业管理企业参与，只有当物业管理企业把以前的“售后服务”思想变为早期介入的有效实践，物业管理早期介入才能得以有效落实，长期以来物业的建设与管理脱节的问题才能得以解决。

三、物业管理公司前期介入的方法

物业管理公司在前期介入阶段应以业主今后入住的标准审视项目的规划设计、材料选用、设备功能、施工建设，参与讨论并提出建设性意见，以达到满足业主诸多生活需求的目的。熟悉了解土建结构、管线走向、设施建设、设备安装等情况，特别是隐蔽工程部分，避免或减少给日后维修使用带来困难和不便，及时发现问题，提出改善性意见。监督公用设备设施的建设、安装和调试，发现问题及时与开发商、承建商、工程监理联络沟通，尽量避免工程质量问题的出现。深入了解物业的各方面情况，掌握物业各系统的参数和资料，以便今后物业管理公司制定相应的管理模式和规章制度，使物业管理工作得以有序进行。熟悉并了解整个物业及配套细节，特别是消防设施、监控设备，以便接管后遇到特殊紧急事件时能立即找到关键部位，采取应急措施，维护公共安全。土建、设备、弱电等系统施工特别是隐蔽工程分项验收时，物业公司应积极要求参加，对可能存在的质量隐患及时提出、严格把关。

物业管理公司从今后小区管理角度审视项目，提出建议，避免施工造成物业管理运作上的困难和麻烦，便于今后管理操作和设备维修；建立一个安全有序的管理服务体系，营造回归自然的环境条件和高品位的人文氛围。其中，应重点关注安防设备的布局、选材、安装、调试，因为其直接影响今后的安全管理；还要注意与运行成本有关的内容，其关系到物业管理公司今后的效益。

任务二　规划设计阶段的前期介入

一个房地产开发项目的建设需要几年的时间，但其使用时间却是几十年甚至上百年。科学的发展，技术的进步，经济的增长，生活水平的提高使人们对居住和工作环境及技术的要求不可能停留在现有的水平上。房地产开发企业要保持自己产品的竞争力，必须具有超前意识，充分考虑人们对房屋产品和居住环境需求的不断变化，不仅要重视房屋本身的工程质量，更应该考虑房屋的使用功能、小区的合理布局、建筑的造型、建材的选用、室外的环境、居住的安全与舒适、生活的方便等。

规划设计是房地产开发建设的源头，物业管理的早期介入应从物业管理的规划设计阶段开始。专业设计部门与物业管理部门对小区规划设计都有不同的着重点。有经验的房地产商在请专业设计规划部门设计时，同时会请有经验的物业管理公司参与设计意见。

一、在规划阶段前期介入工作的原则

物业管理公司参与规划设计提出自己的建议时一般应遵循以下的原则：实用、美观耐用、安全、方便使用、方便管理、节能、节省维护维修费用等。

1. 实用性

在房屋设计时应注意房屋的采光，应做到每个房间均能得到自然采光；使房屋尽量采用自然通风比较好的方位。选用材料及附件、设计方案尽量能保温，达到冬暖夏凉的效果；尽量提高房屋实用率，在合理的情况下减少公用面积，减少承重柱。规划、设计时注意实用率与不注意实用率的设计结果，会产生至少5% 的实用率差值，即从业主利益考虑直接隐含影响了楼价的5% 上升或下降的结果。比较典型的代表，如某一中档小区，注意实用率的设计，每台车所占位为20 ～25 平方米，住宅利用率可达85% 以上，如不注意实用率的设计，可使每台车所占位高达40 平方米，住宅利用率只有80% 以下。

2. 美观、耐用性

有些开发商仅单纯追求美观，突出一些造型，用寿命短的材料装修一些间隔墙或造型，特别是一些公共部分，造成物业管理公司在接手管理后没几年，就需花大量资金重新装修，给物业管理公司和业主造成很大的后期经济负担。"房产物业是百年大计"的工作！开发商应站在广大业主的角度考虑问题，处理好美观与耐用二者的关系，可使业主得到实惠，物业管理公司的维修量大量减少，开发商在业界的信誉会越来越高！影响房屋美观除了建设前期的问题，还应考虑使用后期可能出现的问题，应尽量提到建设前期来解决。例如：住宅空调统一留位，防盗网、门统一安装，尽量减少二次装修影响公共外观不统一的工作，以上材料尽量采用不锈、耐用材料，以免长时间锈迹，污染外墙，影响整体美观等。

3. 功能性

除了正常规划设计应考虑的功能性，还应注意一些常被忽视的功能性设施、设备的配备：高层楼宇维修、清洁外墙所用机具在建筑设计时应预留一定的位置；高层楼宇的楼顶不宜作为花园卖出或赠送，否则不利于日后外墙维护工作的开展。每层楼、每栋房、每个区都应考虑配备收集垃圾的相应位置及设施，这些设施要考虑密封性，清扫、清洗方便，不会扩大污染等。无垃圾处理能力的地区，房地产开发商要考虑处理垃圾设施。

4. 安全性

有条件的物业管理项目，尽量设计成"封闭式"以利治安管理；利用防盗、火灾报警系统，安装防火、防盗系统网络，最好能联结公安消防治安部门，遇事能得到及早发现，得到支持，减少损失。装修材料除了上面所谈到的美观、耐用性外，要注意禁用"有毒、有辐射性"材料，防盗网一定要注意设置火灾救生窗。

5. 节能性

公共区域照明，尽量采用节能灯，开关组合设计配备尽量细化，不宜一个开关控制多个区域照明灯，应按每组灯的功能性要求配备开关，水景设计应考虑到后期的维护成本。

二、规划设计阶段前期介入工作要点

物业管理专业人员在规划设计阶段参与房屋管理主要根据以往的管理经验从以下两个方面发现的规划设计上的种种问题或缺陷：第一，物业项目的规划设计能否满足物业管理工作的要求，配置、设施维护要求简便和维护成本低，有利于后期的物业管理；第二，物业项目的规划设计能满足业主需要，物业规划设计的功能能否满足业主入住后若干年的需要。如发现规划和设计问题，物业管理企业有责任和义务向开发企业和设计单位提出建议，最后以咨询报告的形式书面提交给开发商，由开发商和设计单位协商，设计单位在设计中予以纠正。设计阶段容易忽略的问题主要表现在以下几个方面。

1. 物业管理用房配备

目前许多物业项目在规划设计时没有考虑今后物业管理工作的开展，只注意在有限的土地上建造更多的房屋，以致等到小区建成以后，再考虑设置物业管理用房，此时已没有位置可建，往往只能占用公共空间，对此住户意见很大。物业管理工作需要一定的空间来开展，如办公室、接待室、值班室、制作用膳室、仓库等，有条件还可配几间管理人员集体宿舍。这需要从管理的角度、从整体效益的角度来规划。此项工作做好了，可以减少物业管理费预算费用，减轻日后业主管理费负担，为物业管理奠定良性循环基础。

2. 配套设施要完善

各类配套设施的完善，是任何物业充分发挥其整体功能的前提，房地产实行综合开发的目的也在于此。如果配套设施等硬件建设不完善，日后的物业管理很难做好。

对于住宅小区、幼儿园、学校等公共设施，各类商业服务网点如商店、饮食店、邮电所、银行等，小区内外道路交通的布置，环境的和谐与美化，尤其是人们休息、交往、娱乐的场所与场地的布置在规划设计中应给予充分的考虑。对于写字楼、商贸中心等，则商务中心和停车场的大小与位置就显得很重要。小区内的车位配置要考虑到户均车辆比例尽量充足。现在实施的车位、车库配比标准是1998年由建设部、公安部制定的，住宅小区每户平均建筑面积若在100平方米以下，按10%的比例配比；户均面积100平方米以上的，按50%的比例配比。据估算，其平均配比率在30%左右。从目前私家车拥有量来看，这个标准是明显偏低的，由此带来了车位紧缺的生活难题。有的住宅小区，规划时不配套，甚至连中国老百姓最主要的交通工具——自行车的车棚都未予以考虑，住户进住以后，自行车随便乱放，既不美观也不安全。

小区配套公共设施规划设计要一步到位：管道煤气、智能综合布线、二次加压的管路及闸阀、用于餐饮商铺预留的排烟道和隔油池等都应在设计中加以考虑，为此物业管理公司参与规划设计非常重要。

3. 水、电、气等设计

水、电、气等供应容量要留有余地、设施设备安装注意安全、要有完善科学节能措施。水、电、气等供应容量是项目规划设计时的基本参数。人们生活和工作质量的提高与改善，必然不断增大对水、电、气等基本能源的需求。设计人员在设计时通常参照国标设计，而国标制定的是下限。因此规划设计时，要充分考虑到地域特点和发展需要，要留有余地，不能硬套国标，否则不能正常使用或造成事故。

设施设备设计要从操作方便、安全性能等方面加以考虑。水、电、气表的设置要考虑到抄表到户的需要，尽量集中放在首层。楼道内电表箱等其他线盒、箱不要用通用锁，应采用专用锁，楼道开关总闸应内藏，以防小孩和他人捣乱拨弄。

小区公共部分的用电属于商业用电，电价比居民用电要高，价格是0.937元/千瓦时

（不满 1 千伏），0. 927 元/千瓦时（1～10 千伏），而居民用电价格是 0. 573 元/千瓦时，因此要注意采取节能措施。小区路灯不必多，只需满足一定的光照度就可以，采用节能灯胆，方便日常维修、减少开支。单元楼道灯最好采用光控红外线复合开关，以方便手提东西的业主上下楼梯，且减少楼道公共照明用电量。一般核定一个单元楼道灯用电量一个月大约十度左右，故电表配制要选用最小容量，以免大容量电表收取几十度费用而发生不必要的支出。消防水泵、二次供水等设备设施功率大，但用电量很少，可以考虑合用一个电表。

由于商业用水和居民用水的收费标准不同，商业用水费是 3. 15 元/立方米，而居民用水费则采用阶梯计价。居民用水和商业用水的管路应分开并各配计量表，以避免自来水公司自定商业用水和居民用水的比例，一般都把收费高的商业用水比例定得比较高，无形中又会长期多支出费用。

4. 安全保卫系统

规划设计时，对安全保卫系统应给予足够的重视。在节约成本的前提下，尽可能设计防盗报警系统，给业主们创造一个安全的居家环境。如用报警系统替代防盗网，因为各式各样的防盗网不仅影响美观，而且一旦发生火灾，就无法逃离现场。此时的安全，彼时却成了更大的危险。小区的外围尽量考虑到封闭式治安管理的需要，铁围栏的设计要防攀防钻，女儿墙亦要设计成防攀越的。小区进出口位置和数量配置要合理，能少则少，以减少不必要的费用支出。各单元门、停车位、外围、巡视死角、商铺招牌部位平台等应设计加装闭路电视监控。

5. 垃圾处理要避免污染

设计时应考虑垃圾外运方式与垃圾集运站的位置等。每层楼、每栋房、每个区都应考虑配备收集垃圾的相应位置及设施，在各楼道设垃圾桶，分发垃圾袋。这些设施要考虑密封性，清扫、清洗方便，不会扩大污染等，并由专人收倒垃圾。垃圾收集站最好设计在小区进出口附近处，且垃圾房门朝外便于垃圾清运车在外面作业不影响小区安宁。无垃圾处理能力的地区，房地产开发商要考虑处理垃圾设施。

6. 绿化、景观小品布置

绿化、景观小品布置既要起到造景需要，又要考虑养护问题。绿化应考虑气候、环境、造型、布局等，特别要根据需要搭配，如常绿与落叶、针叶与阔叶、乔木与灌木、观叶与观花、观果树木与花草之间要合理搭配。绿化带植物的品种（尤其是高档大型物业小区）不要设计得太名贵、太繁多。除充分考虑到错落有致、四季有花有香外，配制原则是大方得体，合理选择背阴喜阳、易于养护的植物。建筑物的可上人平台可以设计成花坛、绿化带；多层屋顶不上人天台设计成易于养护的绿化带，既可以隔热又可以弥补地面绿化面积的不足。

小区内绿化面积要考虑到以后小区创评的需要。按国家有关规定，对小区绿化环境的选择有四点标准。

（1）小区要封闭管理。保证小区绿化环境是为所在小区居民服务的，增进居民的领域感，保证小区环境的安全与安静。

（2）要有足够的绿化面积。新区住宅建设的绿地率不低于 30%，旧区不低于 25%，绿地指标组团不低于0.5平方米/人，小区不低于1平方米/人。同时，绿地还要有充足的日照时间，满足居民区活动的要求，所以成片的绿地就应满足不少于1/3的面积在标准的日照覆盖范围之外。

（3）绿地应接近居民住宅，以便观赏使用。

（4）绿地空间应包含一定数量的活动场地（如儿童游戏场），并布置坐椅、铺装地石等设施，以满足居民休息、散步、运动、健身的需要。

小区内标牌和建筑小品设计与景观造景既要协调又要易于低成本维护。

7. 消防设施

在建筑设计中，消防设施的配套设置有严格要求。自动灭火器位置、自动报警机位置、安全出口、扶梯及灭火器、沙箱等应利于防火、灭火。物业管理企业则更着眼于各种消防死角。例如，楼梯的通道部分、电缆井部分在消防设计中一般都考虑不周，自动喷淋装置也不可能顾及每个角落，所以物业管理企业就应建议在这些地方配备灭火器（电器部分应用二氧化碳灭火器）或灭火沙箱。小区内的消防水管要用（在地面）油漆的红管或不易退色的油漆管（以减少高空作业）。

8. 建筑材料选用

建筑材料的选用涉及工程质量、造价与维修管理和防火安全。物业管理企业应根据自己在以往所管楼宇中所见建材的使用情况，向设计单位提交一份各品牌、型号的常用建材使用情况的跟踪报告，以便设计单位择优选用。

9. 建筑设计的细节问题

在进行规划设计时，一些细节问题如果考虑不周可能会给业主的生活带来不便，因此物业前期介入时应与规划人员进行充分交流让其重视这些细节，如果在设计方案中发现该类问题应要求设计方进行整改。

设计时尽量减少外墙外凸沿，尤其是高空位置不可上人的平台、条柱等不利清洁，应减少卫生死角和高空作业。现在大部分家庭将阳台用作洗衣、拖地的给排水之地，所以阳台设计应考虑统一接管，并配两个地漏（其中一个为洗水机排水用），否则业主在二次装修布管时施工不规范会引发一系列问题。高层楼宇和大型小区应考虑合理配置清洁楼道及绿化浇水处所必需的水管接口和洗手池。配套设施设备、管线配置和布线要合理，包括预留空调安装位置及空调滴水管。凡有空调机滴水管的沿墙周围应做绿化带，既利用上了空调水，又美化了环境，避免了以往空调滴水而造成地面青苔。所有单元进户门应设计遮雨棚防雨水和淋花水。信报箱的设置也要考虑邮政需要放在首层，并且信报箱的规格和锁要符合要求，也可以同时考虑送奶的存放。小区内尽量不要配置有安全隐患的水池（含游泳池）、沙池、秋千、转盘、高低杠杆等设施和器械。建筑物的临街、下有行人路面或停车位的外窗可考虑送纱窗，以减少高空抛物现象。

排污管、雨水管在穿楼板时要考虑采用套管，以方便管体爆裂时更换。小区的地下排污管道要铺设合理，井口间距要合适，一般不要超过管路疏通时的竹片长度或机械疏通机可达长度。重要管路和线路要预留备用管线或活口，以免发生局部损坏换整条管线、劳民伤财。阳台设计要考虑到花盆座架，底部应向里倾斜以防淋花水往下滴水给下面业主带来不便。分体式空调穿线预留外斜防水措施设计要考虑进去。

总之，在设计阶段，物业管理企业选派有经验的物业管理人员参加工程规划设计的目的，是从有利于投资、综合开发、合理布局、安全使用和投入使用后长期物业管理的角度进行参与，并提出建议。

任务三　项目施工阶段的前期介入

一个项目在开发企业及施工单位交付使用后的几十年甚至上百年的使用过程中，只有业主和物业管理企业一起来面对各种可能出现的问题。如果物业管理企业对该物业的结构、管线布置、甚至所用建材的性能知之甚少或不了解，那么就很难管理好，或无法管理。所以，物业管理企业有必要选派相应专业的人员参与施工质量监理，配合开发企业和施工部门共同确保工程施工房屋的质量。

一、在施工阶段前期介入的作用

物业管理企业在施工阶段的参与主要是确保工程施工质量，保证竣工验收、移交和日后管理的连续性。

1. 督促施工单位把好质量关

物业管理公司不仅要接管新建楼宇，还要对房屋进行年限较长的管理。因此，对楼宇使用中常出现的各种工程质量问题有较多了解，如卫生间、厨房间的漏水问题及其成因；水电管线如何走向才有利于安全和便于管理；什么样的墙体会渗水，等等。这些影响使用功能的问题早协调、早解决，要比施工完了再整改容易得多，而且可减少许多浪费，不至于遗留下来，否则将成为日后使用和管理中难以克服的障碍。

2. 掌握新物业的全部情况，为后期物业管理奠定良好基础

施工单位完成施工任务，建好住宅小区，办完移交手续且保修期过后，他们不再有责任承担该建筑的维修问题。在以后的使用过程中，只有业主和物业管理公司来应付各种可能出现的问题。因此物业管理只有参与工程的建设，才可能对每一栋物业的内部结构、管线布置、房间大小，甚至采用的建筑材料的性能做到了如指掌，这可为物业管理工作的开展奠定良好的基础，否则很难管理好物业，甚至无法管理。

3. 物业管理公司参与施工监理、技术交底和图纸会审有利于物业良性开发

对于施工单位来讲，物业管理公司参与施工监理，加强了监理力量，某些影响使用功能的问题能及早发现、及早解决，使工程质量又多了一份保证；而对物业管理公司来讲，由于从规划设计到施工监理、技术交底和图纸会审等全过程参与，对工程施工中国家现行有关法律规定、技术标准及合同不断进行检查，如是否严格按设计要求施工、隐蔽工程的施工质量、使用的各种材料与备件是否符合质量要求，等等。能较全面地了解物业的整体情况，这样可保证房屋比较顺利的移交，为开发商节约了时间，提高工程人员的技术水平，也为售后服务奠定了基础。

二、物业管理公司参与工程质量监理的方式

物业管理公司参与新建小区的施工监理，与开发商对施工的监理有着不同的着重点。

1. 参与前提及人员要求

首先，物业管理公司要与开发商签订前期介入合同，要明确合同要求。根据合同规定对在建项目进行全面细致的调查研究，组织好质量控制体系，配备能够胜任工作的监理人员，明确其质量控制责任。

2. 参与方式

作为物业管理公司，对于施工单位无直接的经济干预权，其参与施工监理的身份是：全体购房业主的代表，由开发商邀请参与施工监理，就施工过程中施工设计、施工方法、施工质量进行监察，并对其中影响楼宇质量、实用性及维护保养的问题，向开发商提出意见，提醒开发商加以防范，并由开发商督促承建商纠正、补救。由于长期的物业管理工作，物业管理公司对楼宇多发质量问题的部位有着充分的了解，因而物业管理公司参与施工管理，可防范完工后楼宇出现有碍使用的质量问题和施工期遗留问题，从而减轻以后的维修、保养开支。

3. 质量控制及问题处理

要建立对日常各项工作的监督和记录制度，通常可通过建立一套报表体系来实施，报表的主要内容包括：准备开始的工作、工作检查情况及对工作的要求、施工中的检验或现场试验情况及其他工作情况。最后，对通过检查、试验、测量等手段发现的各种问题提出解决问题的办法，并及时向开发商通报情况。

三、施工阶段物业前期介入的要点

由于我国房地产市场繁荣导致建筑市场的兴旺，建筑市场如雨后春笋般涌现出许多的承建商，其技术力量、素质参差不齐。同时因现行设计规范不可能把结构、装饰、防渗的等级一下子提得很高，从而使许多楼宇建成后出现问题，增加了管理难度。根据以往在物业管理中发现的房屋容易出现质量问题的部位，物业公司在建设阶段进行前期介入时应将其作为质量监控的重点。

1. 地下室工程

地下室因其结构埋藏于地表以下，受地下水或雨季雨水渗入泥土里形成的水压环境的影响，是渗漏问题的常发部位。因此，根据其设计采取的防水施工方案而相应地重点监理以下事项。

（1）无论采取何种防水设计施工，基坑中不应积水，如有积水，应予排除。严禁带水或泥浆进行防水工程施工。

（2）采用防水混凝土结构时，除严格按照设计要求计算混凝土的配比之外，应重点检查：砼搅拌时间不得少于 2 分钟（用机械搅拌）；底板应尽量连续浇注，须留设施工缝时，应严格按照规范中的留设要求和施工要求施工，墙体只允许留水平施工缝；后浇带、沉降缝等应尽量要求在底板以下施工，墙体外侧相应部位加设防水层（可用卷材、涂膜等）；预埋

件的埋设应严格按规范施工；养护时间和养护方式应严格监控，此项是施工方经常忽视的工序，但对砼的防水能力有较大的影响。

（3）采用水泥砂浆防水层，除按设计及规范施工外，注意阴阳角应做成圆弧形或钝角；刚性多层作法防水层宜连续施工，各层紧密贴合不留施工缝。

2. 回填土工程

回填土工程涉及首层楼地面（无地下室结构的）、外地坪的工程质量，如回填质量不好，将会导致地面投入使用一段时间后出现下沉、损坏埋设管道，使地面开裂等问题。因此，应对此项工程回填土成分、分层打夯厚度进行监控，有问题应坚决要求返工，否则后患无穷。

3. 楼面、屋面砼工程

楼面、屋面砼工程质量，通常是引发楼面、屋面开裂的一个主要原因，亦是物业管理公司在以后的维修工作中无能为力的问题，故在楼面、屋面砼工程中应重点注意以下几个方面。

（1）钢筋绑扎：钢筋绑扎是否按图按规范施工，其开料长度、绑扎位置、搭楼位置、排列均匀等问题，均会造成以后楼板的开裂，特别是楼板的边、角位置与悬挑梁板的钢筋绑扎应重点检查，同时应监督施工单位切实做好钢筋垫块工作，以免出现露筋现象。

（2）砼浇注：除开发商的监理人员注意按施工规范监理施工外，鉴于物业常见质量问题，物业管理公司参与监理的人员应重点对厨房、卫生间的地面浇注进行监理，有剪力墙结构的也要重点监督。如这些部位施工出现问题，通常会引发厨、厕地面及剪力墙墙面出现大面积渗水，还会出现难以检查维修的问题。如剪力墙因砼捣制不密实，出现外墙面雨水渗入外墙面，在墙体内的孔隙内渗流一段距离后渗出内墙面，导致维修困难，故对以上部位砼的振捣应严格监控。

4. 砌筑工程

建筑物常有墙体与梁底的结合部出现裂缝的现象，造成此问题，通常是墙体砌筑至梁底时的方式不对，砂浆不饱满。因此，在砌筑工程中应对砌筑砂浆的饱满、墙顶砖砌方式进行监督，墙顶与梁底间的砌砖，应把砖体斜砌，使砖体两头顶紧墙顶和梁底，并保证砂浆饱满。

5. 装饰工程

（1）外墙面：外墙面抹灰及饰面施工的好坏常常是影响外墙是否渗水的一个关键。以我国目前的常用做法，外墙面仍未做到对外来雨水作整体设防（无特别的防水层），仅是靠外墙面的砂浆抹灰层、外饰面作防水，故对外墙底层抹灰的实度、外饰面粘贴层的饱满（无空鼓、空壳）等方面应严格监督。

（2）内墙面及天花板：内墙面及天花板常用混合砂浆抹灰。如混合砂浆中含石灰、纸筋等材料，应注意砂浆的搅拌均匀，以免造成墙体饰面开裂，墙体与砼梁、柱搭接处最好加设砂布等材料后再抹灰。

（3）地面：厨、厕地面，作为湿区应重点监理，注意砂浆密实及查坡泄水方面。

6. 门窗工程

木门与墙体接合处由于材质的差别经常会出现缝隙，外墙窗户通常会出现窗框与墙体间渗水，这些都是施工问题，应按有关施工规范及设计方案严格监理施工。

7. 给排水工程

（1）给水工程：现有高层建筑通常采用高位水池供水，其低楼层的供水常常因高差问题造成水压较大，而设计者通常会在由高位水池通往低层住宅的主管上设减压阀。由于减压阀的自身构造，较易为细小杂物堵塞，故建议高位水池出水口的管口不要设为敞开管口式，应改为密孔眼管道入水，以阻挡杂物进入。如供水管道埋设在墙内，则应在隐蔽前做试水、试压试验。

（2）排水工程：原有常用的铸铁管常因质量问题出现管壁砂眼渗水、接口容易渗水、使用年限短等问题，使物业管理公司维修困难、管理费用增多，在可能的情况下建议改用PVC水管。

8. 设施设备的质量控制

物业设施设备的整体质量是由设施设备本身的质量和安装施工质量两大部分组成，所以对于物业管理公司应从以下几个方面进行质量控制。

（1）对建筑的重要大型设备、设施的供应商，应尽量选择能将供货、安装、调试、售后维修保养一体化的实体公司，在价格相近的几家供货商中，尽可能选择历史悠久、售后技术服务良好、价格适中的厂家。

（2）小区基建工程采用的批量较大的各种建材、装饰材料、水电器材等常规材料和配件尽量选用市面上有的普通规格的标准件和通用件，尽量采用国家和本市指定厂家所生产的牌子、型号与规格。

（3）涉及小区物业的结构、防水层、隐蔽工程、钢筋及管线材料一定要考虑耐久性和耐腐蚀性、抗挤压应力和做套管，且与监理公司共同把好相关过程控制和验收控制的监督检查质量关。

（4）所有参与土建工程、装饰工程、设备设施安装工程、绿化工程和相关的市政工程的施工单位、供货商、安装单位及与之有关联的中介单位都应与开发商就设备（或大宗材料、配件）的保质（修）期的保质（修）内容、保质（修）期限、责任、费用（维修保证金）、违约处理等达成书面协议，并提供有效的合法经营及资质证明、产品的产地、合格证明、设备订购合同、材料供货价目表、采购供应地址及单位联系电话。

（5）一些重要的大型配套设备（包括电梯、中央空调、配电设施、闭路监控系统、消防报警系统、电话交换系统等）的供应单位应提供清晰明了的操作使用说明书，并对物管相关技术操作人员提供正规的培训。

（6）小区物业所选用的设备和仪表均应得到有关部门的校验许可证明（如电表、水表须经过水电部门校验合格才允许使用，闭路电视监控系统须经过公安部门的安全技防测试合格后才准许使用，还有消防报警系统、灭火器、电梯变配电系统、停车场、交通管理系统等）最好由设备或仪表供货安装单位一起解决。

（7）为方便以后的物业管理，对大型重要的公共配套设备应设立独立的水表或电表

（便于情况分析和成本控制），高层及大型写字楼的室内照明插座电源应与中央空调系统用电线路及计量分开，尽量做到分表到层、分表到户，表的位置最好能统一、集中（便于抄表、住户忘关开关时可临时切断电源），电话分线分层分户应作好识别标记，合理分配。

（8）各专业工程技术人员要做好质量跟进工作，深入现场掌握第一手资料，尤其是各种给排水、电、中央空调、消防报警电话、有线电视等管线的走向，重要闸阀和检查口的位置，以及相应的施工更改记录。

（9）重要的土建要确保一定抽验合格率，所有的隐蔽工程都要进行质量验收，且要有物管人员参加。

（10）物业的竣工验收，物管人员应会同参加，对不符合物管要求的工程项目有权令其整改满意后再签字，物业（包括设备设施）的二次接管验收须全面把关交接，尤其是图纸、资料、更改记录。

实训　前期介入工作实训

1. 实训任务

（1）某项目一共分为二期开发：一期为4栋五层住宅，二期为2栋住宅；一期为经济适用房，二期为高档住宅，并配有商业会所。其经济技术指标如表3－2所示。该项目的一套图纸，如图3－1、表3－3、图3－2～图3－18所示。学生练习从物业的视角审视新建项目规划、功能、建筑的合理性，指出该项目规划设计的不足，从物业的增值、使用及有利于物业管理等方面提出你认为可行的整改措施。

表3－2　经济技术指标

1	用地面积	40 068 m^2
2	总建筑面积	64 108.08 m^2
	住宅建筑面积	59 787.08 m^2
	商业面积	3 112 m^2
	物业用房面积	1 209 m^2
3	容积率	1.06
4	建筑密度	23.67%
5	绿化率	38%
6	停车位	84
7	居住户数	842户
	50平米户数	120户
	70平米户数	722户

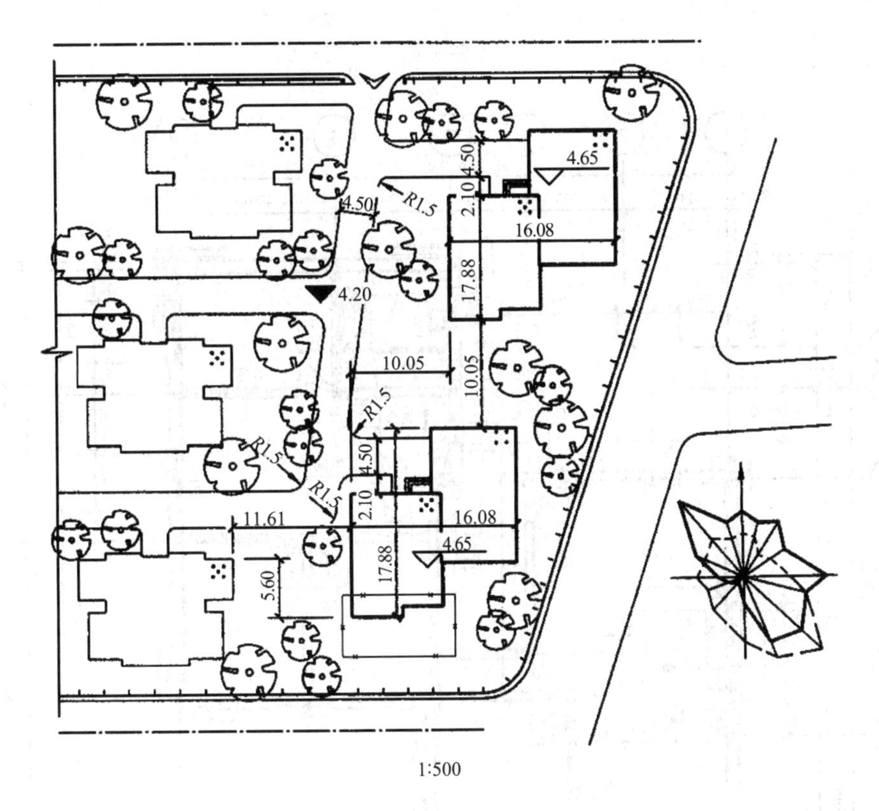

图 3－1 总平面图

表 3－3 门窗表

类别	设计编号	洞口尺寸/mm（宽×高）	扇数	采用标准图集及编号		附注
				图集代号	编号	
门	M1	1 000×2 100	10	94 沪 J611	JM7	夹板门
	M2	900×2 400	22		JM17	
	M3	800×2 100	18		JM4	
	M4	2 400×2 400	7	97 沪 J708	TM2424	85 系列硬聚氯乙烯塑钢门窗
窗	C1	1 800×1 400	22		TC1814	
	C2	2 400×1 400	2		TC2414	
	C3	1 500×1 400	4		TC1514	
	C4	900×1 400	9		TC0914	
	C5	1 200×1 400	9		TC1214	

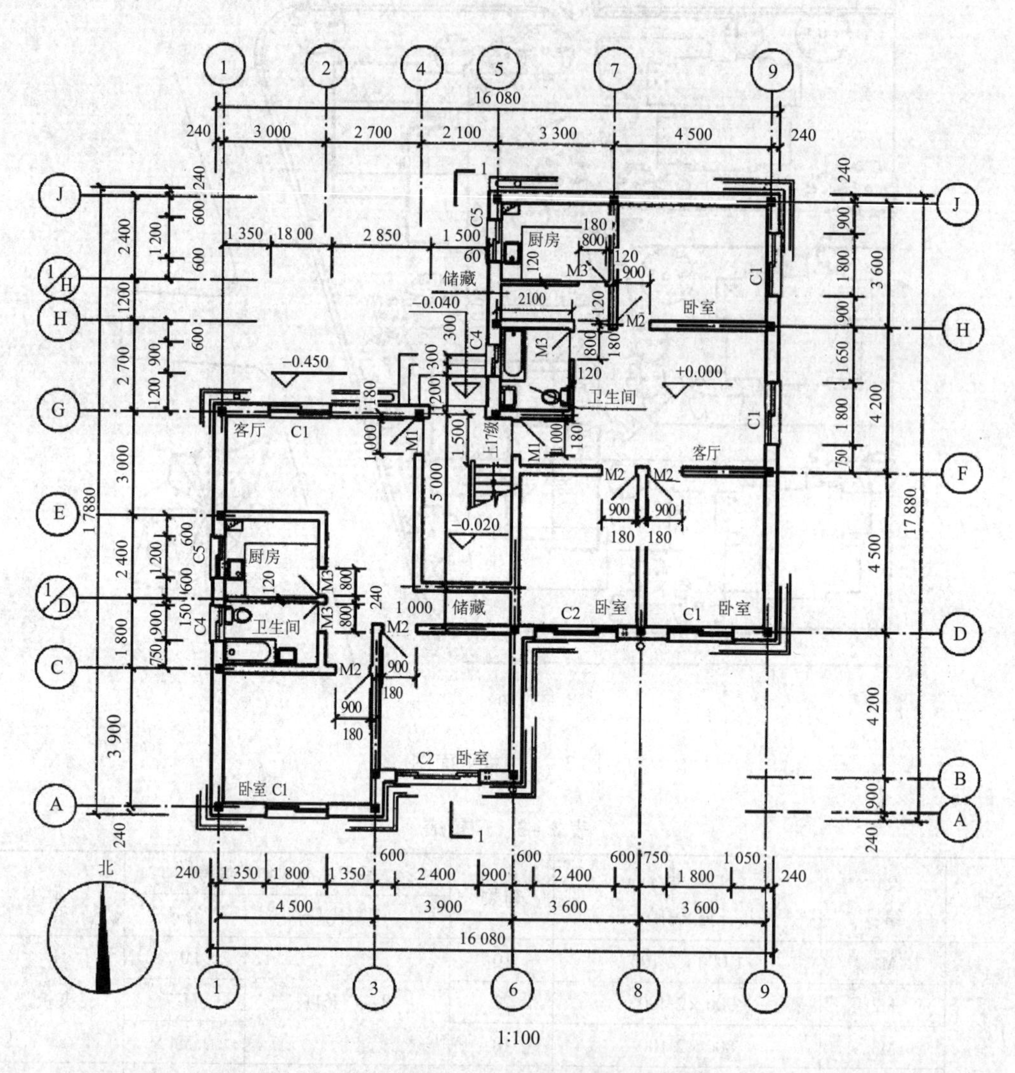

图 3－2　底层平面图

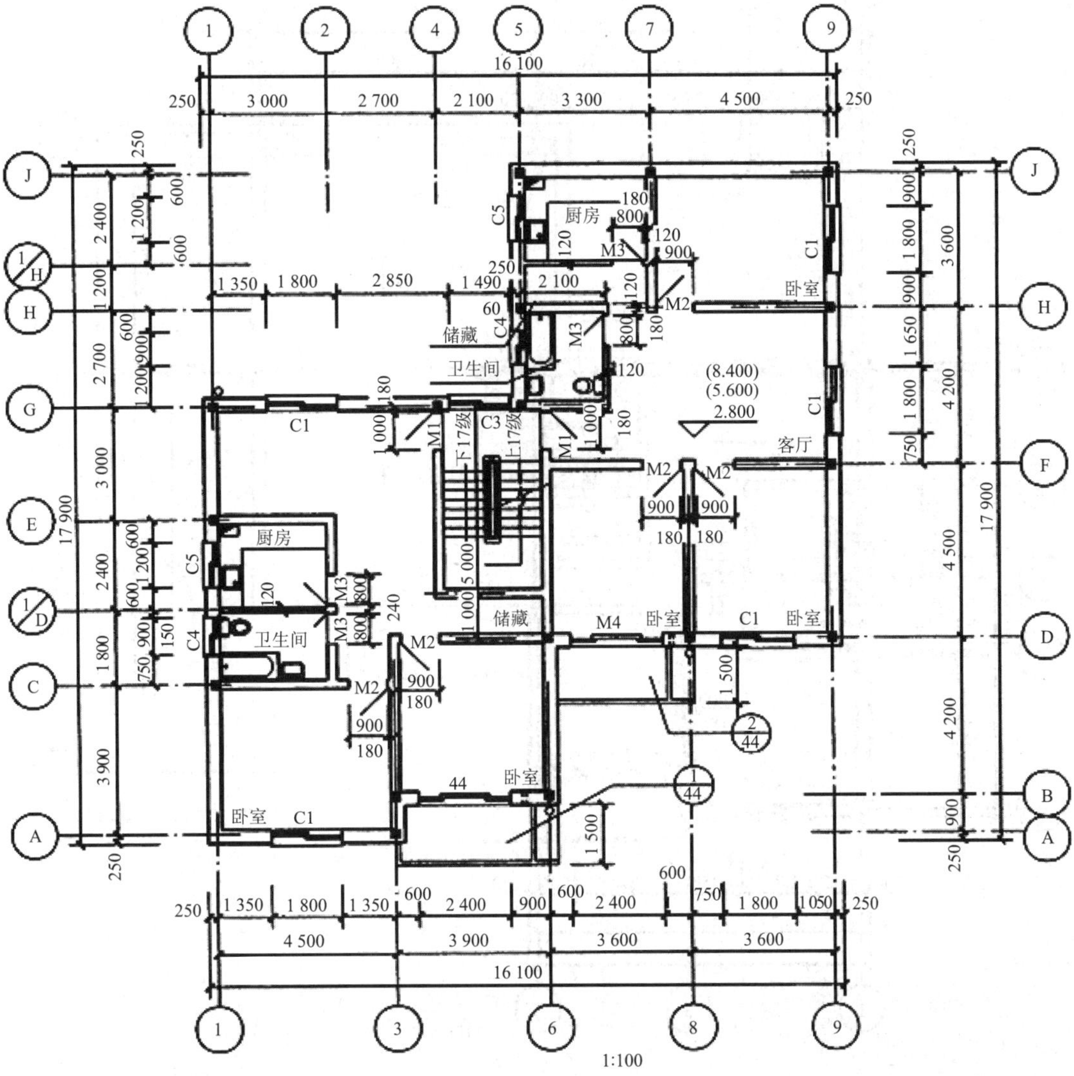

1:100

图 3－3　标准层平面图

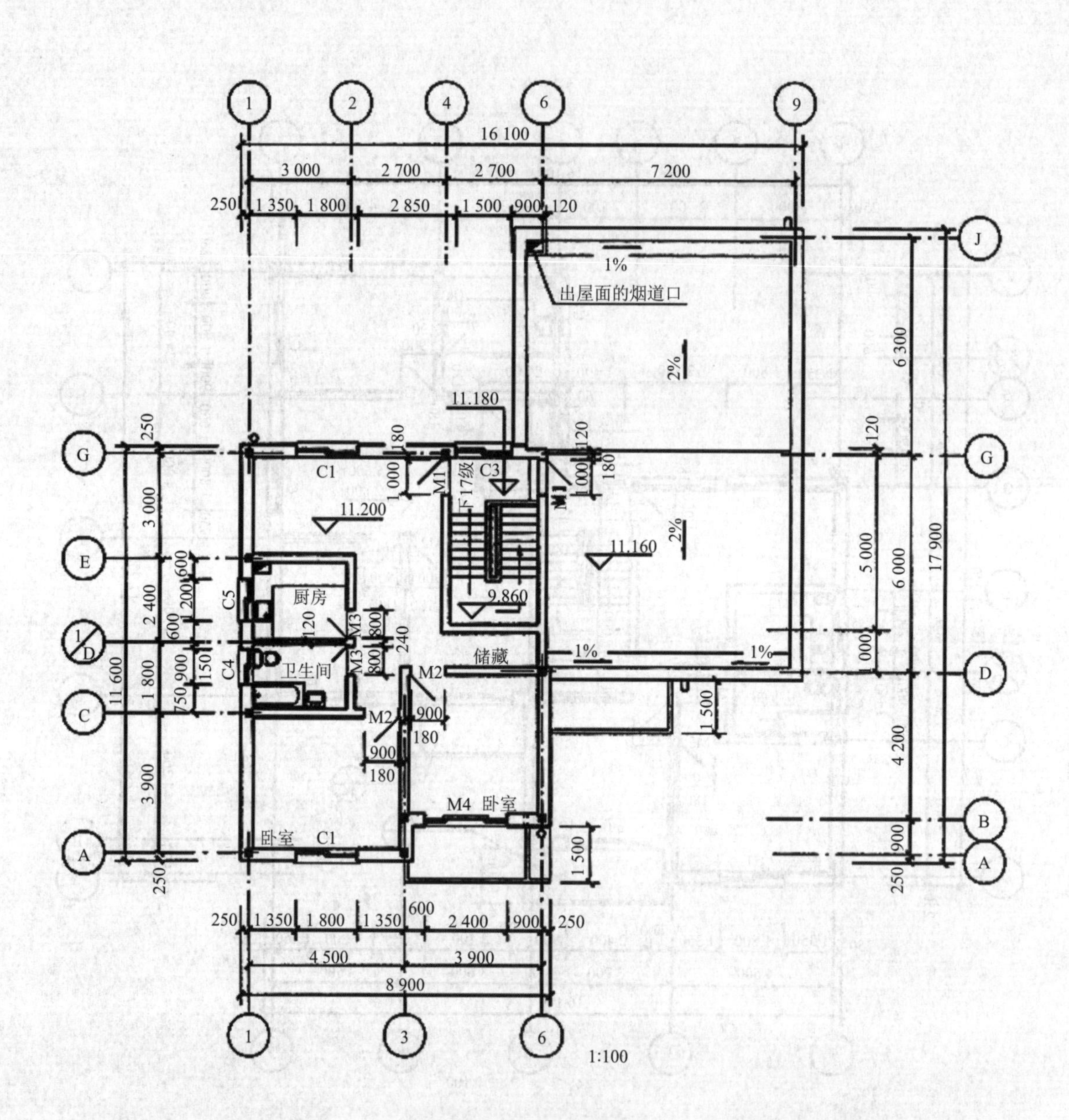
16 100
3 000
2 700
2 700
7 200
250
1 350
1 800
2 850
1 500
900
120
1%
出屋面的烟道口
6 300
2%
11.180
C1
C3
M1
下17级
11.200
2%
11.160
厨房
卫生间
储藏
9.860
1%
1%
5 000
6 000
17 900
11 600
M2
M3
C4
C5
M4 卧室
卧室
4 200
1 500
250
1 350
1 800
1 350
600
2 400
900
250
4 500
3 900
8 900
1:100

图3-4 五层平面图

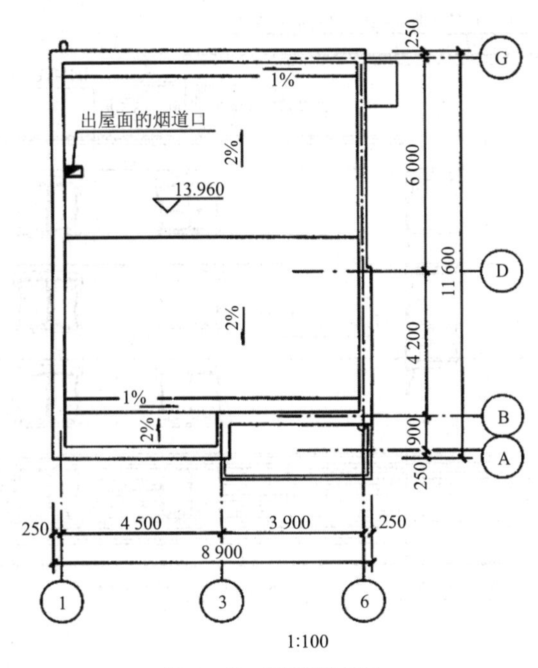

图 3－5　屋顶平面图

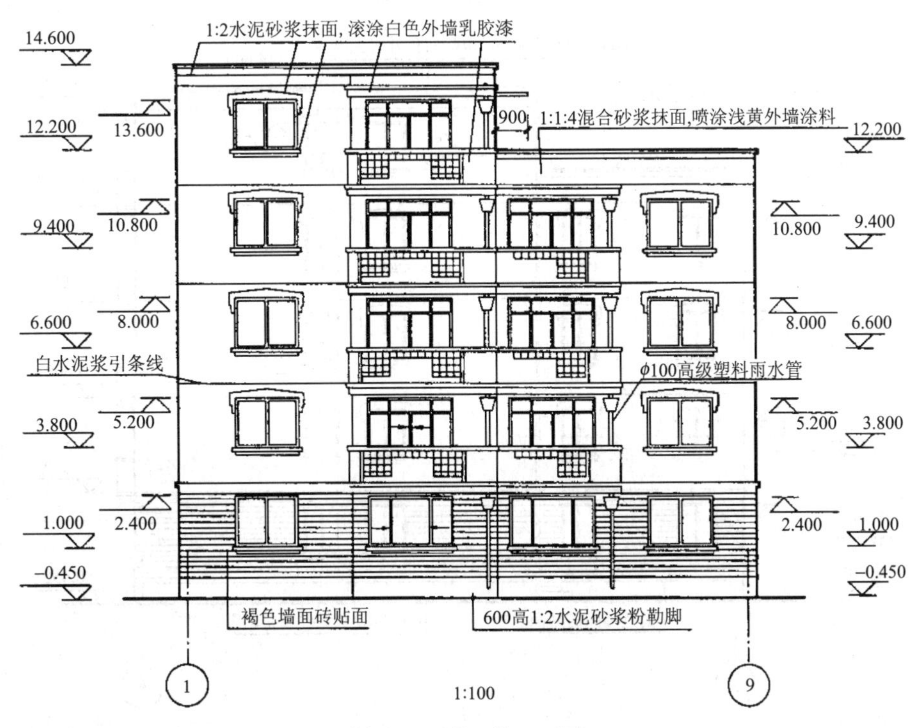

图 3－6　①～⑨立面图

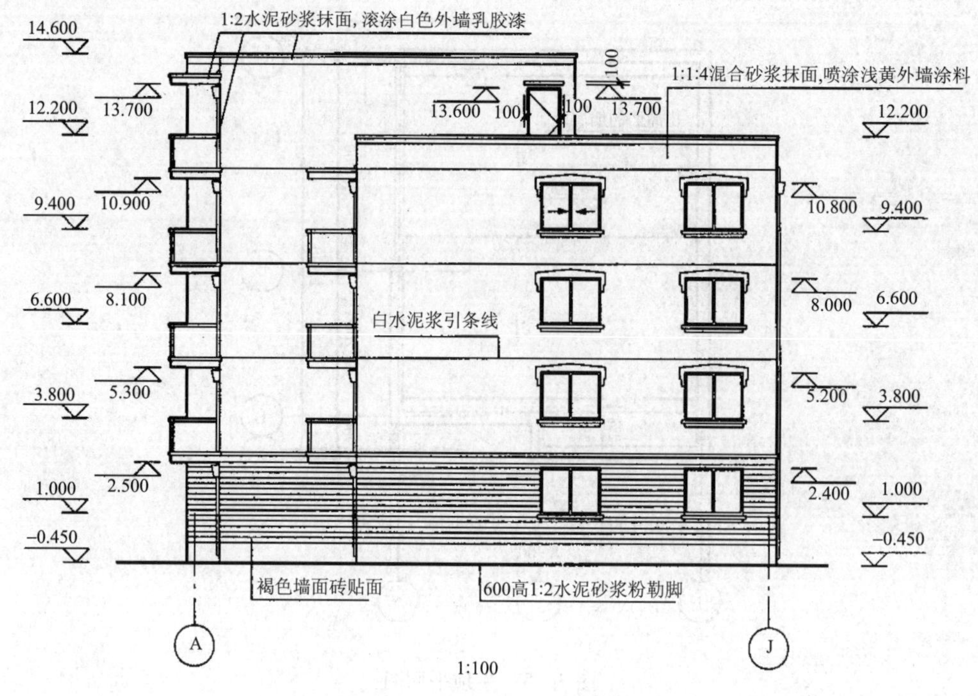

图3-7 Ⓐ~Ⓙ立面图

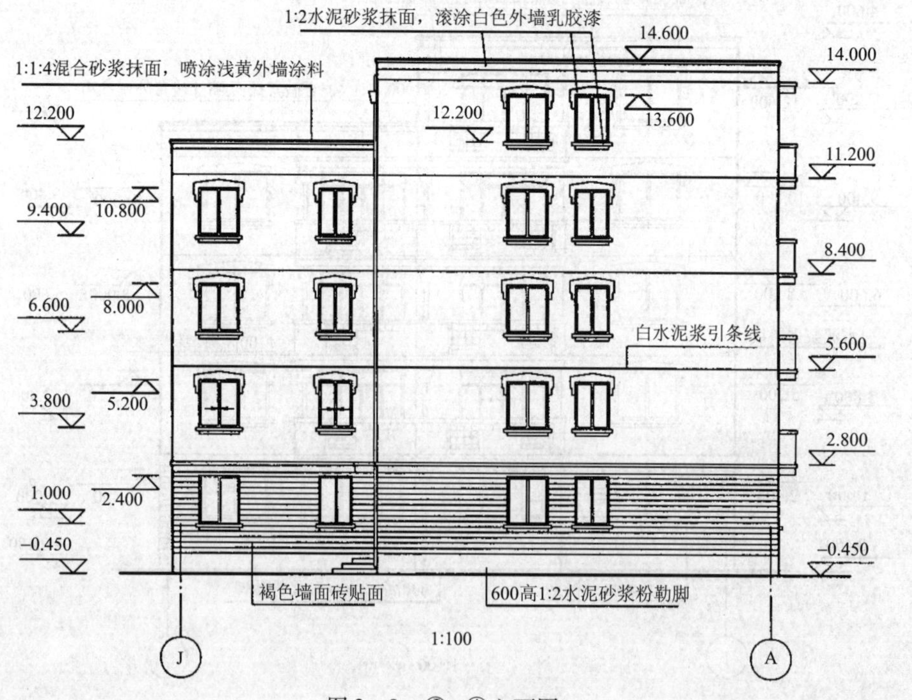

图3-8 Ⓙ~Ⓐ立面图

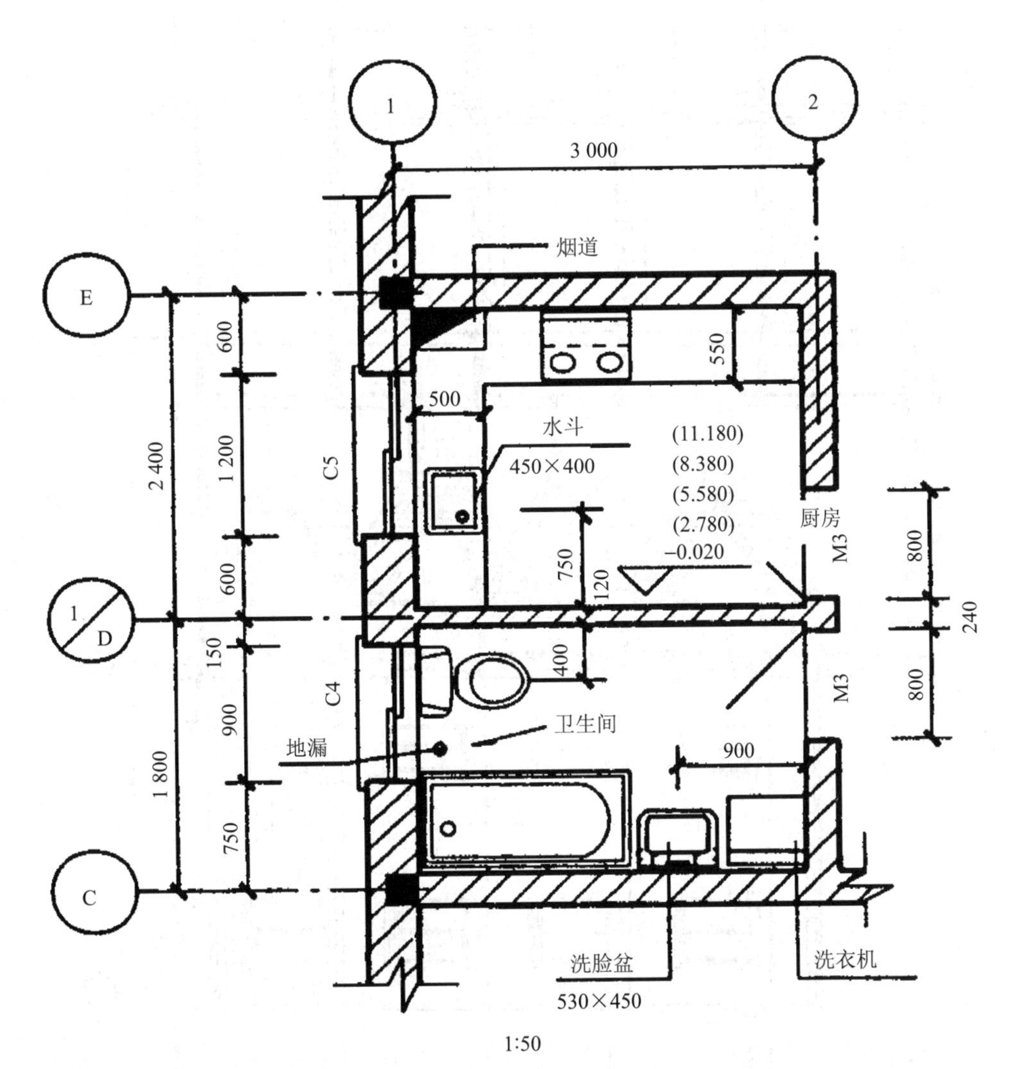

图 3－9　厨房、卫生间平面图

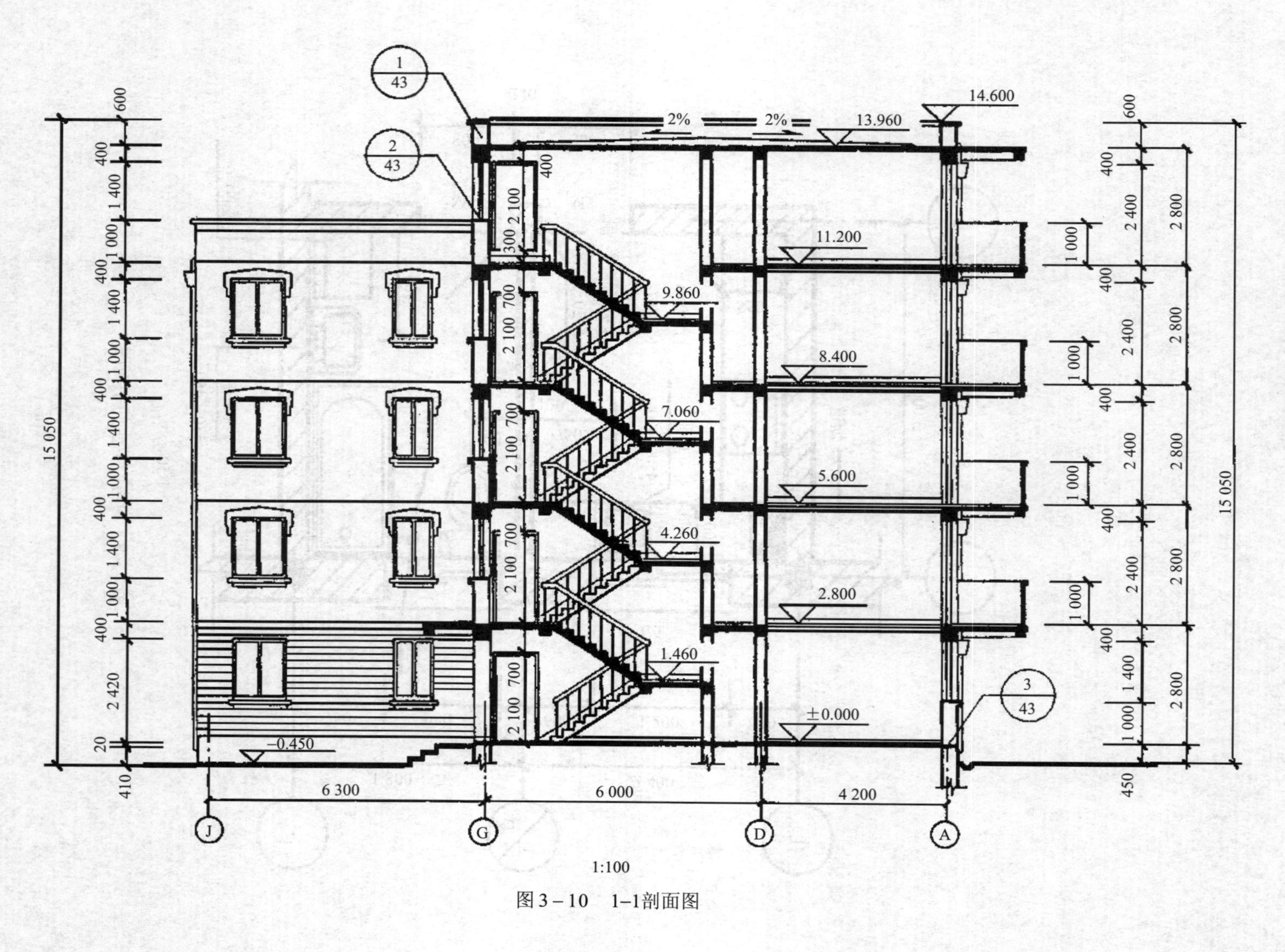

1:100

图 3－10 1-1剖面图

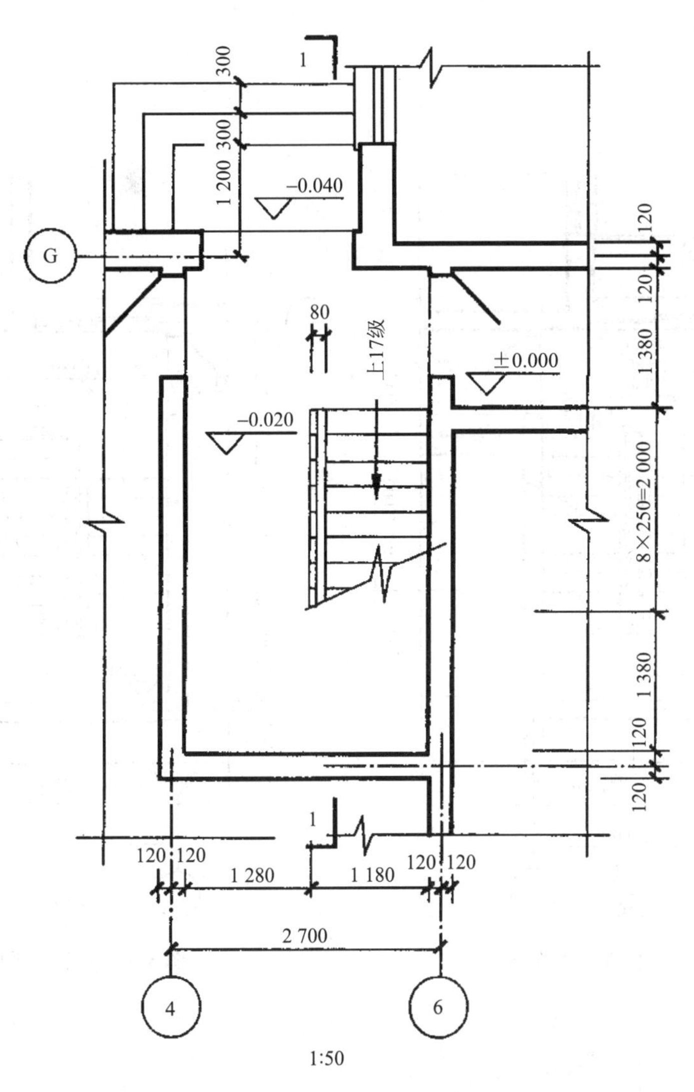
1
300
300
1 200
-0.040
G
120
120
80
上17级
±0.000
1 380
-0.020
8×250=2 000
1 380
120
120
1
120
120
1 280
1 180
120
120
2 700
4
6
1:50

图3－11　底层平面图

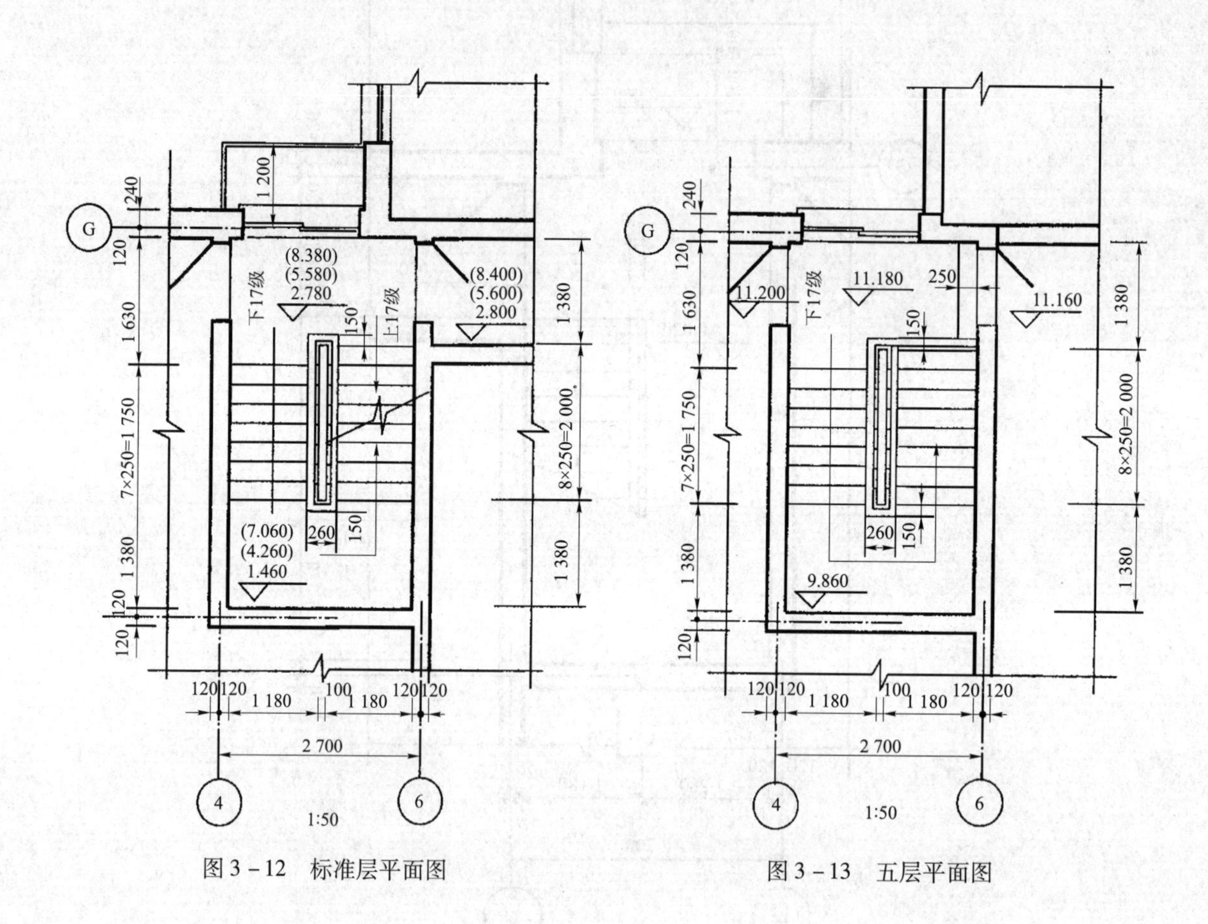

图 3－12　标准层平面图

图 3－13　五层平面图

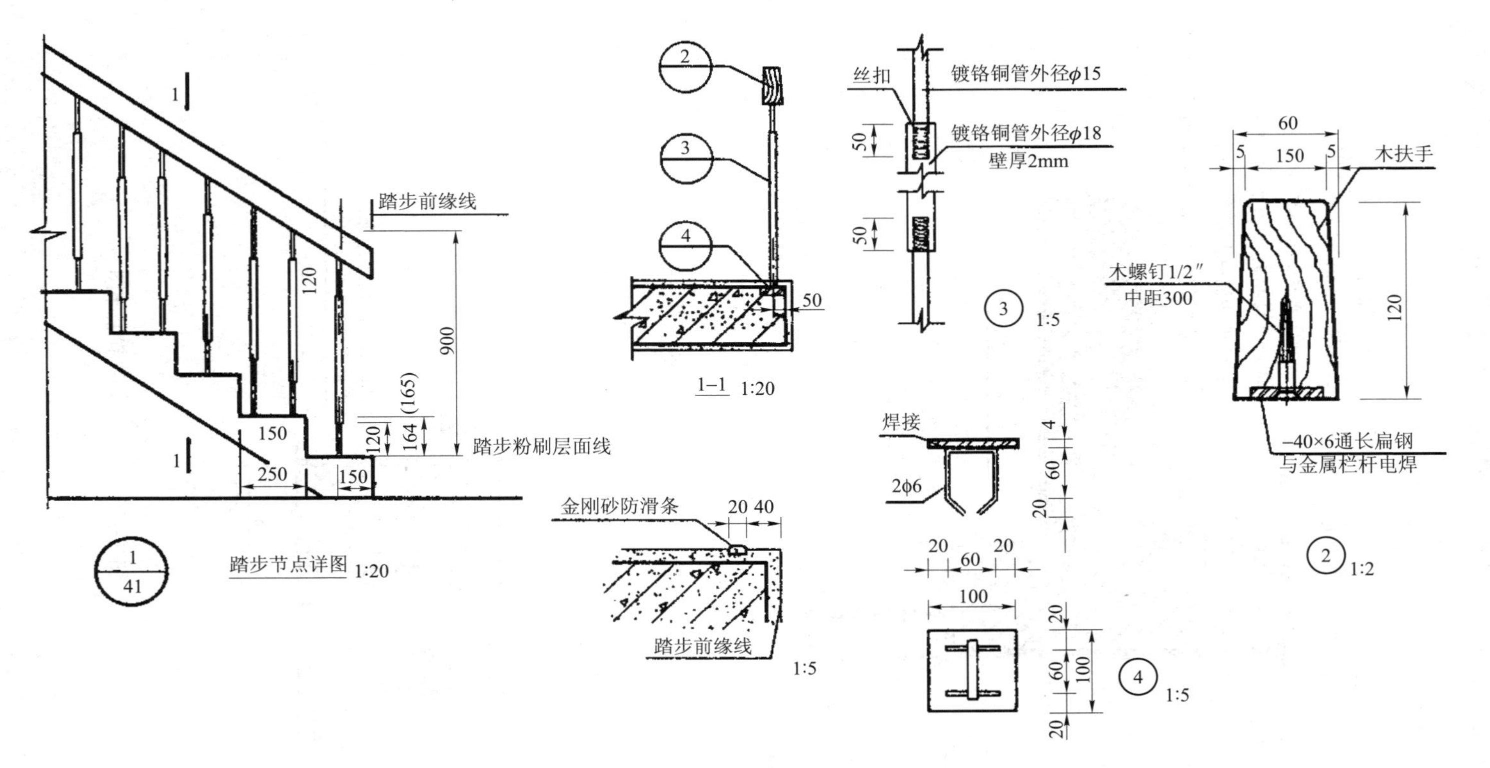

图3－14　踏步防滑条详图

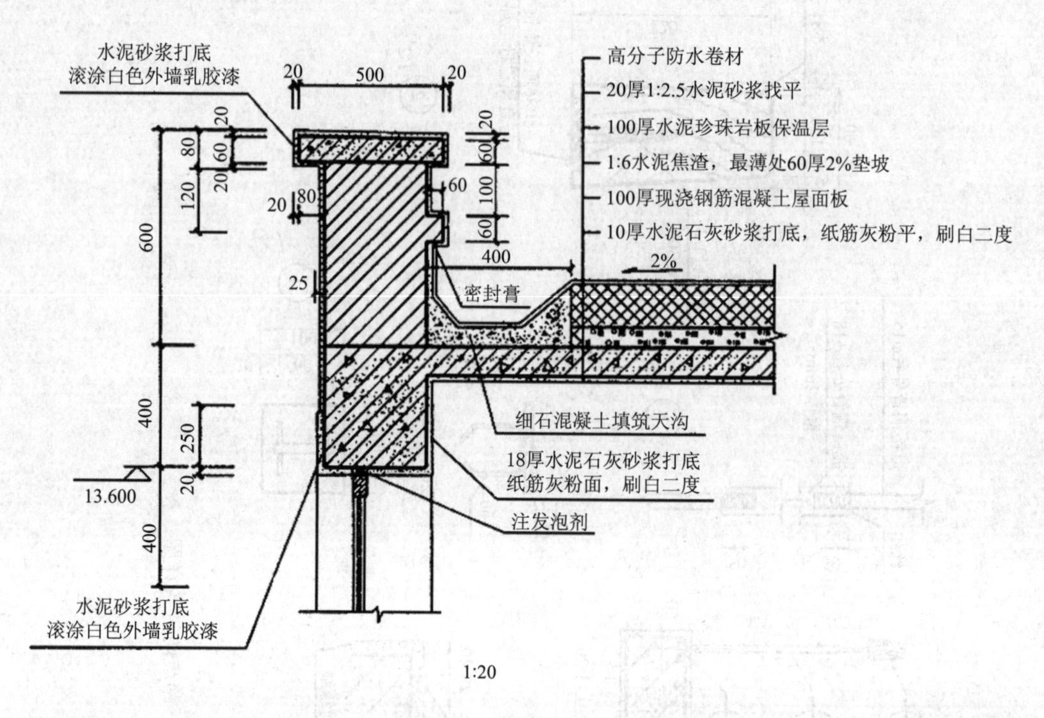
水泥砂浆打底
滚涂白色外墙乳胶漆
20 500 20
高分子防水卷材
20厚1:2.5水泥砂浆找平
100厚水泥珍珠岩板保温层
1:6水泥焦渣，最薄处60厚2%垫坡
100厚现浇钢筋混凝土屋面板
10厚水泥石灰砂浆打底，纸筋灰粉平，刷白二度
400
2%
密封膏
25
细石混凝土填筑天沟
18厚水泥石灰砂浆打底
纸筋灰粉面，刷白二度
注发泡剂
13.600
600
400
400
250
120
80
60
20
100
水泥砂浆打底
滚涂白色外墙乳胶漆
1:20

图 3-15 (1/37) 女儿墙节点详图

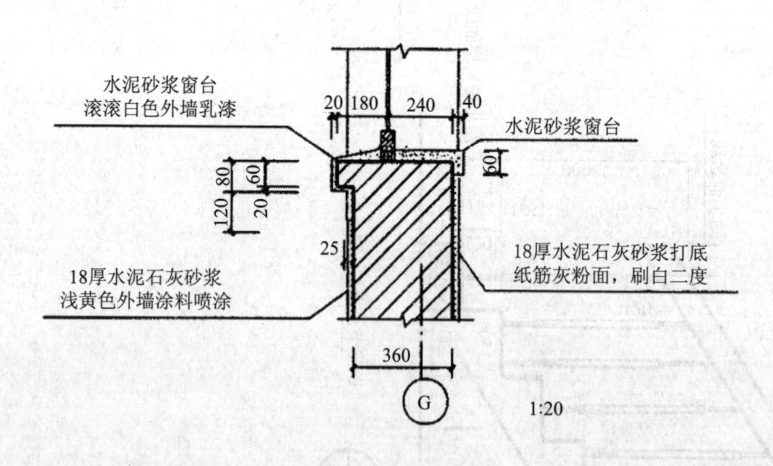
水泥砂浆窗台
滚滚白色外墙乳漆
20 180 240 40
水泥砂浆窗台
60
120
80
25
18厚水泥石灰砂浆打底
纸筋灰粉面，刷白二度
18厚水泥石灰砂浆
浅黄色外墙涂料喷涂
360
G
1:20

图 3-16 (2/37) 窗台节点详图

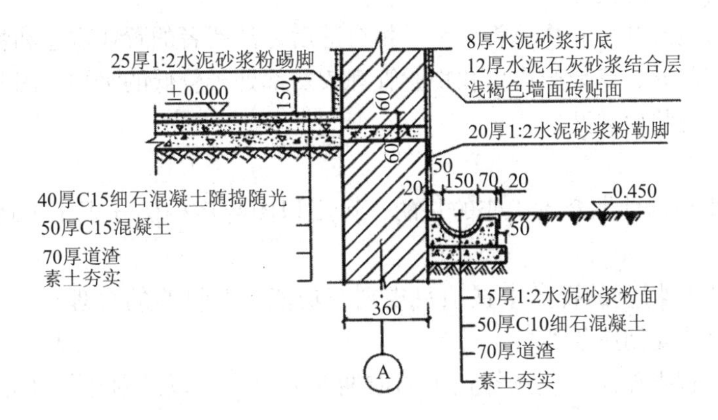

图3－17　(3/37)勒脚、明沟节点详图

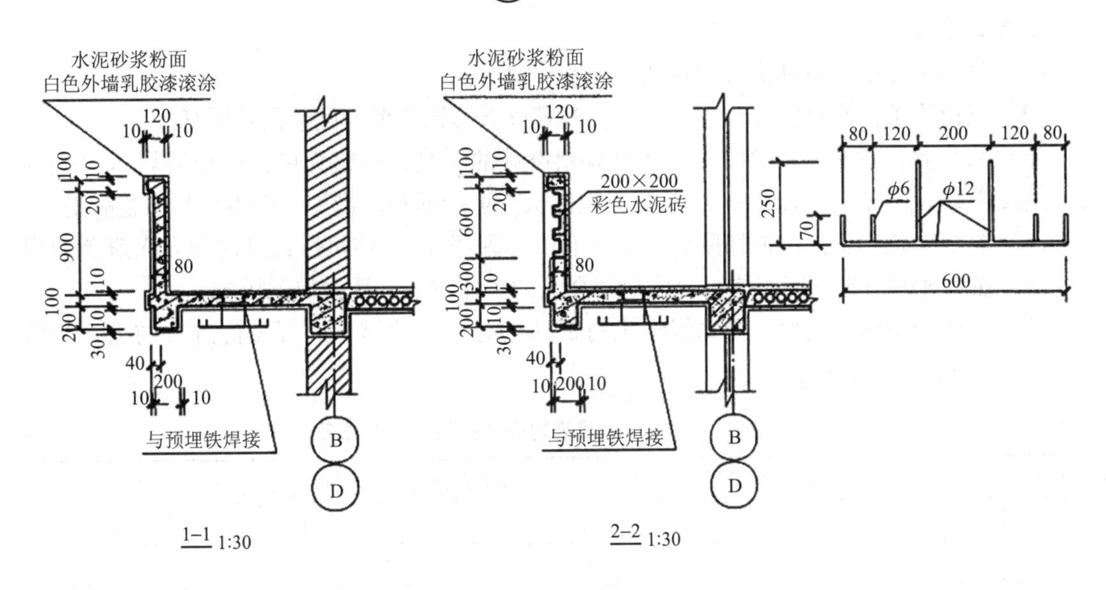

图3－18　晾衣架详图

(2) 结合学校某一栋建筑物找出该建筑物的损坏问题，在老师的指导下分析哪些损坏问题是可以通过物业的前期介入工作进行避免的，就这些问题写出物业前期介入阶段质量控制的方法和工作要点。

2. 项目背景

该物业建设单位前期已开发过多项物业项目，自己组建了物业管理企业，为把这个项目建设好、经营好，该物业建设单位拟聘请有经验的物业管理企业担任项目的物业管理顾问，帮助解决前期的物业管理问题。

由于该地的房地产开发和物业管理水平相对落后，消费者的置业观念和物业管理意识和其他地区比较还有差异，房地产售价和物业管理收费都处于较低的水平，因此以下物业管理分析都要基于这种现状而展开。

3. 实训目的

（1）训练学生根据前期介入工作的目的，运用识图与房构的知识正确地识读该项目的设计图纸。

（2）培养学生从物业的视角审视项目规划、功能、建筑等的合理性，为物业的增值、使用及有利于物业管理创造条件。

（3）训练学生根据施工进度选择正确的前期介入时点，以及对施工质量进行监督和控制的能力。

（4）指导学生能较好地完成对规划设计问题的收集、反馈，并制定可行的与开发商协调及问题跟踪落实的方案。

4. 实训步骤

（1）将学生分组，教师讲解实训任务和实训要求。

（2）以组为单位制订实训计划，由组长领导分派实训任务、阅读设计图纸。

（3）从物业管理的角度指出对该项目规划设计的不足，以组为单位讨论后填写《规划设计整改意见汇总表（见表3－4）》，并完成你认为可行的整改措施，将表填写完整后上交。

（4）参观建筑物，找出损坏问题，汇总上报（附照片），将可以通过前期介入避免的损坏找出，在教师的引导下制定施工阶段前期介入的工作方案和质量控制措施。

（5）由教师扮演开发商，让每组学生将汇总问题、整改措施和开发商进行沟通，教师对学生的沟通能力进行评价。

表3－4 ________项目规划设计整改意见汇总表

序号	需整改的内容	整改措施	备　注

5. 问题讨论

（1）本次实训所用图纸的主要内容是什么，存在哪些方面的问题？如何整改？

（2）如何根据施工进度选择正确的前期介入时点，如何完成施工质量进行监督和控制？

（3）物业公司前期介入发现问题如何与开发商进行沟通，对所提出的问题进行整改有哪些工作技巧？

6. 技能考核

（1）前期介入工作要点的掌握和实操能力；

（2）协调和沟通能力。

优____良____中____及格____不及格____

本学习情境首先对物业前期介入工作的作用和介入工作方法进行了概述，然后对前期介入两个重要的工作环节：设计阶段的前期介入工作和施工阶段的前期介入工作进行了较详细的阐述。对物业前期介入在设计阶段的工作原则和具体工作内容进行了详细的讲解；在施工阶段分析了物业前期介入工作的作用、与监理的联系与区别、物业公司参与的措施和工作要点。总之随着物业管理市场的不断进步，物业前期介入工作的重要性日益凸显，很多的房产企业、物业公司越来越重视前期介入工作。通过本学习情境，让学生对“全程”的物业管理工作内容有了更为详细的了解和认知，为学生从事相关的工作岗位打下了良好的知识基础，通过本学习情境的学习主要让学生掌握以下知识技能。

（1）能从物业的视角审视新建项目规划、功能、建筑的合理性，为物业的增值、使用以及有利于物业管理创造条件。

（2）能拟定各项目前期介入关键节点和时间节点。

（3）能较好地完成对项目服务品质及前期介入现场的巡查，并负责对结果进行跟踪。

（4）能根据《前期介入工作内容》、《前期介入工作计划》等相关标准，负责各项目前期介入工作的现场进度、反馈及跟踪。

（5）负责对前期介入项目问题的收集、反馈，并负责与地产项目协调及问题跟踪落实。

（6）能协调并配合新项目设施设备的技术培训。

（7）具有对各项目前期介入工作总结及回顾，并根据情况形成案例或教材的能力。

（8）能配合部门经理完成物业与地产相关关系界面文件的建立及回顾。

（9）能配合、参与地产相关建筑、安装、选型合同的会签、招设标的评定。

（1）请简单介绍项目设计阶段物业公司前期介入有什么现实意义。

（2）如何从物业的视角审视新建项目规划、功能、建筑的合理性，为物业的增值、使用及有利于物业管理创造条件？并结合具体的案例进行讲解。

（3）对于物业公司前期介入阶段发现的设计问题，如何进行整改？简述工作程序。

（4）物业公司在施工阶段前期介入工作的主要作用是什么？

（5）物业公司在施工阶段对质量的监督工作与监理工作的区别是什么？

（6）简述物业公司如何完成对项目服务品质及前期介入现场的巡查，并对结果进行跟踪工作。

学习情境四 房屋质量控制与验收

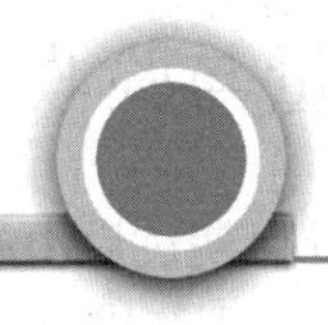

学习任务	任务一　房屋质量与验收 任务二　住宅工程质量分户验收 任务三　物业接管验收 任务四　业主接管验收	参考学时	12
能力目标	通过教学，要求学生认识房屋质量控制的方法和手段；了解住宅工程质量分户验收的工作过程和方法；掌握物业接管验收的组织和验收方法；掌握如何配合业主完成接管验收及如何对业主提出的质量问题进行处理。		
教学资源与载体	多媒体网络平台、教材、动画 PPT 和视频等，教学楼，作业单、工作单、工作计划单、评价表		
教学方法与策略	项目教学法、引导法、演示法、参与型教学法		
教学过程设计	引入案例→观看 ppt→教师讲解→分组学习、讨论→发放图纸和作业单→完成实训→工作效果评价→工作终结		
考核与评价内容	知识的自学能力、理解能力、语言表达能力；工作完成能力；工作完成的效果		
评价方式	自我评价（10%），小组评价（30%），教师评价（60%）		

职场典例

红郡项目是公司刚刚接管的一个高档住宅项目，开发商已和刘刚所在的物业公司签订了物业前期介入合同，刘刚被派到红郡物业公司工程部配合开发商监控房屋质量，在工程部经理建议下刘刚收集了房屋质量控制方面的资料，他在学习过程中有以下几个方面的问题。

(1) 工程建设过程中房屋质量控制的部门有哪些？物业公司如何与它们配合？

(2) 房屋质量控制的环节有哪些？物业公司以何种形式介入？

（3）竣工验收、分户质量验收、接管验收的联系和区别是什么？

任务一 房屋质量与验收

房屋质量的好坏将对其寿命产生永久的影响，维保期过后由施工引起的房屋质量问题，最终由物业管理公司和业主来承担。所以从物业房屋管理和维修的角度来讲，物业管理公司应具有对房屋质量进行监控和参加工程验收的权利。物业管理公司对接管项目质量的监控主要是在各个验收环节通过参与或组织等方式进行的，层层把关来保证交付业主时房屋的质量。房屋从建设到交付业主使用要经过很多次不同形式的验收工作：质量验收、隐蔽工程验收、单项工程验收、分期验收、竣工验收、全部工程验收、分户验收、接管验收以及业主收房时对房屋的验收，每一次验收的组织方、参与方、验收方法及监测的侧重点都存在着不同之处。

1. 质量验收

根据《建筑工程施工质量验收统一标准》（GB 50300—2001）规定，单位工程按照专业、建筑部分划分为地基基础、主体等 6 ～ 9 个分部；每个部分按照主要工种、材料、施工工艺、设备类别分划为若干个检验批。检验批是工程验收的最小单位，是分项工程乃至整个建筑工程质量验收的基础。工程验收是一项包括从检验到分项、到（子）分部、到（子）单位工程，贯穿于工程建设全过程的连锁的、系统性的工作。

建设工程质量验收是在施工单位对建筑工程自行质量验收评定的基础上，参与建设活动的有关单位共同对建筑工程检验批、分项、分部、单位工程的质量进行抽样复验，根据相关标准以书面形式对工程质量合格与否做出确认的质量控制工作。

在各个质量验收过程中，物业公司主要是在各质量验收环节主动要求参与见证相关组织的检测过程，在接管验收时对质量验收合格证件或文字资料进行收集归档，作为后期房屋划分维修责任时主要的法律依据。

2. 隐蔽工程验收

隐蔽工程验收是指对被其他工序施工所隐蔽的分部分项工程，在隐蔽之前所进行的检查验收工作，它是保证工程质量，防止留下质量隐患的重要措施。隐蔽工程验收的标准为施工图设计和现行技术规范，验收是由开发商和建筑单位共同进行的，验收后要办理签证手续，双方均要在隐蔽工程检查签证上签字，并列入工程档案。对于检查中提出不符合质量要求的问题要认真进行处理，处理后进行复核并写明处理情况。未经检验合格不能进入下道工序施工。

物业公司要在隐蔽工程施工时经常到现场了解施工过程，如发现隐蔽工程有质量问题应及时向开发商和政府质量监督部门汇报，再由开发商和相关单位沟通要求整改。对于施工时有变更的技术环节要在竣工图纸中清楚地绘制出来，以便房屋维修时不受表面现象的干扰，正确分析损坏的原因。

3. 单项工程验收

所谓单项工程验收，是指工程项目的某个单项工程已按设计要求施工完毕，具备使用条件，能满足投产要求时施工单位便可向开发商发出交工通知。开发商在接到施工单位的交工通知后，应先自行检查工程质量、隐蔽工程验收资料、工程关键部位施工记录及工程有否漏项情况等，然后出面组织设计单位、施工单位等共同进行交工验收。

以往在建设工程验收的各个环节物业企业是没有参与的，现在有些开发商在和物业公司签订了前期介入合同后，也会要求物业部门参与。物业企业目前还没有在验收文件上签字的权利，但是物业公司通过参与单项工程验收，可以对建筑细部处理技术、质量要求等有一个详细的了解，也是为接管验收和后期房屋管理维修与养护工作打下基础。

4. 竣工验收

房屋的竣工是指该房屋所属的工程项目经过建筑施工和设备安装以后，达到了该工程项目设计文件所规定的要求，具备了使用或投产的条件。工程项目竣工后，由建筑商向开发商办理交付手续。在办理交付手续时，需经开发商或专门组织的验收委员会对竣工项目进行查验，在认为工程合格后办理工程交付手续，建筑商把房屋交给开发商，这一交接过程称为竣工验收。竣工验收的主体是房地产开发企业和城市建设行政部门，其性质是政府行为，竣工验收合格的由工程质量监督机构出具工程质量监督报告，是物业进入市场的凭证。从物质形态上说，建筑商完成了一项最终建筑产品，而开发商也完成了该建筑的开发任务；从经济关系上说，建筑商即可解除对开发商承担的经济和法律责任。

在竣工验收时验收部门应与物业管理公司合议一次，因为物业管理公司通过较长时间的耳濡目染，或通过参加前期介入，对建设情况的内幕和存在的问题比较了解，他们的意见很有参考价值。物业管理公司在合议时，应及时提出意见将前期介入时施工方没有整改的质量问题提出；事后再提整改意见，施工方往往会以各种理由推辞或不予理睬。

5. 分户验收

住宅工程在施工过程中由开发商组织施工、监理、物业等单位按照国家质量标准和分户验收规定对每一户及规定的单位工程分户验收的公共部分进行的专门验收，并在分户验收合格后出具住宅工程质量分户验收表，也被称为每一户的房屋质量合格证。分户验收应在竣工验收工作前完成。分户验收不合格的将不予以进行竣工验收。

6. 接管验收

接管验收是指物业公司将开发商或业主委员会委托其管理的新建房屋或原有房屋的就主体结构安全和满足使用功能为主要内容的验收，同时接受图纸、说明文件等物业资料。

物业公司接管验收是物业公司代表全体业主（包括现有业主和未来业主）从确保物业日后的正常使用与维修的角度出发，同开发商、施工单位一起对物业质量进行的综合评定工作。接管验收时物业公司要在相关文件上进行签字。

7. 业主验房

业主验房即业主（用户）入伙时的接管验收，是指业主（用户）入伙接收物业时，物业公司工作人员陪同并协助业主对房屋及其设施进行全面细致的质量检查、对发现的缺陷进行登记的工作过程，此过程仅限于新楼宇。目前业主为了保证自己所购买房屋的质量，往往会在收房时聘请专业的验房师来陪同其一起收房，验房师会从专业角度检查房屋的质量，对发现的质量问题由物业公司整理后报告开发商，由开发商通知施工方并限期施工方逐项返修，经物业公司或业主（住户）验收后消项。随着验房师的加入，业主收房时对于房屋质量的检查将越来越细致、要求也将越来越高。

任务二　住宅工程质量分户验收

以往国家建筑工程验收标准是以单位工程来计算，住宅验收时抽检率仅为三成左右。为了有效抑制质量问题的出现，加强住宅工程质量管理，强化各市场责任主体质量意识，保障竣工住宅使用功能，进一步推动住宅工程质量整体水平的提高，国家建设部在2006年出台了一户一验制度即“住宅工程质量分户验收”管理办法，并率先在北京市朝阳区展开试行，随即在全国推行，根据建设部有关文件精神，各省、市也纷纷出台了本省、市《住宅工程分户验收管理办法》。这是一项具有创新意识的住宅工程质量验收模式。广泛深入地开展住宅工程质量分户验收，必将对整个房地产市场工程质量管理起到规范作用，能够更好地维护用户的利益。

一、分户验收与竣工验收的关系

分户验收与竣工验收均是在建筑工程各部分、分项验收合格的基础上进行的，都是以控制房屋质量为目的，但两者也有所不同，主要体现在以下几个方面。

1. 验收主体不同

分户验收的主体为建设、监理、施工单位和物业公司，竣工验收的主体为建设、监理、施工、设计、勘察单位等工程质量责任主体。

2. 验收对象不同

分户验收仅适用于住宅工程，而所有建筑工程在交付使用前均应进行竣工验收。分户验收是以每户作为一个子单位工程组织专门验收，当该户或规定的公共部位所包含的分户项目及内容符合验收合格标准时，该户或规定的公共部位验收合格；竣工验收是对单位工程。

3. 验收阶段不同

分户验收是在住宅工程竣工验收前完成，分户验收合格是住宅工程进行竣工验收的必备条件；竣工验收是施工单位完成分户验收并提交竣工报告后对单位工程质量的最终验收，竣工验收合格是工程竣工验收备案和办理产权的必备条件。

4. 验收内容不同

分户验收主要是对住宅工程使用功能及观感质量的验收；而竣工验收是工程质量综合验收（包括实体、观感、质量控制资料、涉及安全和功能的检测资料和抽查结果等），是对分户验收进行复核。

5. 实体检查数量不同

分户验收逐户全数检查，竣工验收对实体工程抽样检查。

两者的比较详见表4－1。

表4－1　分户验收与竣工验收的比较

<table>
<tr><td colspan="2">相同点</td><td colspan="5">均是在建筑工程各分部、分项验收合格的基础上进行的</td></tr>
<tr><td rowspan="3">不同点</td><td>不同
类别</td><td>验收主体不同</td><td>验收对象不同</td><td>验收阶段不同</td><td>验收内容不同</td><td>检查数量不同</td></tr>
<tr><td>分户验收</td><td>建设单位
监理单位
施工单位
物业公司</td><td>住宅工程</td><td>开工后至住宅工程竣工验收前，分户验收合格是进行竣工验收的必备条件</td><td>分户验收是涉及住宅工程主要使用功能及观感质量的验收</td><td>逐户检查，检查数量较多</td></tr>
<tr><td>竣工验收</td><td>建设单位
监理单位
施工单位
设计单位</td><td>所有建筑工程</td><td>竣工验收是施工单位完成分户验收并提交竣工报告后单位工程的验收，竣工验收合格是工程验收备案和办理产权证的必备条件</td><td>竣工验收是工程质量综合验收并对分户验收复核</td><td>抽样检查，检查数量较少</td></tr>
</table>

二、分户验收工作的相关规定

1. 住宅工程质量分户验收的组织

分户验收应在住宅工程竣工验收前进行，当分户检验项目具备质量验收条件时就可组织验收。建设方项目负责人负责组织监理、施工单位、物业公司等有关人员，对所涉及的内容进行检查验收。工程竣工验收前，建设方把“分户验收”的情况报质量监督机构备案。工程竣工验收时验收组还会进行一定数量的抽检。

2. 住宅工程质量分户验收单元的确定

住宅工程质量分户验收是按照一户为一个验收单位进行的，“分户验收”中的一户，就是日常所指的“一套房”，即以每户住宅和住宅公共部分的走廊、楼梯间、电梯间等具有独立使用功能的房间作为一个检验单元进行的。其中对于验收单元中公共部分的确定主要涉及以下几个方面。

（1）公共部分划分原则：影响住户正常使用的公共部分。

（2）公共部分的划分：走廊（含楼梯间、电梯间）、地下车库。

（3）公共部分检验批划分：公共部分的走廊（含楼梯间、电梯间）宜按每一楼层划分为一个检验批。地下车库宜按每一防火分区划分为一个检验批。

（4）公共部位检验批项目的确定及验收：可根据分户验收检验批的确定原则，参照分户验收预计涉及的59项检验批项目（参见表4-2），确定公共部分检验批内容并及时验收。检查记录表可使用分户验收相应格。公共部分的检验批项目的检查方法、部位、质量标准、检验的组织等工作，可参考分户验收相关规定。

（5）检查数量的确定：土建工程，按走廊、电梯间、楼梯间划分为三个检查区域。在上述区域和地下车库分区内，墙体抽查不少于2面，顶棚、地面（楼板）抽查不少于1块（详见表4-2）。

3. 住宅分户验收标准

分户验收的质量标准主要包括《建筑工程施工质量验收统一标准》、《混凝土结构工程施工质量验收规范》、《建筑装饰装修工程质量验收规范》、《建筑地面工程施工质量验收规范》、《建筑给水、排水及采暖工程施工质量验收规范》、《建筑电气工程施工质量验收规范》及地方或企业制定的相关验收标准等。住宅分户验收对不同交房标准的房屋其验收的标准也不同。

（1）初装修。初装修是指住宅工程的地面或墙面在装修时只做基层部分、不做面层部分，内门只安装门框（或不安装门框）、不安装门扇交付的，必须按设计文件要求全部完成。初装修可以参考《住宅工程装修部分设计要求和施工（验收）条件》的规定进行。

（2）精装修。精装修标准交付的房子是买房人拿到钥匙进去就可以住的。精装修是根据业主要求一次设计到位，施工时严格按照图纸施工，完成全部设计及要求和施工（验收）条件的工程。可以参考建设部印发的《商品住宅装修一次到位实施导则》和国家标准《住宅装饰装修工程施工规范》进行分户验收。

三、住宅工程质量分户验收的程序

（1）分户验收前，建设方组织施工单位编制分户验收方案，明确各方职责，确定每户住宅和公共部位验收项目、内容、数量，绘制抽查点分布图，同时准备相应检查工具。

（2）按照审查合格的施工图设计文件和相关工程质量验收标准、规范，对分户验收内容进行检查验收。

（3）填写检查记录表，发现工程观感质量或使用功能质量不符合设计文件或规范要求的，书面责成施工单位整改并对整改情况进行复查。

（4）分户验收全部合格后，建设方项目负责人、总监理工程师和施工单位项目负责人应在《住宅工程质量分户验收汇总表》（表4－4、表4－5）上分别签字并加盖验收专用章。

四、住宅工程质量分户验收的内容

分户验收是在相应分部、分项（建筑装饰装修、建筑给水、排水及采暖、建筑电气等）工程质量验收的基础上，以单位工程中每户住宅和公共部位的走廊（含楼梯间、电梯间）、地下车库等划分为若干个检查单元进行验收。住宅工程质量分户验收的内容是按照分户验收的类别、项目和具体内容三个层次进行划分的，单位工程的分户验收共分为8大类。例如，初装修住宅工程分户验收主要包括以下内容：① 建筑结构外观及尺寸偏差；② 门窗安装质量；③ 楼地面、墙面和天棚面层质量；④ 防水工程质量；⑤ 采暖系统的安装质量；⑥ 给排水系统安装质量；⑦ 室内电气工程安装质量；⑧ 国家和省有关规定、标准中要求分户检查的内容。精装修住宅工程分户验收按照上述划分原则，经建设、施工和监理单位协商，自行确定验收项目。

例如，北京住宅工程质量分户验收的相关管理规定中，对于初装修住宅工程分户验收内容主要涉及下列7类21个项目，并规定如遇到新项目，以下内容不能满足的，经建设、施工和监理单位协商，可以自行确定验收项目和制定表格。在划分了单位工程分户验收的8个类别以后，就应对每一类别进行划分。

1. 建筑结构外观及尺寸偏差

（1）现浇结构外观及尺寸偏差。

（2）砖砌体（混水）工程质量分户验收记录表。

2. 门窗安装质量

（1）铝合金门窗安装质量。

（2）塑料门窗安装质量。

（3）木门窗安装质量。

3. 楼地面、墙面和天棚面层质量

（1）耐水腻子工程质量。

（2）墙面抹灰工程。

（3）水性涂料涂饰质量。

（4）地面水泥混凝土面层质量。

（5）地面水泥砂浆面层质量。

4. 防水工程质量

地面隔离层质量。

5. 采暖系统安装质量

（1）室内采暖辅助设备及散热器、金属辐射板安装质量。

（2）室内采暖管道及配件安装质量分户验收记录表。

（3）低温热水地板辐射采暖系统安装质量分户验收记录表。

6. 给排水系统安装质量

（1）室内给水管道及配件安装质量。

（2）室内排水管道及配件安装质量。

（3）建筑中水系统及游泳池水系统安装质量。

7. 室内电气工程安装质量

（1）普通灯具安装质量分户验收记录表。

（2）开关、插座、风扇安装质量。

（3）成套配电柜、控制柜（屏、台）和动力、照明配电箱（盘）安装质量。

（4）建筑物等电位联结质量。

如遇新项目，以上项目不能满足时，经建设、施工和监理单位协商可以自行确定验收项目和制定表格。下面为某一项目的分户质量验收表，分为户内（见表4－2）和公共（见表4－3）两大类。

表4－2 住宅工程质量分户验收内容及要求（户内部分）

验收项目	验收内容	验收方法	验收要求	参照标准
1. 建筑结构外观及尺寸偏差	建筑结构外观	观察检查	应与设计图纸相符	DBJ 01－82—2004 8.2.1
	室内净高	使用激光测距仪或钢卷尺进行测量	对于精装房或已做找平层的，其最大负偏差（实测平均值与设计值之差）不超过20 mm，极差（实测值中最大值与最小值之差）不超过20 mm。初装房极差不超过40 mm	GB 50203—2002
	室内净开间	使用激光测距仪或钢卷尺进行测量	极差及最大负偏差均应不超过20 mm	DBJ 01－82—2004 8.2.1
	构件尺寸	观察和尺量检查	室内梁、窗台等构件不得出现明显的大小头现象	DBJ 01－82—2004 8.2.1
2. 墙面、地面和顶棚面层	墙面平整度、垂直度	用2 m靠尺和楔形塞尺检查	每户住宅墙面平整度、垂直度及阴阳角方正要求最少各检测10个点，检查点80%在允许偏差范围内。高级抹灰的平整度、垂直度、阴阳角方正允许偏差值均为3 mm，普通抹灰的平整度、垂直度、阴阳角方正允许偏差值均为4 mm	GB 50210—2001 4.2.11 4.3.9 7.2.10 7.3.12 8.3.11
	墙面阴阳角方正	用直角检测尺检查		
	地面平整度	用2 m靠尺和楔形塞尺检查	对于精装修住宅，每户住宅要求最少检测10个点，检查点80%在允许偏差范围内。普通整体及板块楼地面允许偏差值均为4 mm	GB 50209—2002 4.1.5 5.1.7 6.1.8 7.1.7

续表

验收项目	验收内容	验收方法	验收要求	参照标准
2. 墙面、地面和顶棚面层	墙面、顶棚脱层、空鼓、爆灰和裂缝	小锤轻击和观察检查	墙面和顶棚的抹灰层与基层之间及各抹灰层之间必须黏结牢固，墙面和顶棚无脱层、空鼓、爆灰和裂缝	GB 50210—2001 4.1.12　4.2.5 4.3.5
	墙面、顶棚渗漏、地面渗漏、积水	观察检查	墙面、顶棚、地面不得有渗漏，地面排水顺畅无积水	GB 50209—2002 4.9.3　4.9.8
	楼地面空鼓、裂缝	小锤轻击和观察检查	空鼓面积不超过 400 cm^2；不得出现裂缝和起砂	GB 50209—2002 5.3.4　5.3.6
	卫生间地面及其他有防水要求的地面	蓄水检查	蓄水深度为 20 ～ 30 mm，24 h 内无渗漏	GB 50209—2002 4.9.8
3. 门窗	安装牢固	手扳检查	门窗等不松动、不晃动	GB 50210—2001 5.1.11
	门窗开启	开启和关闭检查，手扳检查	开启灵活、关闭严密	GB 50210—2001 5.3.4
	门窗框空鼓、渗漏	小锤轻击和观察检查	外窗及周边无渗漏	
	防脱落措施	观察和手扳检查	推拉门窗扇必须有防脱落措施，扇与框的搭接量应符合设计要求	GB 50327—2001 10.1.6
4. 栏杆、护栏及安全玻璃	已安装护栏	观察检查	无室外阳台的外窗台距室内地面高度小于 0.9 m 时必须采用安全玻璃并加设可靠的防护措施	DBJ 15 - 30—2002 4.10.7
	栏杆、护栏安装牢固	观察和手扳检查	护栏高度、栏杆间距、安装位置必须符合设计要求。护栏安装必须牢固	GB 50210—2001 12.5.6 GB 50352—2005 6.6.3
	栏杆高度	尺量检查	临空高度在 24 m 以下时，栏杆高度不应低于 1.05 m，临空高度在 24 m 及 24 m 以上（包括中高层住宅）时，栏杆高度不应低于 1.10 m	GB 50352—2005 6.6.3
	护栏高度	尺量检查	有外围护结构的防护栏杆的高度均应从可踏面起算，保证净高 0.90 m	GB 50096—1999 3.9.1

续表

验收项目	验收内容	验收方法	验收要求	参照标准
4. 栏杆、护栏及安全玻璃	栏杆、护栏的形式	观察检查	住宅、托儿所、幼儿园、中小学及少年儿童专用活动场所的栏杆必须采用防止少年儿童攀登的构造；有水平杆件的栏杆或花式栏杆应设防攀爬措施	GB 50352—2005 6.6.3
	竖杆间距	尺量检查	临空处栏杆净间距不应大于 0.11 m，正偏差不大于 3 mm	GB 50210—2001 12.5.9
	安全玻璃厚度和类型	观察检查，游标卡尺测量	单块玻璃大于 1.5 m^2 时应使用安全玻璃；护栏玻璃应使用公称厚度不小于 12 mm 的钢化玻璃或钢化夹层玻璃；当护栏一侧距楼地面高度为 5 m 及以上时，应使用钢化夹层玻璃；屋面玻璃必须使用安全玻璃；当屋面玻璃最高点离地面大于 5 m 时，必须使用夹层玻璃	GB 50210—2001 5.6.2 12.5.7 JGJ 113—2003 8.2.38.2.4
5. 给水、排水	管道敷设	观察检查	坡度正确，安装固定牢固，配件、支架间距、位置符合要求	GB 50242—2002 3.3.7～11 4.1.7 4.2.7 5.2.2 5.2.3 5.2.9
	水压试验	手动（电动）试压泵加压试验检查	强度试验压力降符合要求，严密性试验不渗不漏	GB 50242—2002 4.2.1
	给水管道暗敷临时标识	观察检查	给水管道暗敷时，地面宜有管道位置的临时标识	GB 50015—2003 3.5.18
	阀门安装	观察检查	型号、规格、公称压力及安装位置符合设计要求	GB 50242—2002 3.2.2 GB 50015—2003 3.4.4～3.4.14
	地漏水封高度	尺量检查	地漏（或存水弯）的水封高度不得小于 50 mm	GB 50015—2003 4.5.9 4.5.10 GB 50242—2002 7.2.1
	检查口伸缩节	观察和尺量检查	伸缩节间距不得大于 4 m；设计无要求时污水立管每隔一层设置一个检查口，但在最底层和有卫生器具的最高层必须设置	GB 50242—2002 5.2.4 5.2.6
	洁具安装	观察检查	安装平整、牢固，满水后各连接件不渗不漏；通水试验给、排水畅通	GB 50242—2002 7.2.1 7.2.2

续表

验收项目	验收内容	验收方法	验收要求	参照标准
5. 给水、排水	给水压力在0.05～0.35 MPa	用量程1.0或1.6 MPa压力表测量	分户用水点的给水压力不应小于0.05 MPa，入户管的给水压力不应大于0.35 MPa	GB 50096—1999 6.1.2　6.1.3 GB 50368—2005 8.2.4
6. 电气	导线截面	用游标卡尺测量	导线型号规格、截面、电压等级符合要求	GB 50303—2002 3.2.12
	分色施工	观察检查	A相—黄色、B相—绿色、C相—红色、零线（N）—淡蓝色、保护地线（PE）—黄绿相间色	GB 50303—2002 15.2.2
	绝缘强度	绝缘电阻摇表现场测量	线间和线对地绝缘电阻大于0.5 MΩ	GB 50303—2002 23.1.1
	导线敷设	观察检查	敷设符合要求，管内电线不得有接头	GB 50303—2002 15.1.2
	漏电保护	观察检查、测试	接线正确，动作电流不大于30 mA，动作时间不大于0.1 s	GB 50303—2002 6.1.9
	分户配电箱	观察和开、关保护器	箱（盘）内配线整齐，回路编号齐全，标识正确；箱（盘）内开关动作灵活可靠	GB 50303—2002 6.1.9　6.2.8
	开关插座灯具	观察检查	开关插座安装正确；灯具试运行（8 h）合格，安装高度低于2.4 m时，金属灯座必须接地（PE）或接零（PEN）	GB 50303—2002 19.1.6　22.1.2 3.1.2 GB 50096—1999 6.5.2
	局部等电位	观察检查	等电位连接端子齐全、位置正确，铜接地干、支线截面分别不小于16 mm^2、6 mm^2	GB 50303—2002 27.1.2
	PE（或PEN）线在插座间不串联连接	观察检查	接地（PE）或接零（PEN）线在插座间不串联连接	GB 50303—2002 22.1.2

表 4－3 住宅工程质量分户验收内容及要求（公共部分）

验收项目	验收内容	验收方法	验收标准	参照标准
1. 外墙	墙面平整度、垂直度	用 2 m 靠尺和楔形塞尺检查	墙面平整度、垂直度要求最少检测各 30 个点，检查点 80% 在允许偏差范围内	
	墙面阴阳角方正	用直角检测尺检查	要求最少检测 30 个点，检查点 80% 在允许偏差范围内	
	墙面裂缝	观察检查	墙面无可见裂缝	
	窗角斜裂缝	观察检查	窗角无可见裂缝	
	墙面渗漏	观察检查	墙面应无渗漏	
	饰面砖空鼓、脱落	小锤轻击和观察检查	饰面砖粘贴必须牢固，应无空鼓、裂缝，不得有脱落	GB 50210—2001 8.3.4 8.3.5
2. 门窗、楼梯和通道	安装牢固	手扳检查	门窗等不松动、不晃动	GB 50210—2001 5.1.11
	门窗开启	开启和关闭检查，手扳检查	开启灵活、关闭严密	GB 50210—2001 5.3.4
	门窗框空鼓、渗漏	小锤轻击和观察检查	外窗及周边无渗漏	
	防脱落措施	观察和手扳检查	推拉门窗扇必须有防脱落措施，扇与框的搭接量应符合设计要求	GB 50327—2001 10.1.6
	墙面空鼓、裂缝	小锤轻击和观察检查	各抹灰层之间及各抹灰层与基体之间必须粘接牢固，抹灰层应无脱层、空鼓和裂缝	GB 50210—2001 4.2.5 4.3.5
	地面空鼓、裂缝	小锤轻击和观察检查	空鼓面积不超过 400 cm^2；不得出现裂缝和起砂	GB 50209—2002 5.3.4 5.3.6
	楼梯踏步高差	尺量检查	相邻踏步高差不得超过 10 mm	GB 50209—2002 5.3.8
	高层首层疏散外门及通道宽度	观察和尺量检查	疏散门应外开，其净宽不应小于 1.1 m；通道宽度不应小于 1.2 m	GB 50045—95 6.1.9
	无障碍设施	观察和尺量检查	公共建筑与高层、中高层居住建筑入口设台阶时，必须设轮椅坡道和扶手；建筑入口轮椅通行平台最小宽度应符合规定；坡道在不同坡度的情况下，坡道高度和水平长度应符合规定	JGJ 50—2001 7.1.2 7.1.3 7.2.5 7.3.1

续表

验收项目	验收内容	验收方法	验收标准	参照标准
3. 地下室	墙面、顶棚空鼓、爆灰和裂缝	小锤轻击和观察检查	墙面和顶棚无空鼓、爆灰和裂缝	GB 50210—2001 4.2.5　4.3.5
	墙面、顶棚渗漏	观察检查	墙面、顶棚不得有渗漏	GB 50209—2002 4.9.3　4.9.8
	地面起砂、裂缝、空鼓和积水	小锤轻击和观察检查	面层表面应洁净，无裂纹和起砂等缺陷，地面排水顺畅且无渗水、积水	GB 50209—2002 4.9.8　5.3.6
4. 屋面	屋面渗漏、积水	蓄水检查，观察检查	蓄水深度为 20 ～ 30 mm，24 h 内屋面无渗漏。平时屋面无积水现象	GB 50209—2002 4.9.8
	地漏	观察检查	排水栓和地漏的安装应平正、牢固，低于排水表面，周边无渗漏。地漏水封高度不得小于 50 mm	GB 50242—2002 7.2.1
	女儿墙高度	尺量检查	低层多层≥1.05 m；中高层、高层≥1.10 m	
	女儿墙泛水	观察检查	防水构造应符合要求，且检查不少于 10 个点	GB 50207—2002 9.0.6
	防雷	观察检查	防雷施工应符合要求	GB 50057—94 3.1.2　3.3.5 3.3.10　3.4.10 5.2.1
	变形缝防水构造	观察检查	变形缝的泛水高度不应小于 250 mm；防水层应铺贴到变形缝两侧砌体的上部；变形缝内应填充聚苯乙烯泡沫塑料，上部填放衬垫材料，并用卷材封盖；变形缝顶部应加扣混凝土或金属盖板，混凝土盖板的接缝应用密封材料嵌填	GB 50207—2002 9.0.8
5. 栏杆、护栏及安全玻璃	安装护栏	观察检查	无室外阳台的外窗台距室内地面高度小于 0.9 m 时必须采用安全玻璃并加设可靠的防护措施	DBJ 15-30—2002 4.10.7
	栏杆、护栏安装牢固	手扳检查	栏杆应以坚固、耐久的材料制作，并能承受荷载规范规定的水平荷载	GB 50210—2001 12.5.6 GB 50352—2005 6.6.3

续表

验收项目	验收内容	验收方法	验收标准	参照标准
5. 栏杆、护栏及安全玻璃	栏杆高度	尺量检查	临空高度在24 m以下时，栏杆高度不应低于1.05 m，临空高度在24 m及24 m以上（包括中高层住宅）时，栏杆高度不应低于1.10 m	GB 50352—2005 6.6.3
	护栏高度	尺量检查	外窗窗台距楼面、地面净高低于0.90 m时，应有防护设施，窗外有阳台或平台时可不受此限制；窗台的净高或防护栏杆的高度均应从可踏面起算，保证净高0.90 m	GB 50096—1999 3.9.1
	栏杆、护栏的形式	观察检查	住宅、托儿所、幼儿园、中小学及少年儿童专用活动场所的栏杆必须采用防止少年儿童攀登的构造；有水平杆件的栏杆或花式栏杆应设防攀爬措施（金属密网、安全玻璃等）	GB 50352—2005 6.6.3
	竖杆间距	尺量检查	临空处栏杆净间距不应大于0.11 m，正偏差不大于3 mm	GB 50210—2001 12.5.9
	安全玻璃厚度和类型	观察检查，游标卡尺测量	单块玻璃大于1.5 m^2 时应使用安全玻璃；护栏玻璃应使用公称厚度不小于12 mm的钢化玻璃或钢化夹层玻璃；当护栏一侧距楼地面高度为5 m及以上时，应使用钢化夹层玻璃；屋面玻璃必须使用安全玻璃；当屋面玻璃最高点离地面大于5 m时，必须使用夹层玻璃	GB 50210—2001 5.6.2 12.5.7 JGJ 113—2003 8.2.3 8.2.4
6. 给水、排水	管道敷设	观察检查	坡度正确，安装固定牢固，配件、支架间距、位置符合要求	GB 50242—2002 3.3.7～11 4.1.7 4.2.7 5.2.2 5.2.3 5.2.9
	水压试验	手动（电动）试压泵加压试验检查	强度试验压力降符合要求，严密性试验不渗不漏	GB 50242—2002 4.2.1
	检查口伸缩节	观察检查	伸缩节间距不得大于4 m；设计无要求时污水立管每隔一层设置一个检查口，但在最底层和有卫生器具的最高层必须设置	GB 50242—2002 5.2.4 5.2.6
	阀门安装	观察检查	型号、规格、公称压力及安装位置符合设计要求	GB 50242—2002 3.2.2 GB 50015—2003 3.4.4～3.4.14

续表

验收项目	验收内容	验收方法	验收标准	参照标准
6. 给水、排水	减（调）压装置	观察检查	减压阀前应设阀门和过滤器；需拆卸阀体才能检修的减压阀后，应设管道伸缩器；检修时阀后水会倒流时，阀后应设阀门；减压阀节点处的前后应设压力表	GB 50015—2003 3.4.10
	雨水斗、通气管	观察检查	屋面排水系统应选用相应的雨水斗；通气管高出屋面不得小于0.3 m，周围4m以内有门窗时，通气管应高出窗顶0.6m或引向无门窗一侧；在经常有人停留的平屋面上，通气管应高出2m	GB 50015—2003 3.4.10　4.6.10
	给水泵或增压设备安装	观察检查	设备型号符合设计要求，水泵的减振及防噪、软接头、异径管、压力表、止回阀、阀门等安装符合要求	GB 50015—2003 3.8.9 GB 50303—2002 3.8.12
	排污泵安装	观察检查	设备型号符合设计要求，水泵的减振及防噪、软接头、止回阀、阀门等安装符合要求	GB 50015—2003 3.8.9 GB 50303—2002 3.8.12
7. 电气	导线截面	用游标卡尺测量	导线型号规格、截面、电压等级符合要求	GB 50303—2002 3.2.12
	分色施工	观察检查	A相—黄色、B相—绿色、C相—红色、零线（N）—淡蓝色、保护地线（PE）—黄绿相间色	GB 50303—2002 15.2.2
	绝缘强度	绝缘摇表现场测量	照明系统通电试运行正常	GB 50303—2002 23.1.1
	导线敷设	观察检查	敷设符合要求，管内电线不得有接头	GB 50303—2002 15.1.2
	漏电保护	观察检查、测试	动作电流（成套开关柜、分配电盘等为100 mA以上，防止电气火灾为300 mA）、动作时间符合设计要求	JGJ/T 16—1992 14.3.11
	总配电箱	观察检查	箱（盘）内配线整齐，回路编号齐全，标识正确；装有电器的可开启的门和框架接地可靠	GB 50303—2002 6.1.1　6.1.9 6.2.8
	电气接地	接地电阻摇表测试	接地电阻值符合设计要求	GB 50303—2002 24.1.2

续表

验收项目	验收内容	验收方法	验收标准	参照标准
7. 电气	局部等电位	观察检查	等电位连接端子齐全、位置正确，铜接地干、支线截面分别不小于 $16mm^2$、$6mm^2$	GB 50303—2002 27. 1. 2
	公共、应急灯具	照明试运行、应急灯具试运行	照明灯具试运行（24h）合格，安装高度低于 2. 4m 时，金属灯座必须接地（PE）或接零（PEN）；自熄开关控制的应急照明，在应急时自动点亮	GB 50303—2002 22. 1. 1 23. 1. 2 23. 1. 3 GB 50096—1999 6. 5. 2 GB 50368—2005 8. 5. 3

每户住宅和规定的公共部位检验批在验收后，应及时填写《住宅工程质量分户验收检查记录表》、《住宅工程质量分户验收汇总表》（如表 4 – 4 和表 4 – 5 所示）。

表 4 – 4 住宅工程质量分户验收检查记录表

工程名称		户号		验收时间		
施工方		监理单位				
施工单位		开、竣工日期				
序号	验收项目	验收情况				
1	楼地面、墙面和天棚	地面起砂	裂缝	墙面爆灰	空鼓	外墙渗水
2	门窗	窗台高度	门窗开启	安全玻璃	渗水	洞口尺寸
3	栏杆	栏杆高度	竖向间距	防攀爬措施	护栏玻璃	
4	防水工程	屋面渗水	厨卫间	阳台地面渗水		
5	室内空间尺寸	层高	开间尺寸			
6	给水、排水工程	管道渗水	管道坡向	安装固定	地漏水封	
7	电气工程	接地	相位	控制箱配置	等电位	
8	其他	烟道	通风道			
验收结论						

施工方	监理单位	施工单位	物业公司
验收人员： 年 月 日	验收人员： 年 月 日	验收人员： 年 月 日	验收人员： 年 月 日

表4－4填写说明如下。

（1）验收记录为分户验收的原始记录，应如实填写检查情况。

（2）验收项目1中，应检查并记录有无裂缝、起砂、爆灰、外墙面渗水现象，有无超过规范允许的空鼓情况。

（3）验收项目2中，应实测窗台高度及洞口尺寸，检查并记录门窗开启是否灵活、是否按规范使用安全玻璃，外窗人工淋水后或雨后检查有无渗水现象。

（4）验收项目3中，应实测栏杆高度及竖向净间距，检查并记录是否按规范设置防攀爬措施和使用安全玻璃。

（5）验收项目4中，应进行蓄水、淋水试验检查并记录各部位有无渗水、积水现象。

（6）验收项目5中，应实测计算各项目是否符合要求。

（7）验收项目6中，应通过试水、观察等方式检查并记录有无渗水、坡向是否正确、安装是否牢固。

（8）验收项目7中，应使用漏电保护相位检测器逐个检查插座的相位和接地是否有误，检测配电箱内接线是否整齐、回路编号是否齐全、触电保护是否灵敏，接地线有无串接，等电位连接是否可靠。

（9）验收项目8中，应检查记录止回阀、防火门是否安装正确、表面有无裂纹等。

（10）验收结论：该套住宅质量分户验收符合要求或不符合要求。

表4－5　住宅工程质量分户验收汇总表

<table>
<tr><td>工程名称</td><td></td><td>总户数</td><td></td><td>验收户数</td><td></td></tr>
<tr><td>施工方</td><td></td><td>施工单位</td><td></td><td>监理单位</td><td></td></tr>
<tr><td>内容</td><td colspan="5">验　收　情　况</td></tr>
<tr><td>分户验收情况</td><td colspan="5"></td></tr>
<tr><td>外墙</td><td colspan="5"></td></tr>
<tr><td>公共部分</td><td colspan="5"></td></tr>
<tr><td>建筑节能</td><td colspan="5"></td></tr>
<tr><td>验收结论</td><td colspan="5"></td></tr>
<tr><td colspan="2">项目负责人：

施工方（公章）
年　月　日</td><td colspan="2">总监理工程师：

监理单位（公章）
年　月　日</td><td colspan="2">项目经理：

施工单位（公章）
年　月　日</td></tr>
</table>

表4－5填写说明如下。

（1）本表是在施工方组织分户验收的基础上，由施工单位填写汇总，监理复核，相关单位及人员签章。公章为法人章或法人授权的工程验收专用章。

（2）本表一式四份，一份送质监站，另外三份建设、监理、施工各一份。

（3）验收户数指实际验收户数，一般与总户数一致。

（4）分户验收情况是对每户质量验收情况总的描述，包括质量问题的整改情况。

（5）外墙主要指裂缝、空鼓等的检查验收情况。

（6）公共部位指楼梯间的踏步、栏杆、门厅、电梯候梯间等，主要检查相关几何尺寸如楼梯踏步宽高、栏杆的高度及形式、通道及候梯间的宽度等。

（7）建筑节能主要是对建筑节能专项验收情况做记录。

（8）验收结论：该栋住宅质量分户验收符合要求或不符合要求。

五、分户验收的工具、标准和方法

分户验收时，对观感质量按相应分部、分项工程的检验批主控项目和一般项目全数检查。观感质量检查应通过目测观察的方法进行，涉及平整度、垂直度、标高等需要实测实量的检查内容，应使用靠尺板、水平仪和尺子等专业检查工具，按照质量验收标准的规定进行检查验收。对使用功能质量按相应分部、分项工程的检验批中确定的项目全数检查，使用功能质量检查应通过仪器、设备或检验试验的方法进行，对线路、插座、开关接地等需要检测的检查内容，应使用万用表、漏电保护相位检测器等专业检查工具，按照质量验收标准的规定进行检查验收。验收的用具一定要经计量检验合格且有合格证明，其使用方法见表4-6。

表4-6　分户验收使用仪器一览表

仪器（工具）	用　途	配备数量
钢尺	测量构件及短距离范围的尺寸	验收小组每人一个
激光测距仪（便携式）	测量室内空间净尺寸	每个验收小组不少于一台
漏电保护相位检测器	测量插座相位、接地	每个验收小组不少于一个
小锤	检查地坪、墙面、天棚粉刷层空鼓情况	验收小组每人一把
吊线	检查垂直度	
楔形塞尺	检查房间墙体表面平整度	
弹簧秤	推拉门窗扇的开关力	
坡度尺	检查地面坡度和隔离层坡度	

六、分户验收工作质量控制的方法

分户验收是单位工程竣工验收的基础和前提。施工方在确定竣工验收7个工作日前，将《单位工程竣工验收通知书》连同《住宅工程质量分户验收汇总表》报送工程受监的质量监督机构。

工程质量监督机构在工程竣工验收监督过程中，应对照《住宅工程质量分户验收检查记录表》抽查分户验收实施情况。如发现分户验收记录内容不真实或存在严重的观感质量或使用功能质量问题时，应终止验收，责令改正，符合要求后方可重新组织验收。对于“分户验收”弄虚作假、降低标准，或将不合格工程验收为合格工程的，将严惩责任单位和责任人，并纳入不良信用记录的“黑名单”，在工程招投标等方面可能受限。

关于分户验收质量检测工作是不是全面认真，规定竣工验收组应对分户验收住宅进行复核，复核比例和内容规定如下。

1. 复核比例

(1) 住宅工程3个单元以下的（含3个单元），随机抽取1个单元；3个单元以上的，随机抽取2个单元。

(2) 在被抽取的单元内，按该单元总户数随机抽取不少于10%的户数，且6层以下（含6层）住宅单位工程不少于3户；6层以上、11层以下（含11层）住宅单位工程不少于5户；11层以上的住宅单位工程不少于7户，其中顶层、底层必须各抽取1户。

(3) 住宅工程总户数少于10户的，随机抽取不少于2户；总户数少于5户的，随即抽取不少于1户。

2. 复核内容

复核内容包括被抽取单元的公共部位、被抽取户号室内所有部位；被抽取单元（半）地下室公共部位及被抽取底层户号对应的地下室内部；外墙装饰装修及验收时可以上人屋面。

住宅工程交付时，施工方应将《住宅工程质量分户验收检查记录表》作为附件一同交给住户。

为了让读者更好地了解住宅工程质量分户验收，将某一城市的工程质量分户验收的相关规定附后（详见本章教学资源包）。

任务三　物业接管验收

一、接管验收的概念

接管验收是指物业公司接管开发商或业主委员会委托管理的新建房屋或原有房屋时，以物业主体结构安全和满足使用功能为主要内容的接管验收，同时接收图纸、说明、文件等物业资料。物业公司接管验收是物业公司代表全体业主（包括现有业主和未来业主）从确保物业日后的正常使用与维修的角度出发，同开发商、施工单位一起对物业质量进行的综合评定。物业公司在该工作阶段起到组织和监控的作用，对工程质量把关作用非常关键，这和以前各个验收环节大不相同。

对新建房屋而言，接管验收是开发商向物业公司移交物业的过程，是在竣工验收之后进行的再检验。接管验收标志着物业正式进入使用阶段。对原有住房而言，接管验收是业主委员会（单位）向物业公司移交物业的工作过程。不管房屋原有状态如何，接管验收是房屋维修职权划分的分水岭，接管验收工作结束以后，房屋质量管理和维修由原有的开发商负主要责任转变为物业公司扮演主要角色。物业的接管验收包括对房屋本体自用部位及设施、房屋本体共用部位及设施、公共场所（地）、公用设施、公用设备的验收，具体包括主体建筑、附属设施、配套设备及道路、场地和环境绿化等内容。

（1）房屋本体自用部位及设施。自用部位是指户门以内，毗连部位以外的全部自用部位。设施包括自用阳台、门、窗、防盗网，室内自用隔墙、墙（板）面等。房屋本体自用部位及设施的产权属于小业主。

（2）房屋本体共用部位。共用部位是指结构相连或具有共有、共用性质的部位，主要包括：房屋的承重结构部位（包括基础、屋盖、梁、柱、墙体等）、抗震结构部位（包括构造柱、梁、墙等）、外墙面、楼梯间、公共通道、门厅、屋面、共用排烟道（管）等。

（3）公共场所（地）、公用设施。公共场所（地）、公用设施包括：区内道路（市政道路除外）、路灯、沟渠、池、井、园林绿化地、文化娱乐体育场所、停车场、连廊、自行车房（棚）、地下排水管等。

（4）公用设备。公用设备是指与建筑物相配套，具有共用性的设备，主要包括：供配电设备、发电机、电梯、中央空调、供水设备、直饮水系统、交通道闸、智能化系统、消防系统、水景系统等。公用设施设备、公共场所（地）的产权以相关法规及开发商售楼时与业主的约定为准。

二、接管验收与分户质量验收的关系

接管验收和分户验收都是针对工程的使用功能及观感质量的验收，都是为防止出现房屋质量问题、降低业主投诉率的一种有效模式。接管验收与房屋分户质量验收的区别在于以下几个方面。

1. 验收工作的参与者不同

接管验收是由物业服务公司接管开发商移交的物业，验收活动的主要参与者是物业公司，参与者有开发商；分户验收是由开发商验收、建筑商移交的物业，验收工作的组织者为开发商，参与者有建设商，如果选聘物业公司则物业公司也要参加，但是只参加验收而没有签字的权利。

2. 验收依据不同

接管验收是依据建设部1991年7月1日颁布的《房屋接管验收标准》进行的；分户验收是依据建设部2006年出台的一户一验制度（即“住宅工程质量分户验收”管理办法）进行的，各省、市根据该管理办法出台了本省、市《住宅工程分户验收管理办法》。

3. 验收的法律效应不同

接管验收是开发商和业主、物业公司之间权责划分的重要依据，并非法律效力的政府评价行为；而分户验收则具有法律效应，它是竣工验收的前提条件，如果没有《住宅工程质量分户验收汇总表》，质量监督部门将不予以进行竣工验收。住宅工程交付时，应将《住宅工程质量分户验收检查记录表》作为住宅质量合格证的附件一同交给住户。

4. 验收时间不同

接管验收的首要条件是竣工验收合格，并且供电、采暖、给排水、卫生、道路等设备和设施能正常使用，房子幢、户编号已经有关部门确认；分户质量验收的首要条件是工程按设计要求全部施工完毕，达到规定的质量标准，能满足使用，工程还没有进行竣工验收前进行的。

三、接管验收条件

物业接管验收是在项目竣工验收全部合格的基础上，物业公司代表全体业主以满足安全及使用功能正常为主要内容的再次检验。应满足下列条件。

1. 接管验收一般条件

（1）土建、设备、智能化及园林绿化各分部、分项工程全部施工完毕，并通过政府专业验收，通过综合验收。一般来说，应取得以下证书：

① 工程竣工核验证书；

② 规划验收证书；

③ 消防验收意见书；

④ 电梯验收结果通知书；

⑤ 燃气管道工程验收证书；

⑥ 城建档案验收证书；

⑦ 人防工程验收证书；

⑧ 已签订《工程保修书》。

还需要凭以上证书换领的《建设工程竣工验收备案表》。

（2）供电、给排水、环境、道路、电话、有线电视、燃气、消防、智能化、中央空调、主题公园等设备和设施能正常使用。

2. 接管验收最低要求

在项目所确定的入伙日期前一周必须达到以下要求。

（1）室内外照明、给排水、道路、门禁对讲、电梯、室内消火栓、地下车库施工完毕，可正常使用。

（2）向物业公司提供设备运行所必需的图纸及设备说明书，如强弱电系统图、给排水系统图、燃气系统图、中央空调系统图、室外管网图及设备说明书等。

（3）业主（用户）室内可进行精装修，可向物业公司移交钥匙。

四、接管验收工作的前期工作

1. 接管验收时间的确定

物业接管验收一般是由房地产投资有限公司工程部牵头组织，接管验收的时间一般在政府相关部门完成验收后一周左右。工程项目通过验收后，房地产开发商就会向物业公司发出《接管验收通知单》，物业公司现场人员须及时与开发商沟通，以确定最终接管验收时间。物业管理公司接到开发商接管验收通知后，按“接管验收条件”对拟将接管的项目进行核对，如已具备条件应在一周内签发验收复函并约定验收时间。开发商接到物业公司的验收复函后通知施工单位配合验收，同时还要对接管验收需要移交的相关资料进行整理。

2. 组建接管验收小组

1）接管小组人员的配备

物业公司总经理负责组建物业接管验收小组，接管验收小组由下列人员构成：组长为物业公司总经理、副组长为管理处经理，组员为工程维修部主管、护卫服务部主管、客户服务主任、物业管理员、水电工。

接管验收小组，按业主自用部位和公共部位、设施设备分别组织验收。对业主自用部位的验收按项目的规模设置验收组，每组配备 3 ～ 4 人：验收土建 1 人，验收给排水 1 人，验收电气 1 人，另外 1 人负责验收所有的钥匙。对业主自用部位验收完后，再组织对公共部位、设施设备的验收，根据不同的验收对象组织公司内相关专家及维修工作人员按系统进行验收。例如，一般毛坯房每组每天能验收 60 套房左右，精装修房每组每天能验收 40 套房左右。

2）接管小组的工作职责

接管验收小组组长负责接管验收的工作质量。接管验收小组具体负责依据标准程序进行物业的接管验收工作。接管验收开始之前，接管验收小组应做好以下准备工作：与开发商联系好交接事项、交接日期、进度、验收标准等；派出先头技术人员前往工地现场摸底，制订好接管验收计划；提前参与发展商申请的竣工验收和机电设备最终安装、调试工作，做到心里有数；公司行政人事部抽调档案管理文员负责接管物业的产权、工程、设备资料的验收移交工作；服务处抽调业务骨干负责业主资料的验收移交及协助楼宇的验收移交工作；工程处抽调业务骨干具体负责房屋本体、公共设施和机电设备的验收移交工作。

3）接管小组接管验收前的学习、培训

组织验收组人员进行相关培训，培训内容有：

（1）学习规范、研读施工图纸；

（2）对配合验收的非专业人员进行强化培训（如保安）；

（3）熟悉工程情况、设备概况；

（4）组织接管验收演练培训时间不得低于 10 课时，还要进行现场实习。

3. 购置、准备接管验收工具

根据项目的规模及验收时分组情况，准备下列物品及工具（数量自定）：捣棍（小锤）、卷尺、靠尺、电笔、万用表、绝缘摇表、接地电阻测试仪、红外测温仪、电子测漏仪、网络测试仪，梯子、PVC 吹烟管、电吹风、塑料水桶、写字夹板、塑料扎带、不干胶贴、签字笔（圆珠笔）等。另准备木板若干块，将房号在木板上标注清楚，并钉上钉子，用于挂放各房间的入户门钥匙。

4. 准备验收规范、标准及施工图

1）开发商接管验收时须向物业验收小组移交的资料

（1）物业产权资料：① 项目开发批准报告；② 规划许可证；③ 投资许可证；④ 土地使用合同；⑤ 建筑开工许可证；⑥ 用地红线图。

（2）综合竣工验收资料：① 竣工图（包括总平面布置图、建筑、结构、水、暖、电、气、设备、附属工程的专业竣工图及地下管线布置竣工图）；② 建设工程竣工验收证书；③ 建设消防验收合格证；④ 公共配套设施综合验收合格书；⑤ 供水合同；⑥ 供电协议书、许可证；⑦ 供气协议书、许可证；⑧ 光纤合格证；⑨ 通信设施合格证；⑩ 电梯准用证。

（3）施工设计资料：① 地质报告书；② 全套设计图纸；③ 图纸会审记录；④ 设计变更通知单；⑤ 工程预决算报告书；⑥ 重要的施工会议纪要；⑦ 隐蔽工程验收记录；⑧ 沉降观测记录；⑨ 其他可能会影响将来管理的原始记录。

（4）机电设备资料：① 机电设备出厂合格证；② 机电设备使用说明书（要求中文）；③ 机电设备安装、调试报告；④ 设备保修卡、保修协议。

为了保证移交的完整性，一般房地产公司要准备《楼宇接管资料移交清单》表格，如表 4－7 所示。

（5）业主资料：① 已购房业主姓名、位置、面积、联系电话等；② 购房业主的付款情况或付款方式。

表 4－7 楼宇接管资料移交清单

移交人：________　　　　日期：____________

序号	移交资料名称	单　位	数　量	备　注

2）物业公司准备验收表格、接管标准

准备《接管验收相关记录》中有关的验收表格、接管标准，如《房屋主体接管验收表》；《公共配套设施接管验收表》；《机电设备接管验收表》；《接管验收问题整改表》。

向开发商借阅相关工程资料，熟悉并了解项目基本情况。准备《引用法规、标准》中相关的规范、标准，如《建设工程质量管理条例》国务院令第［2000］279 号、《物业管理条例》国务院令第［2003］379 号、《住宅室内装饰装修管理办法》、《建筑安装工程质量检验评定标准》GBJ 300 ～305—88、《房屋接管验收标准》（ZBP 30001—90）《建筑物防雷设计规范》(GB 50057—94)、《电气装置安装工程施工及验收规范》(GBJ 147—90、GBJ 148—90、GB 50168—92、GB 50169—92、GB 50170—92、GB 50171—92、GB 50182—93、GB 50254—96、GB 50258—96、GB 50259—96)、《火灾自动报警系统施工及验收规范》GB 50166—92、《自动喷水灭火系统设计规范》GB 50084—2001、《自动喷水灭火系统洒水喷头的性能要求和试验方法》GB 5135—85、《自动喷水灭火系统湿式报警阀的性能要求和试验方法》GB 797—89、《室内消火栓》GB 3445—93、《消火栓箱》GB 14561—93、《防火门用闭门器试验方法》GA 93—1995、《通风空调工程施工质量验收规范》GB 50243—2002、《民用建筑电气设计规范》JGJ/T16—92、《民用闭路监视电视系统工程技术规范》GB 50198—94《体育场所开放条件与技术要求》GB 19079.1—2003。

物业公司接管验收标准见表4-8至表4-27。物业现场人员应积极熟悉图纸及现场情况，配合开发商发现问题，对影响物业接管验收的工作，物业公司应及时向开发商发函反映，制定解决方案。

物业的接管验收工作如图4-1所示。

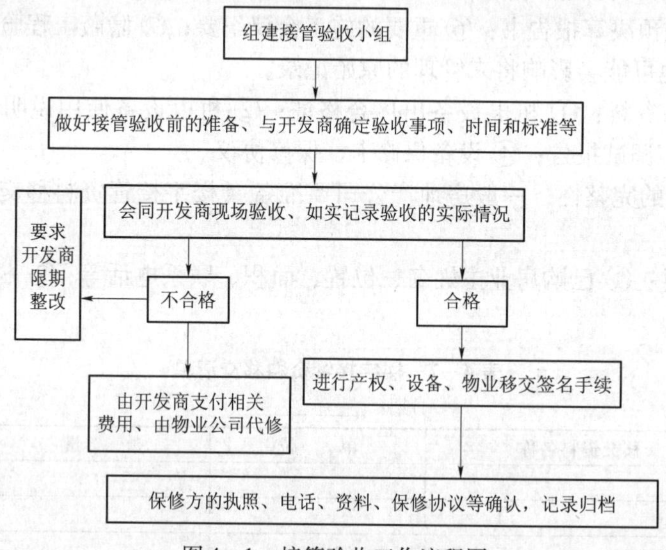

图4-1 接管验收工作流程图

五、接管验收的工作方法

接管验收重点是对物业的使用功能及安全进行检验，其验收方法与竣工验收不完全相同。接管验收要清点设备、设施、装置等数量，故要全检，而不像竣工验收按10%的点抽检。接管验收多对影响使用功能、安全的事项进行检查，不需要向竣工验收那样按验评标准对所有项进行检查。接管验收采用的检验方法主要有：看、嗅、听、摸、敲、量、试验(试机)、对照图纸清点等。

1. 对自用部位及设施的验收方法

物业公司对室内部分进行接管验收，按建设部 ZBP 30001—90 标准要求，分别对每单元每层每户（每个铺位）逐个房间按设计要求清点物件及进行外观检查，主要是对楼宇质量与使用功能的检验。① 确定物件数量是否符合；② 外观上有无人为损坏；③ 房屋建筑或屋内物件有无明显不符标准要求。

将检查结果记录在对应表格中，整理后将两联返回开发商，由开发商将其中一联交施工方进行整改，物业公司负责对整改后项目进行验收。根据检查结果，物业公司对检查合格的房屋接管钥匙，对仍存在缺陷的房间等整改好后再接管钥匙。物业公司对接管了钥匙的房屋承担保管责任。对于旧楼宇，在双方对如何解决缺陷问题达成协议后，物业公司接管钥匙。物业公司对接管了钥匙的房屋承担保管责任。

2. 对共用部位、共（公）用设施设备、公共场所（地）的验收方法

验收时须有开发商、施工单位和物业公司三方共同参加，逐项进行验收，填写相应记录单，每份验收记录单上均须有三方人员的签名，验收记录单一式三份，三方各执一份。对验收合格的项目，列出清单，进行交接，交接双方在清单上签字；对不合格的项目，注明存在的问题，提交开发商和施工单位，限期整改，整改项目须经复验，合格后方可接收。

3. 物业进行接管验收的程序

1）初验

物业公司先组织人员进行初验，将初验过程中发现的问题及时以函的形式提交给开发商，以便开发商组织人员进行整改，为正式验收打好基础。初验可以多次组织进行（对于已入伙的项目，由物业公司组织做前期项目考察，接管时不作初验）。

2）正式接管验收

根据物业产权性质及使用特点，将接管验收分为对房屋本体自用部位及设施的验收、对房屋本体共用部位及设施的验收、对建筑物共（公）用设施设备和公共场所（地）的验收三部分。房屋本体自用部位及设施的验收应先进行，以便于业主能及时进入进行装修。房屋本体共用部位、共（公）用设施设备、公共场所（地）的验收可综合在一起组织人员进行验收，由于该部分不影响业主进场装修，可以相对晚些开始；此部分验收技术含量较高，应组织专家实施。

3）复验

对于开发商、物业公司、施工单位三方在接管验收过程中发现的缺陷，开发商组织相关人员进行整改，并与物业公司商定复验时间。

待开发商将缺陷整改完后，物业公司对原缺陷情况进行复验，如原缺陷情况已整改完毕（或双方认可解决方法），物业管理公司在7日内签署验收合格、同意接管凭证。双方签署交接记录：① QR－007JG《房屋及公用设施交接单》；② QR－008JG《房屋附属设施设备交接单》。

六、钥匙及相关设备的接管与管理

在接管验收时除了房屋、资料、设备等需要接管验收外，还有钥匙、门卡、猫眼和可视对讲等设备也要进行接管验收与保管。接管验收后对于房屋无明显不符合验收标准要求的，由物业公司接收钥匙和相关的设备。物业公司对接管钥匙和设备要承担保管责任，应避免人为损坏；对仍存在缺陷的房屋等到整改验收合格后再接收管理钥匙。钥匙分为：业主（住户）钥匙、公共门窗钥匙和设备房钥匙。门卡是业主进入小区和单元门的工具，每户厂家一般免费配制 4 个，业主入住后可以凭身份证和房产证到物业公司缴纳一定的工本费后申请增办。为了避免猫眼和可视对讲丢失，一般物业在业主户内精装修结束后交业主安装使用。钥匙和门卡对于一个物业项目来讲最少要有几千组，从厂家到业主要经过几次交接，建设方和物业之间的交接，物业和业主之间的交接。如何保证钥匙在移交过程中无丢失无错误，这是物业公司在项目接管验收和接管后要重点完成的工作。

1. 标识

将钥匙、门卡猫眼和可视对讲等数量清点无误后进行分类，先将钥匙按每套房、公共门窗按楼层、设备房按设备分门别类，然后用钥匙扣或细绳分别挂在一起。将分类的钥匙贴上标签，在标签纸上写明楼号、房号或设备房名称。业主（住户）的钥匙一般分为防盗铁门钥匙、室内门钥匙、电子对讲门钥匙和信箱钥匙四类，门卡、猫眼和可视对讲按业主门牌号进行标识，均应贴标签标识。

2. 业主（住户）钥匙和设备的挂放

物业公司项目部一般采用 5cm 以上夹板制作钥匙挂放牌，在夹板上划出若干相等的方格，在方格内标明楼层和房号，栋号用醒目的颜色（红色）笔直接标在每层层首，并将层与层之间也用不同于划方格的颜色笔划分开，每方格代表一户，在每方格内钉一铁钉，将该户的钥匙挂在此方格内，挂放顺序按楼层房号要求一目了然。门卡、猫眼和可视对讲统一放入纸盒，一般一户一个纸盒，并在纸盒上标识清楚。同一单元或楼栋的要集中放置，便于移交业主时查找，提高交房速度。

3. 制作公共门窗、设施设备房钥匙牌

采用断面为三角形的铝合金型材，将同类钥匙挂在同一铝牌上，制作钥匙挂入箱，将公共门窗设备房钥匙分类挂放，在钥匙箱上相应贴标识。

管理处接管钥匙后，安排人员专职管理钥匙，无工作需要任何人不得以私人名义借出，借出时须严格办理登记手续。

七、物管公司应注意的交接事项

物管公司对开发商所移交的物业一定要把好验收关，否则因为把关不严而造成的后遗症和改造、增设工程会给物业公司带来沉重的包袱。一般来说物业公司接管验收时要注重以下几个关键事项。

（1）对在前期介入阶段提出的完善项目和整改意见进行复核，对尚未完善的事项，要求开发商提出补救和解决措施并备案（包括物管用房，专项基金，开办费用，对外承诺的小区配套设施等敏感问题）。

（2）开发商应对小区所有土建工程、装饰工程、市政工程、设备安装工程和绿化工程等主体及配套工程的施工（承包）单位名称、工程项目、工程负责人联系电话、保修期限等内容列出清单交给物业公司。

（3）将开发商施工未用完的小区建材（包括各种瓷片、玻璃窗及配件等）留下来备用，可为以后维修减少费用。

（4）凡小区采用非市面上常见的建材、设备和设施的，应让开发商或施工单位提供供货和维修保养单位的地址、电话和联系人。

（5）验收时注意和物管密切相关的设施和管线有无按要求做好：包括岗亭、道闸、围栏防攀防钻设施、清洁绿化取水用的水管接口、倒水池、垃圾收集房（含清洁工具房）、小区标识系统、自行车棚、摩托车棚、汽车泊位是否足够，设施做好与否，小区摆摊、搞社区活动、室外加工用电的预留电源插座、空调滴水、排水系统（含商铺）等。

（6）小区公共设备、设施、辅助场所（幼儿园等）、停车位、会所等产权须界定并出具相关证明（避免以后引起业主投诉、争议）。

对于新楼宇的接管，在签署验收合格、同意接管凭证时，应向开发商说明：经物业公司验收同意接管的楼宇，不等于楼宇质量完全符合国家及设计标准的要求，开发商也不能推卸应承担的整改质量缺陷的责任，而且房屋质量也存在一定的保修期限。因此建议开发商在保修期结束时，在取得物业公司认可后，才向施工单位支付保修金。

八、对房屋质量问题的整改

对接管验收中发现的质量问题，由验收小组填写各类遗留问题统计表，约定期限，由移交人负责整改，并商定复核时间。

1. 质量问题的整改

1）一般缺陷的返修

对接管验收或使用过程中发现的非结构性的质量问题，物业公司应在两天内将检查记录整理好后提交给开发商（一式两份，一份给开发商，一份由开发商交给施工单位），并出具书面的整改函，建议开发商责成施工单位进行整改；物业公司应留底一份，以便督促整改进展情况，并在双方商定的时间内另行复验，直至合格为止。也可经双方协商，由开发商委托物业公司代为返修，所需费用由开发商支付。

2）房屋结构的加固补强

在接管验收中，如发现影响房屋结构安全或设备、设施使用安全的质量问题时，验收不能通过。由开发商对房屋进行加固补强或采取其他有效措施进行处理，处理完毕，达到合格要求、确保住用安全的，再商定时间予以验收，并向开发商索取加固补强的措施和复验结果的记录并存档备查。

3）对不具备使用功能问题的处理

接管验收时，对于因房屋的配套设施脱节和附属工程未完工或由于水、电、气等外部管线未接通，致使用户不能进住的，应由开发商负责抓紧解决，等符合接管验收条件后，再组织验收。

2. 房屋保修及维修规定

1）新建房屋在保修期内

新建房屋保修期的计算应以法规、开发商与建筑安装单位及设备供货单位的合同保修期限为准，保修期一般自每栋房屋竣工验收之日起计。在规定的保修期内，由施工单位负责房屋的质量保修。工程竣工日若距物业接管日过长，导致接管验收时保修期已满，竣工验收与接管验收的时间差由开发商负责质量保修，保修期顺延。所以，物业公司在与开发商签署交接单时，应明确填写保修期终止时间。

2000 年 1 月 30 日国务院 279 号令发布的《建设工程质量管理条例》（详见附录 D）规定建设工程的最低保修期限为：

① 基础设施工程、房屋建筑的地基基础工程和主体结构工程，为设计文件规定的该工程的合理使用年限；

② 屋面防水工程、有防水要求的卫生间、房间和外墙的防渗漏，为 5 年；

③ 供热与供冷系统，为 2 个采暖期、供冷期；

④ 电气管线、给排水管道、设备安装，为 2 年；

⑤ 其他项目的保修期限由开发商与施工单位约定。

2）保修期满后

物业公司承担房屋建筑共同部位、共用设施设备、物业规划红线内的市政公用设施和附属建筑及附属配套服务设施的修缮责任。业主承担物业内自用部位和自用设备的修缮责任。

3）其他情况

凡属使用不当或人为造成房屋损坏的，由行为人负责修复或给予赔偿。

4）保修期内管理办法

① 设备接管时，物业公司、开发商、保修单位三方应就设备保修期（特别是电梯）保修的内容、范围、期限，物业公司维护的内容、范围及保修款支付做出界定，达成共识，形成书面协议。

② 保修期内保修单位提供的服务单一，一般只做修理，不做保养，难以达到物业管理行业标准。保修工作之外的保养内容需物业公司自己或委托专业公司做，书面协议有助于解决物业公司或专业公司与保修单位的矛盾、纠纷。

③ 设备保修期内，物业公司自行进行的机电设备的保养工作应以清洁、防腐、润滑、调整、紧固为主，不宜触及核心软、硬件部分。机电设备、电梯故障维修，物业公司应督促保修单位解决。

④ 保修期结束，保修单位结算保修金时，物业公司须在结算申请书上如实填写使用方意见；保修单位不履行保修义务的，物业公司有权拒绝签字。

房屋接管验收相关表格汇总

验收标准:《建筑安装工程质量检验评定标准及查验表》

1. 屋面检验要点

表4－8

分项工程		检　验　要　点	备　　注
屋面	保证项	防水层无渗漏，通过观察，必要时进行测试	
		广告牌、沿口等固定牢固	
		屋面金属物体均做可靠防雷接地	
	基本项	无非法占用、改建及搭建	
		女儿墙完整无污染	
		隔热层完好，面层砖无破损	
		屋面管网及避雷带无损坏或锈蚀	
		天面无积水、杂物	
		排水沟、排水口完好畅通	

2. 楼层和通道检验要点

表4－9

分项工程		检　验　要　点	备　　注
楼层及通道	保证项	防火门完好开闭灵活	
		消火栓内物品齐全，按钮等功能正常	
		消防通道通畅	
		灭火器的数量、位置、压力正确	
		应急照明、诱导灯正常	
	基本项	楼层号、房号、疏散标志、导向标示清楚	
		公共部位无加建、改建	
		天棚完好	
		墙面无碰坏、无污迹、无脱落	
		地面完好无破损，梯踏步无缺棱、掉角	
		公共照明完好	
		消火栓外封条、门锁完好	

3. 地下室检验要点

表 4－10

分项工程		检验要点	备注
地下室	基本项	地面、墙面及顶棚无渗漏	
		顶棚、墙面无损坏及污迹	
		照明系统完好	
		水池周围整洁无污染隐患	
		管线表面整洁、无锈迹、有明显标志	
		主要入口处有平面示意图，导向标识清楚	
		车场地面画线清晰，无大面积起砂现象	

4. 外墙面检验要点

表 4－11

分项工程		检验要点	备注
外墙面	保证项	墙面完好，无污迹	
		门窗及玻璃完好	
		外墙面砖无空鼓	
		外墙、窗口无渗漏	
		空调安装位置统一，冷凝水集中排放，支架无锈蚀	
		招牌类、霓虹灯安装合理美观，无安全隐患或破损	

5. 供配电系统检验要点及查验表

验收标准：《建筑安装工程质量检验评定标准》GBJ 303—88；《电气装置安装工程施工及验收规范》GBJ 147—90、GBJ 148—90、GB 50168—92、GB 50169—92、GB 50170—92、GB 50171—92、GB 50182—93、GB 50254—96、GB 50258—96、GB 50259—96；《建筑物防雷设计规范》GB 50057—94

表 4－12

分项工程		检验要点	备注
供配电系统	保证项	安全防护装置完善，无安全隐患，无虫害、鼠害	
		油变压器安装地点是否符合规范要求，工作接地是否良好，温度、噪声是否正常	
		干式变压器通风、工作接地是否良好，温度、噪声是否正常	
		双回路电源切换，电气、机械互锁正确	
		无故障停电记录	

续表

分项工程		检 验 要 点	备 注
供配电系统	基本项	设备接地牢固	
		电缆沟内干燥、无积水、无杂物	
		操作工具齐全，有绝缘胶垫、绝缘鞋、绝缘手套等	
		各种控制柜、电源柜功能正常，无异味，无异常噪音	
		各种仪表指示正确	
		断路器电流值整定正确	
		母线、端子无过热、松动现象	
		电气井接地规范，电缆敷设规范	
		设备、机房清洁，油漆完好	
		应急灯正常，机房温度正常	

6. 给排水系统检验要点

验收标准：《建筑安装工程质量检验评定标准》GBJ 302—88

表 4－13

分项工程		检 验 要 点	备 注
给排水系统	保证项	水泵电机温度正常	
		各层水压正常	
		按规定对供水设施设备进行清洗、消毒，水质符合卫生要求	
		潜水泵工作正常，排水通畅	
	基本项	压力表工作	
		水泵运行正常，阀门开关灵活，泵体和阀件无滴水现象	
		水泵运行无异常噪声，润滑良好	
		水池水位有标尺，显示正确，进水浮球阀工作正常	
		设备、机房清洁，油漆完好，应急灯正常，机房温度正常	
		蓄水池入孔封闭良好并上锁，通气孔有纱网封隔	
		污水池池盖完好，排水沟通畅	
		排水系统畅通，抽查 6 ～ 8 个井	
		化粪池进、排水正常，封口严密，无太大异味	
		雨水井、污水池、下水道内无大量沉积物	

7. 消防系统检验要点

验收标准：《火灾自动报警系统施工及验收规范》GB 50166—92，《自动喷水灭火系统设计规范》GB 50084—2001，《自动喷水灭火系统洒水喷头的性能要求和试验方法》GB 5135—85，《自动喷水灭火系统湿式报警阀的性能要求和试验方法》GB 797—89，《室内消火栓》GB 3445—93，《消火栓箱》GB 14561—93，《防火门用闭门器试验方法》GA93－1995

表4－14

分项工程		检验要点	备注
消防系统	保证项	自动喷淋系统放水试验喷淋泵启动，水压正常	
		消火栓系统中有水、总阀打开、系统处在自动状态	
		消火栓箱按钮、消防中心均能启动消防泵	
		水泵结合器未被圈占、堵塞	
		探头报警率不小于95%，报警位置与控制器显示位置相同	
		警铃工作正常	
		防排烟、正压送风系统与报警系统联动正常	
		消防中心可启动风机，风机风量正常	
		气体自动灭火装置气压正常，处于自动状态，消防中心有放气反馈信号	
		消防广播正常	
		备用电源切换正常	
	基本项	消防中心、机房清洁温度正常	
		设备清洁，油漆完好	
		电控箱、电瓶等工作电压正常	
		风阀、防火阀完好，状态正确（抽取10个点）	
		风机运行噪声、震动正常，润滑到位	
		消防对讲通话清晰	
		消火栓、喷淋头无漏水现象	
		烟感、温感、警铃、扬声器固定牢固	
		管理机软件有备份，系统误报率低	
		出口指示灯荧光显示板正常	
		出口指示灯指示发光管正常	
		灭火器压力在正常范围	
		防火卷帘门就地手动正常	
		防火卷帘门与探测器联动正常	
		防火卷帘门在消防中心手动正常	

8. 中央空调系统检验要点

验收标准:《通风空调工程施工质量验收规范》

表 4－15

分项工程		检验要点	备注
中央空调系统	制冷机部分	主体外观无损伤、无锈蚀，安装必须水平，机脚架有防震垫，地脚螺栓无松动	
		机器密封性能好、不漏油、不漏气	
		油箱油位在视油镜孔中心线上，油质正常（机器运行时无气泡）	
		冷媒液加入量准确	
		制冷机微电脑控制中心运行正常，各传感器、控制器数据控制准确可靠	
		制冷机电机一般采用闭式星/三角转换的方式降压启动，启动切换时间应正确，启动电流、线路电压降正常	
		主机运转时噪声、振动在标准范围内	
	水泵部分	冷冻水泵、冷却水泵外观无损伤，油杯、油箱、油质良好，油量充足	
		水泵运转时噪声、振动无异常，轴封、水阀不漏水	
		水泵电机运转电流，温升正常	
		冷冻水、冷却水流量正确，水质良好，水压符合设计要求	
	冷却水、凉水塔部分	冷却水管道表面防锈处理良好，试压不漏水	
		各种阀门开、关灵活，不漏水	
		凉水塔组装质量良好，清洁无异物	
		检查水塔扇叶，电机及控制电路运行正常	
		塔体安装应保持水平，壳体连接螺栓无松动	
	空调终端设备部分	新风空调机运转正确，无异常噪声	
		空调风机盘管安装良好，冷凝水滴水盘回水正常	
		空调送风管道保温层制作良好，风口安装准确	
		冷冻水管道系统保温层制作良好，所有焊接处及阀门试压不渗水、不漏水	

9. 闭路监视系统检验要点

验收标准:《民用建筑电气设计规范》JGJ/T 16—92,《民用闭路监视电视系统工程技术规范》GB 50198—94

表 4-16

分项工程		检验要点	备注
CCTV	基本项	监视器图像清晰	
		摄像机布点合理，云台控制灵活，无监视死角	
		控制矩阵、图像分割器工作正常	
		设备接地良好，抗干扰强	
		录像工作正常，录像效果清晰	

10. 周边防范系统检验要点

验收标准：请施工方提供

表 4-17

分项工程		检验要点	备注
防范系统	基本项	周边防范系统报警正确，误报率低	
		红外对射布点合理，无监视死角	
		树木对红外对射影响小	
		设备接地良好，抗干扰强	
		与摄像头联动正常	

11. 公共天线系统检验要点

验收标准：《民用建筑电气设计规范》JGJ/T 16—92

表 4-18

分项工程		检验要点	备注
CATC	基本项	图像、伴音质量好	
		天线防雷措施完整，安装接闪器、避雷器	
		设备接地良好，抗干扰强	
		频道放大器功能正常	
		频率变换器功能正常	
		调制器功能正常	
		混合器功能正常	
		声源信号源功能正常	

12. 局域网、综合布线检验要点

验收标准：请施工方提供；参考《民用建筑电气设计规范》JGJ/T 16—92

表 4－19

分项工程		检验要点	备注
综合布线	基本项	设备接地良好，抗干扰强	
		交换机、HUB、服务器工作正常，安装规范	
		布线规范	
		Internet 接入（带宽、传输率）正常	
		终端数据接口（RJ45）正常	

13. 背景音乐系统检验要点

验收标准：请施工方提供，参考《民用建筑电气设计规范》JGJ/T 16—92

表 4－20

分项工程		检验要点	备注
背景音乐设备	基本项	声压符合设计、音质较好	
		矩阵控制器工作正常	
		功放工作正常	
		音箱安装牢固、防雨	
		线路敷设规范	

14. 门禁对讲系统检验要点

验收标准：请施工方提供

表 4－21

分项工程		检验要点	备注
门禁对讲	基本项	可视对讲图像、声音清晰，电锁开启、关闭正常	
		接地规范	
		解码器、电源安装规范	
		布线规范	
		室内机安装规范	

15. 车场管理系统检验要点

验收标准：请施工方提供

表 4-22

分项工程		检验要点	备注
车场管理系统	保证项	道闸开启灵活，无砸车隐患	
	基本项	读卡器感应灵敏，出临时卡正常	
		交通装置、标志完好，画线清晰	
		设备表面清洁无锈蚀	
		系统收费、控制软件正常	

16. 电梯检验要点

验收标准：《建筑安装工程质量检验评定标准》

表 4-23

分项工程		检验要点	备注
电梯	保证项	电梯准运证、年审合格证、限速器调试合格证	
		无无故障停机、关人现象	
		报警装置工作正常	
		轿厢应急灯正常	
		应急时可迫降至首层	
		消防电梯消防操作功能正常	
	基本项	操纵箱各种开关功能正常	
		厢内楼层指示信号齐全、清晰，监控装置运作正常	
		厢内与消防中心和机房的对讲正常	
		安全触板或光电应正确、照明有效	
		轿门与轿壁应无碰撞、无摩擦	
		轿厢内无杂乱广告	
		机房门应安全、可靠，应有“机房重地闲人免进”标志	
		机房墙壁完整，无孔洞	
		机房应有通风及防雨设施，平层标志齐全	
		有照明、电插座、灭火器、对讲等	
		有电梯松闸扳手和盘车手轮，井道照明灯完好	
		曳引机应完好，保洁、滴油应符合国家标准	
		控制柜在电梯运行时应无较大的噪声	
		各功能开关正常，油杯有油	
		轿顶绳头组合完整，无锈蚀，有防锈漆	

续表

分项工程		检验要点	备注
电梯	基本项	各层门门锁齐全，安装正确，无锈蚀	
		各层门门头脚盖板滑块齐全	
		层门与门框无摩擦，无碰撞	
		导轨支架无松动，压板牢固	
		井道壁与轿厢地坎间的水平距离不得超标	
		层站指示信号按钮清晰、齐全	
		底坑照明、急停开关有效	
		补偿链、缓冲器应安全、可靠	
		大小轨道有接油装置	

17. 公共设施、设备

（1）公共设施

验收标准：《建筑安装工程质量检验评定标准与查验表》

表 4－24

分项工程		检验要点	备注
公共设施	保证项	室外排水通畅，井盖完好、无缺损	
		游乐设施设备完整，无安全隐患，有安全指引	
		平面图、路标、提示标志等各种标志齐全	
	基本项	辖区道路完好无损	
		通透式围栏完好、无锈迹	
		路灯完好	
		停车场地、垃圾中转站、工具房等公共场所（地）完好	
		建筑小品、雕塑等完好无损	

（2）游泳池

验收标准：《体育场所开放条件与技术要求》GB 19079. 1—2003

表 4－25

分项工程		检验要点	备注
游泳池	基本项	游泳池周围形成完整的围合，防护设施完好	
		有水循环过滤系统和消毒、吸底设备，且工作正常	
		照明设备（包括应急照明灯）正常	
		有分设的男、女更衣室，并配有存放衣物的设施（更衣柜）	

续表

分项工程		检验要点	备注
游泳池	基本项	有分设的男、女淋浴室	
		有分设的男、女厕所	
		更衣室、淋浴室、厕所内的设施正常（含门锁、灯光、喷淋设施等）	
		有强制通过式浸脚消毒池	
		更衣室与游泳池中间设有强制通过式喷淋设备男、女各一套	
		更衣室、厕所有通风设施，且通风设施完好	
		配有必备的救生高架（观察台）（按每250 m^2 配备1个）	
		池面有明显的水深度、深浅水区警示标志，或标志明显的深、浅水隔离带	
		有广播设施、有专用直拨电话	
		有各类公共标识和警示标牌	
		泳池各进、排水口防护罩是否完好无损	
		池内上下扶手是否按规定配备，安装是否符合规范	
		池面、池底、池壁、池沿无残损，无锐角，无安全隐患	

（3）园林绿化检验要点

验收标准：《建筑安装工程质量检验评定标准》GBJ 306—88

表4-26

分项工程		检验要点	备注
园林绿化	基本项	绿地、植物数量、品种符合设计	
		土质符合植物生长，厚度正确	
		绿化内无砖块等建筑垃圾	
		无死苗、无虫害	

18. 房屋承接查验遗留问题统计表

表4-27

栋号房号	遗留问题简述	备注

统计人：________　　　　　　　　　　　　　　　　日期：________

任务四　业主接管验收

业主接管验收是指业主（用户）入伙接收物业时，物业公司工作人员陪同并协助业主对房屋质量及设施进行全面细致的质量检查，对发现的缺陷进行登记的工作过程，此过程仅限于新楼宇。目前业主为了保证自己所购买房屋的质量，往往在收房时会聘请专业的验房师陪同其一起收房，验房师会从专业角度检验房屋的质量，对所发现的质量问题由物业公司整理后报告开发商，由开发商通知施工方并限期令施工方逐项返修，经物业公司或业主（住户）验收后消项。随着验房师的加入，业主收房时对于房屋质量的检查将越来越细致、要求也将越来越高。

在房屋保修期内的使用过程中业主（住户）或管理人员如发现由于建筑施工或产品制造上有缺陷，须报告开发商。开发商查验核实后，责令施工队更换或返修。

一、业主（用户）入伙时房屋验收的工作程序

业主在收房时带齐身份证件、相关资料、费用及验房工具等，按照与开发商约定的时间前去收房，主要有以下几个步骤。

（1）开发商和物业核验业主材料，双方确认收房流程。

（2）业主领取《竣工验收备案表》、《住宅质量保证书》、《住宅使用说明书》（此三项必须为原件）以及《房屋土地测绘技术报告书》，并由开发商加以说明。

（3）业主对新房做综合验收，即最重要的验房环节（以下会详细说明）。

（4）业主就验收中存在的问题提出质询、改进意见或解决方案。双方协商并达成书面协议，根据协议内容解决交房中存在的问题。无法在15日内解决的，双方应当就解决方案及期限达成书面协议。

（5）开发商出具《实测面积测绘报告》，首先要确认售楼合同附图与现实是否一致，结构是否和原设计图相同，房屋面积是否经过房地产部门实际测量，与合同签订面积是否有差异。查看售房合同，看误差为多少，双方确认面积误差后结算剩余房款、各项费用及延期交房违约金等。

（6）业主和物业、验房师（如聘请）到现场进行验房，并携带《房屋质量登记表》。

（7）如验房合格后，业主领取新房钥匙，签署《住宅钥匙收到书》。

（8）与物业公司签署物业协议，向物业公司交纳物业费并索要发票或盖章确认的收据。但根据建委的最新规定，开发商不得以先交物业费等费用为收房条件。可以验收好后交付费用。

（9）办理产权证有关的事项。若业主委托开发商办理产权证，则可由开发商代收契税和房屋产权登记费。代办费金额双方协商。业主也有权拒绝代办。

（10）业主签署《入住交接单》，收房完成。

二、验房常用工具

专业验房需要配备垂直检测尺、内外直角检测尺、垂直校正器、游标卡尺、对角检测

尺、反光镜和伸缩杆等。还要带上5米盒尺、25～33厘米直角尺、50～60厘米丁字尺、1米直尺等量具，以及各种电钳工具，如带两头和三头插头的插座（带指示灯的插座）、各种插头（电话、电视、宽带插头）、万用表、摇表、多用螺丝刀（“-”字和“+”字）、5号电池2节、测电笔、手锤、小锤、灯泡。

自己验房的业主很难带齐这些专用工具。只要准备一些常用的工具就可以完成基本的验房工作。它们主要是：① 盆，用于验收下水管道；② 小锤，用于验收房子墙体与地面是否空鼓；③ 塞尺，主要用于测裂缝的宽度，配合靠尺等检测偏差度；④ 5米卷尺，用于测量房子的净高；⑤ 万用表，用于测试各个强电插座及弱电类是否畅通；⑥ 5号电池两节，用于检查门铃；⑦ 镜子、小凳、手电，用于检查不易触及处和暗处；⑧ 小镜子1面，主要检查门顶部是否刷漆。图4-2至图4-7所示为专业验房师常用的一些验房工具；⑨ 其他，即计算器、纸笔、塑料袋、打火机、卫生纸、报纸、包装绳。

（a）普通响鼓锤

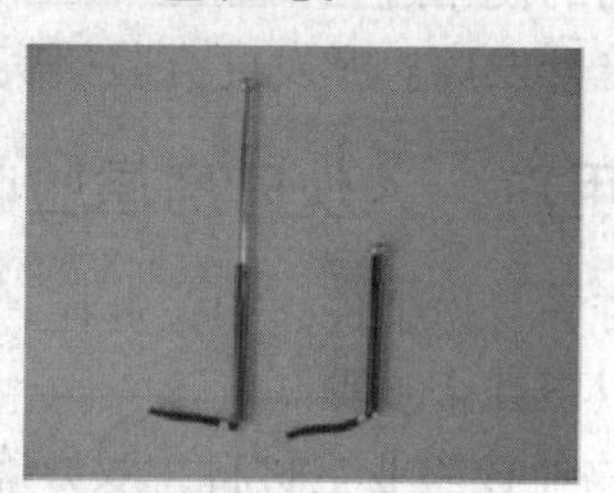

（b）伸缩响鼓检测锤

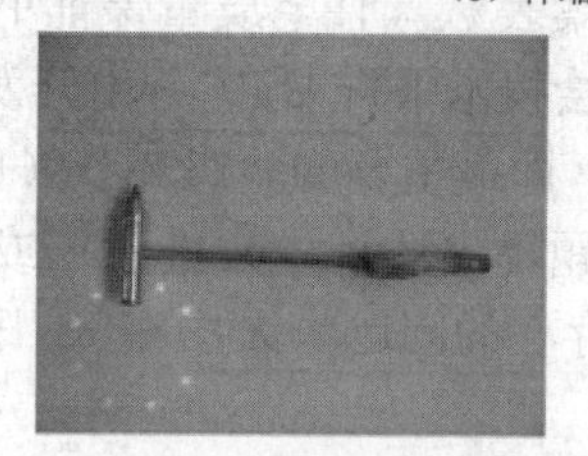

（c）专用响鼓锤（25g）

图4-2 用于检测墙体和地面是否有空鼓

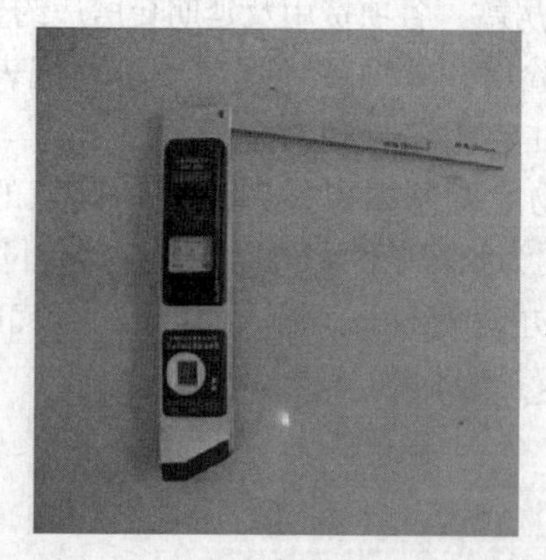

图4-3 用于检验阴阳角的直角度

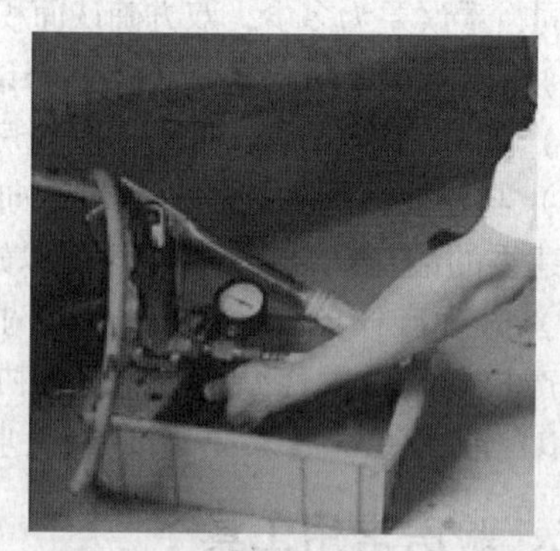

图4-4 一台水泵试压机用于测试水的压力是否符合国家标准

图 4－5　两米的靠尺用于检验墙的平整度和地面水平度

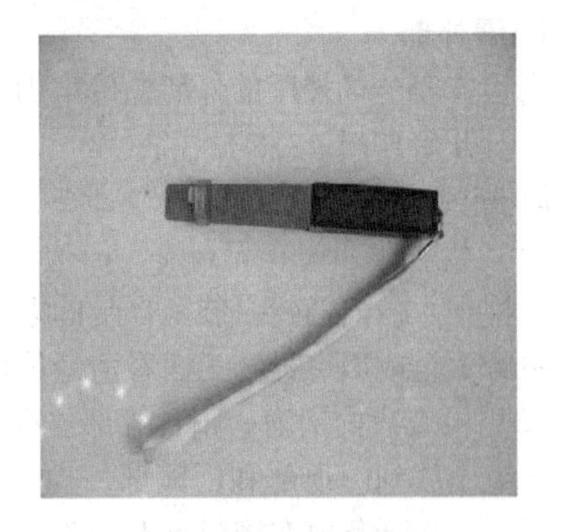

图 4－6　一把塞尺配合靠尺检测平整度的偏差数量

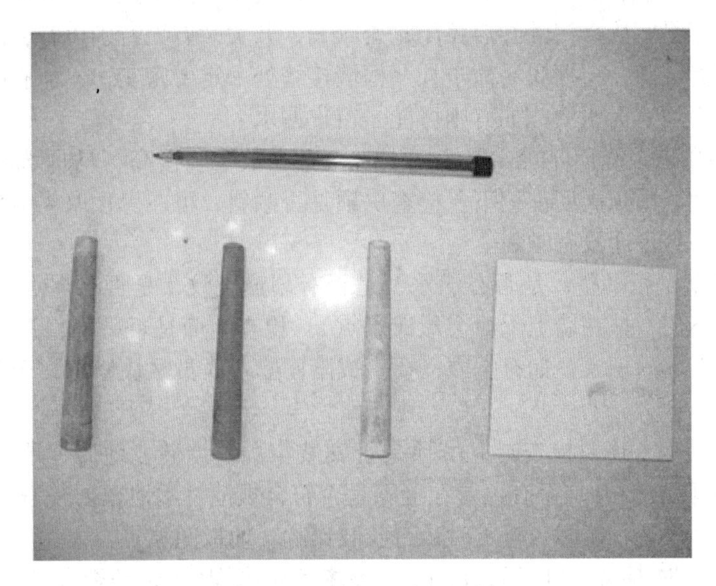

图 4－7　笔标出检查问题

三、业主接管验收顺序

目前，大部分商品住宅交付时根据装修标准分为毛坯房和精装修房。对于毛坯房，业主接管验收的程序主要分三大步骤：第一步“看外部”，即观察外立面、外墙瓷砖和涂料、单元门、楼道；第二步“查内部”，即检查入户门、内门、窗户、天棚、墙面、地面、墙砖、地砖、上下水、防水存水、强弱电、暖气、煤气、通风、排烟、排气；第三步“测相邻”，主要是就闭存水试验、水表空转等问题与楼上楼下的邻居配合查验。验精装房还要记得检查地板、橱柜、洁厕具及家电的质量。

1. 看外部

在检查完整栋楼座的外墙瓷砖牢固性、单元门是否完好、楼道楼梯安全性和公用设备完好性后，开启户门。

2. 查内部

（1）检查防盗门有无划痕，门边是否变形，门与框的密封是否严密，门和锁开关是否灵活。检查入户门门铃，装上自带的电池，检查是否正常工作。观察猫眼是否有松动、不清晰、视野不全或因有异物无法看清楚等现象。

（2）检查户内门窗、阳台等部位有无开裂现象（阳台裂缝危险最大），油漆是否刷全。注意用镜子放到门顶部和门底部，检查这些地方是否也刷过油漆。检查门窗的密封是否良好，可用一长纸条放在密封点上，关门压住纸条用力抽出，多点试验看密封条的压力是否均匀。推拉窗上的纱窗和窗扇，确认是否推动灵活，相互无碰撞。窗户外窗框上应有防堵帽，防止异物堵塞影响排水，导致下雨时窗户进水。双层玻璃里外都擦不干净时应提出拆换玻璃清洁，否则以后不易解决。门的开启关闭是否顺畅，开关时有无特别声音，门边与混凝土接口是否已做到没有缝隙。窗框属易撞击处，框墙接缝处一定要密实，不能有缝隙。窗户玻璃是否完好。窗台下面有无水渍，如有则可能是窗户漏水。

（3）检查层高是否符合合同。最好把水表、电表数字、楼高、马桶坑距、浴缸长度和宽度、冲淋房尺寸、吊顶高度都记下。检查房顶是否倾斜，可在房顶取 4 ～ 5 个点用盒尺进行测量，若数值一致说明没有倾斜。

（4）检查墙壁是否平整，是否有渗水，是否有划痕裂纹，是否有爆点（生石灰在发成熟石灰时因搅拌不匀，抹在墙上干后会形成爆点）。检查地面是否平整，是否有渗水和空壳开裂情况，是否有起砂现象。如有空鼓，要责成陪同物业人员尽快修复，否则在装修中会很容易打穿楼板。

（5）如是精装房，还要检查厨卫吊顶是否安装牢固。墙砖、地砖、地板是否平整，是否有空鼓（以小锤敲击），是否有色差，缝隙是否符合规范。木地板要检查木龙骨安装是否牢固，有无松动、爆裂、撞凹。行走时是否吱吱作响。地板间隙是否太大。柚木地板是否出现大片黑色水渍。地脚线接口是否妥当，有无松动。橱柜开启是否灵活顺畅，配件是否齐全。

① 顶上是否有裂缝。一般来说，与房间横梁平行的裂缝，虽有质量问题，但基本不妨碍使用；如果裂缝与墙角呈 45 度斜角，甚至与横梁呈垂直状态，就说明房屋沉降严重，该住宅有严重结构性质量问题。

② 看顶部是否有爆点，有爆点会给后续装修带来很多不利影响。

③ 顶棚有无水渍、裂痕。有水渍说明可能有渗漏。如果是顶层住户，必须观察顶层是否渗漏。

④ 留意厕所顶棚有无油漆脱落或长真菌。

⑤ 墙身顶棚有无部分隆起，用木棍敲一下有无空声。

⑥ 墙身、顶棚楼板有无特别倾斜、弯曲、起浪及隆起或凹陷的地方。

⑦ 墙身、墙角接位有无水渍、裂痕。

⑧ 内墙墙面上是否有石灰爆点。

（6）检查上下水。尽量开大上水龙头，检查是否正常工作。用盆盛水向各个下水处灌水，如台盆下水、浴缸下水、马桶下水、厨房和卫生间及阳台地漏等，每个下水口应灌入两盆水左右，听到咕噜咕噜的声音表明通畅，确定表面没有积水。确认没问题后要尽快将这些突出下水（如台盆下水、浴缸下水、马桶下水）用塑料袋罩着水口，加以捆实。地漏等下水则需要塞实并留下可拉扯的位置。

（7）检查卫生间地面坡度是否能让积水顺利往地漏方向流，而不至于流入其他房间。将水倒在卫生间地面上（高度约 2 厘米），通知楼下的业主 24 小时后查看其房间内卫生间的天花板是否有渗水。全部用完水后打开水表，记录下水表的数字。同时也要记录电表数字。检查时将本楼总表打到最大，看自家的水表是否不动，如果不动则证明正常。避免其他业主用水自家水表跟着跑的现象。

（8）检查电气开关箱内的各开关是否有明显标示，是否安装牢固，检查各个分闸是否完全控制各分支线路。检查插座，如自备有插座（带有指示灯的五孔插座），可根据指示灯明灭测定是否正常通电。如有可能配备摇表，可测试插座对地绝缘情况是否良好。

（9）检查有线电视插座、宽带插座，有无插进去松动或插不进的现象。检查可视对讲、紧急呼叫按钮是否工作正常。

（10）检查管道通风。厨房烟道可用冒烟的纸卷放在烟道口下方十厘米左右，看烟上升到烟道口是否能立即吸走。卫生间应在吊顶下留通风口。留在吊顶上面时要用手电查看是否具备安装性，同时用与测厨房烟道同样的办法测抽力。用手电查看烟道、通风口中是否存有建筑垃圾。

（11）用冒烟的纸卷放到管道煤气报警装置附近，看报警装置是否灵敏动作，应有报警声光提示，同时关闭进气阀。如果不能动作，及时修复。

（12）检查暖气管道安装是否通畅和密封。使劲晃动暖气管和上水管确定是否牢固。打开水阀看排水是否流畅，放水同时用卫生纸擦拭上下管道底部看有无渗漏。确认暖气片上方的排气孔是否可以拧动。

3. 查相邻

（1）闭水试验。在楼上和自家的卫生间、厨房、阳台用塑料袋装好沙子，将所有地漏全部堵塞好，然后放满水，保持 24 ～ 48 小时后查看。

（2）墙板有无渗漏。地漏出墙管处不应有水渗出外墙；不应有水从厨厕沿墙角渗到厅、房墙面、墙脚；上层住户厨厕、阳台内的水不应渗下，特别要检查天花板灯座、竖管口周围；屋面下的天花板和墙角、墙面（尤其是窗周围）不应有雨水渗入的痕迹。

除此之外，还应核对买卖合同上注明的设施、设备等是否有遗漏，品牌、数量是否相符。验房过程中发现问题应及时记录，并与物业人员确定解决方案和解决日期。如果验房后认为质量问题较多且需较大整改，则业主可要求开发商签收“关于房屋存在质量问题要求限期整改的确认函”后中止办理手续。

图4-8与图4-9所示为业主接管验收的示意图。

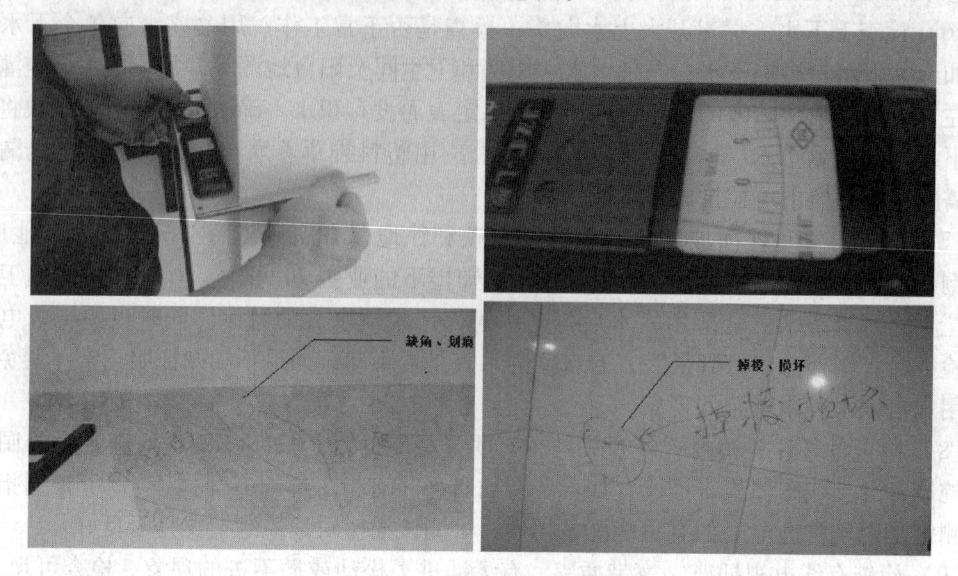

图4-8 业主接管验收示意图一

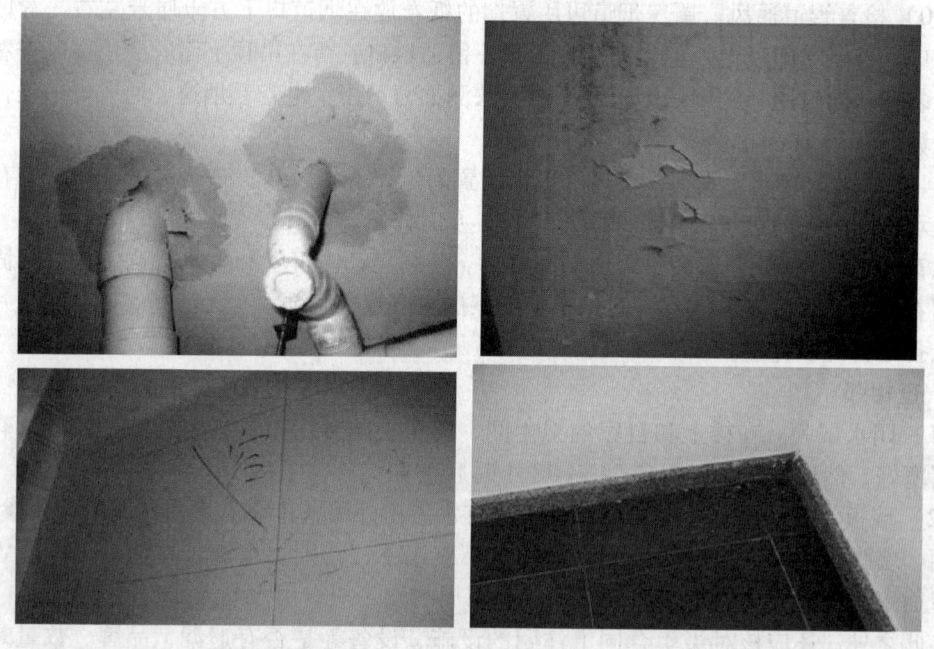

图4-9 业主接管验收示意图二

四、验收表格

将入伙时拿到钥匙的数量，验收中发现的问题，入伙当天水、电、气表的读数填写在表 4－28 中。

表 4－28　＿＿＿＿＿＿＿＿＿＿项目验房表

房屋编号：

物业公司：

业主姓名		开发商	
陪同验房人员		验房时间	
房地产工程部意见			

编号	检　查　项　目	个人意见	物业意见	备注
1	房屋权属文件：《国有土地使用权证》上是否有抵押记载			
2	房屋质量文件：《住宅使用说明书》、《住宅质量保证书》、《竣工验收备案表》是否齐全			
3	各种相关验收表格：是否有《住户验房交接表》、《楼宇验收记录表》、《商品房面积测绘技术报告书》、房屋管线图（水、强电、弱电、结构）等文件			
4	如果是精装修房，是否有厨、卫精装修物品的使用说明书，以及这些物品的保修单			
5	每间居室的门在开启、关闭的时候是否灵活			
6	门与门框的各边之间是否平行			
7	门间隙是否太大			
8	窗边与混凝土接口是否有缝隙			
9	各个窗户在开启、关闭的时候是否灵活			
10	窗与窗框各边之间是否平行			
11	窗户玻璃是否完好			
12	窗台下面有无水渍			

续表

编号	检查项目	个人意见	物业意见	备注
13	屋顶上是否有裂缝（与横梁平行基本无妨，如果裂缝与墙角呈45°斜角，说明有结构问题）			
14	承重墙是否有裂缝（若裂缝贯穿整个墙面，表示该房存在隐患）			
15	房间与阳台的连接处是否有裂缝？（如有裂缝很有可能是阳台断裂的先兆，要立即通知相关单位）			
16	墙身顶棚是否有隆起？用木槌敲一下是否有空声			
17	墙面是否有水滴、结雾的现象（冬天房间里的墙面如有水滴，说明墙面的保温层可能有问题）			
18	山墙，厨房与卫生间顶面、外墙是否有水迹			
19	内墙墙面上有否石灰爆点（麻点）			
20	墙身有无特别倾斜、弯曲、起浪、隆起或凹陷的地方			
21	是否有雨水渗漏的痕迹或者裂痕			
22	卫生间顶棚是否有漆脱落或长真菌			
23	顶棚楼板有无特别倾斜、弯曲、起浪、隆起或凹陷的地方			
24	检查地面有无空壳开裂情况（用小木槌敲，咚咚声就说明是空心的，要返工）			
25	是否有地漏，坡度是否向地漏倾斜			
26	电、水、煤气表具是否齐全，度数是否由零开始			
27	您住的房间上面是否漏水			
28	上下管是否有渗漏（打开水龙头，查看各个管道）			
29	是否有足够的水压（打开水龙头，尽可能让水流大一点，然后查水表）			
30	电闸机电表在户外的，拉闸后户内是否完全断电（主要是查看电闸能否控制各个电源）			
31	试一下全部开关、插座及总电闸有无问题，所有灯是否能亮，所有插座是否有电			
32	燃气管线是否穿过居室			
33	核对买卖合同上注明的设施、设备等是否有遗漏，品牌、数量是否符合			
34	将房门关闭，在房间外制造较大噪声，看隔音效果是否满意			

物业公司经办人（签名）：

业主（签名）：

年　月　日

实训　物业接管验收实训

1. 实训任务

模拟完成接管验收工作，有条件的学校可将本实训安排在学生项目实训阶段完成，最好能结合拟将交付使用的新项目完成接管验收工作。

2. 实训目的

通过实训让学生熟悉接管验收的标准和工作程序，训练学生的组织协调和团队协作能力。

3. 实训步骤

（1）老师将学生分组，一组扮演开发商，一组扮演物业公司。由开发商拟定《××项目接管验收通知单》，并在自行定义的时间将其送递到物业公司。

（2）物业公司根据《接管验收通知单》上的时间，拟定接管验收工作时间，组成接管验收小组按要求配备所需的专业人员和数量，由各组组长在教师指导下完成接管验收培训。

（3）教师找出本校工程资料较齐全的一栋建筑物让学生模拟完成接管验收。

（4）接管验收小组根据项目的硬件条件和数量制定《物业接管验收方案》、《物业项目移交表》等。

（5）物业公司验收小组与开发商一起利用验房工具对房屋质量、使用功能、外观设备、公共配套设施设备等进行接管验收，填写相关表格。符合要求的房屋移交钥匙和相关资料；对不符合标准的项目进行汇总，并填入整改汇总表交与开发商，由开发商负责整改。

（6）由教师评阅学生上交的接管验收相关表格的记录情况，并对学生的完成情况和实操能力进行评价。

4. 实训记录和分析

完成表4－29～表4－31所列内容。

表4－29　楼宇接管资料移交清单

序号	移交资料名称	单　位	数　量	备　注

表 4－30　屋面房屋接管查验表

分项工程		检 验 要 点	备 注
屋面	保证项	防水层无渗漏，通过观察，必要时进行测试	
		广告牌、沿口等固定牢固	
		屋面金属物体均做可靠防雷接地	
	基本项	无非法占用、改建及搭建	
		女儿墙完整无污染	
		隔热层完好，面层砖无破损	
		屋面管网及避雷带无损坏或锈蚀	
		地面无积水、杂物	
		排水沟、排水口完好畅通	

表 4－31　项目移交整改意见汇总表

序号	需整改的内容	整改措施	备注

5. 问题讨论

（1）接管验收时间如何确定？

（2）本次接管验收的工作程序是什么？如何对房屋完成接管验收工作？

（3）如何解决接管验收中需要整改的问题？

6. 技能考核

（1）接管验收工作准备、实操能力。

（2）协调和沟通能力。

优____良____中____及格____不及格____

良好的房屋质量是物业公司开展高品质服务的保障，本学习情境从房屋建设阶段到业主收房过程中物业公司对房屋的各个环节质量监督和控制工作进行了讲解。首先分析了房屋质

量与工程验收的关系以及各个阶段工程验收工作的联系与区别，让学生对接管验收、分户验收与竣工验收等阶段物业公司所扮演的角色以及在质量控制中所起的作用有了较为清楚的认识。然后对物业公司主要参与完成的三类接管验收工作：住宅工程质量分户验收、物业接管验收和业主入伙时验房进行了详细的讲述，重点讲解了工作程序、工作要点、验收工具和方法、需要填写表格及要求等。通过本学习情境的学习，让学生对物业管理工作房屋质量控制的工作阶段、工作时点和工作方法有了更清楚的认识。实训让学生对质量控制工作有了直观的感性认识，并对所学的知识通过理论联系实际有了更深入的理解，为以后的工作打下基础。通过本学习情境的学习，主要让学生掌握以下职业技能。

（1）认识到房屋质量控制工作的重要性；能在以后的工作中重视并积极参与房屋验收工作。

（2）能以物业的角色很好地完成各个阶段的质量验收工作，为业主把好房屋质量关。

（3）让学生掌握验收阶段房屋质量反馈、整改及跟踪的工作方法。

（4）让学生具有积极处理好房屋验收过程中与其他部门、业主关系的能力。

练习与思考题

（1）验收对房屋质量控制的作用是什么？

（2）房屋建设阶段主要的验收环节都有哪些？物业公司要参与哪些验收工作？

（3）分户验收与竣工验收的关系是什么？

（4）房地产项目完成了竣工验收和分户验收，物业公司是否就不用进行接管验收工作而直接把分户验收和竣工验收的资料进行归档呢？

（5）简述接管验收的工作程序。

（6）分户验收、接管验收和业主验房时发现的质量问题该如何处理？指出有效的处理措施。

学习情境五 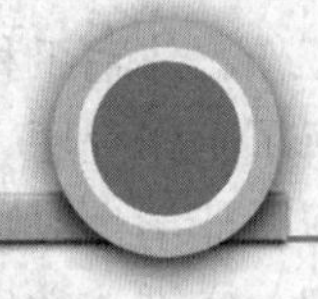 房屋装修管理

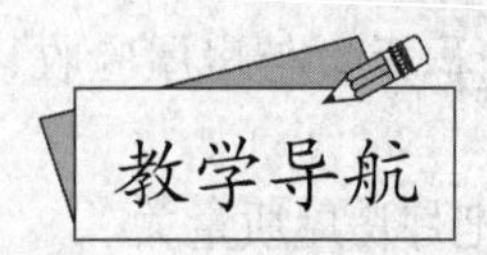

学习任务	任务一　房屋装修手续办理 任务二　装修图纸审核与装修现场巡视	参考学时	6
能力目标	通过教学，要求学生了解装修管理的重要性，掌握装修手续办理的工作过程和主要工作内容；掌握装修图纸审核的方法和如何处理不符合装修要求的装修设计；掌握装修巡视的工作方法和违约装修的处理程序；能科学解答装修管理中业主经常提出的问题		
教学资源与载体	多媒体网络平台、教材、图片和 PPT、装修图纸、作业单、工作计划单、评价表		
教学方法与策略	项目教学法、引导法、参与型教学法		
教学过程设计	引入案例→观看 PPT→教师讲解→分组学习、讨论→发放图纸和作业单→完成实训→工作效果评价→工作总结		
考核与评价内容	知识的自学能力、理解能力、语言表达能力；工作完成能力；工作完成的效果		
评价方式	自我评价（10%）、小组评价（30%）、教师评价（60%）		

职场典例

业主收房完毕找到合适的装修队伍后就开始大张旗鼓地装修了。保安李冰现场巡逻时发现 13－3－301 和 401 的业主没有到物业办理装修手续就开始装修了，而且 301 业主请的是私人装修队伍没有营业执照。李冰责令其停工办理装修手续，业主王女士说装修是业主家里的事情与物业无关，让物业给她一个合理的解释，否则她就报警告物业私闯民宅。工程部张经理让刘刚明天和他一起去和业主沟通，争取尽快让业主认识到装修管理的重要性。刘刚思索了好久，决定做个 PPT，把因业主不规范装修所引起房屋损坏的图片和案例以及装修手续办理的程序、相关装修须知等一同展示给业主，让他们能更好地认识到装修管理的重要性，以配合物业做好装修管理工作。第二天刘刚和张经理来到了业主家，将 PPT 展示给业主，当看

到房屋损坏的图片时，刘刚用专业知识解释为什么不当装修会引起房屋损坏，以及将给自身和其他业主带来的损失等。王女士急忙拿出装修图纸让张经理审核，审核时张经理发现装修图纸上有很多改动从房屋的安全性能角度来看是不允许的，张经理一一填写了《装修图纸审核意见汇总表》，并建议张女士更换一家有经验的正规装修公司装修，避免造成更大的装修损失。

教师活动

（1）展示房屋损坏图片，进行引导性讲解，让学生通过图片认识到不规范装修对房屋的影响。

（2）下发作业单（表5－1）和王女士家的装修图纸（如图5－1和图5－2所示），让学生通过作业单的指引完成本章的自学，并利用以前所学的知识找出不合理的设计。

表5－1　作业单

问　　题	答案要点
哪些违规装修会引起房屋的损坏：	
物业公司装修管理的作用：	
业主办理装修等级的手续和所需资料：	
装修图纸审核的要点：	
请指出王女士装修图纸上需要修改的设计：	
装修巡视审核要点：	

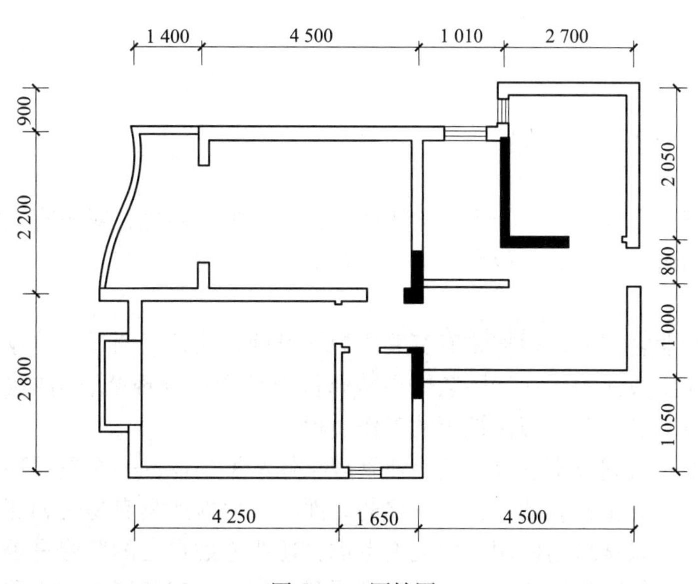

图5－1　原始图

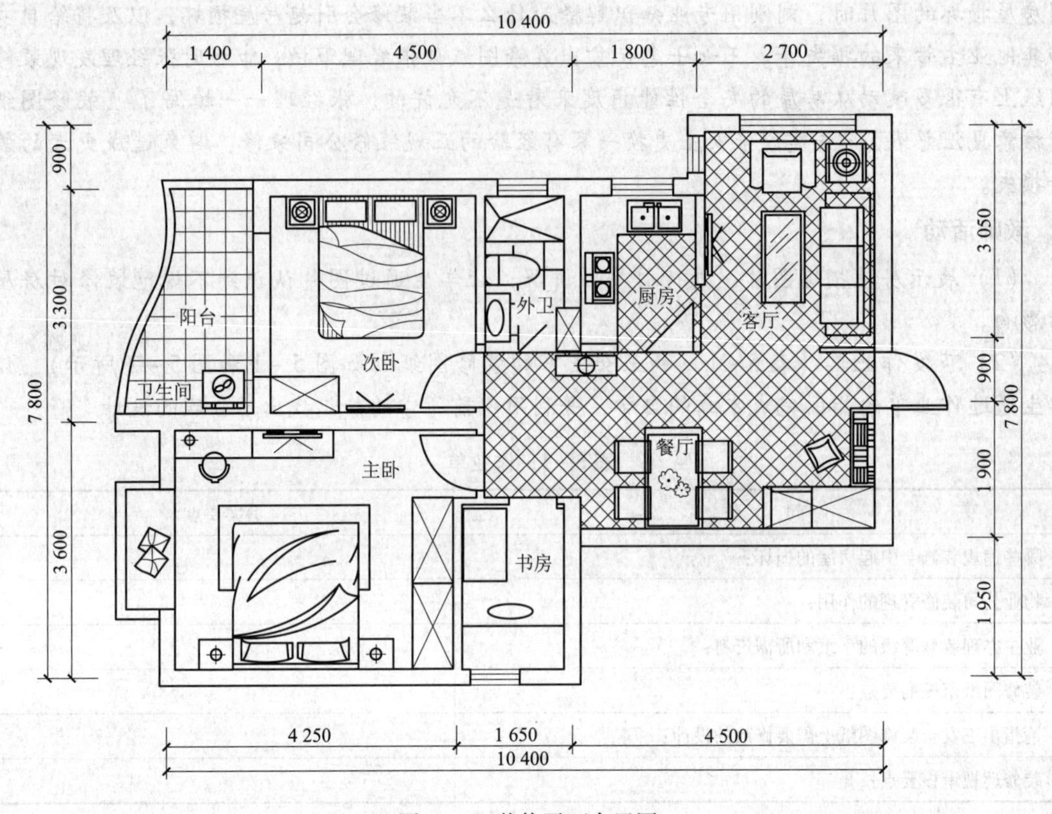

图 5-2　装修平面布置图

学生活动

分组学习研讨→学习下列内容→完成作业单

房屋装修是指业主或使用人为了改善居住、办公或生产环境，对自有或购置或租赁物业产权面积范围内的地面、墙面、厨房、卫生间及洁具、天花、门窗、水、电、通信进行修饰处理的建筑活动。

装修管理是物业管理公司根据政府有关法规、条例，受开发商或全体业主委托，监督物业管辖范围内的业主或使用人在房屋装修中装修行为是否符合规范、结构安全、物业管理、消防、供水、供电、燃气、环境保护等的工作过程。

装修管理工作是否到位不仅是衡量物业管理工作水平高低的一个重要环节，从房地产价值角度考虑还是保障业主权利的一个很重要的方面。因房地产具有易受相邻影响性，因此业主在装修过程中不能只从自己使用的角度上考虑，还要考虑自己的装修是否会对其他业主的房产产生负面影响。如随意拆改墙体、随意开洞和窗等会引起房屋结构承重性能下降，导致其他业主家里的墙面甚至柱和梁出现裂缝，严重的可能会导致整栋建筑垮塌等，这些都是因业主的不规范装修和不科学使用房屋所引起的。很多业主甚至装修人员对于房屋的安全使用特别是建筑方面的知识了解甚少，作为物业公司一定要在业主装修过程中对于其装修违规的行为及时制止，尽可能将科学装修、科学使用房屋的知识传授给每个业主和装修人员，一方面可以得到业主的理解和支持，便于房屋管理工作的开展；另一方面业主科学使用房屋的意识增强了，业主也会自觉相互监督，提高维护自身权利的自觉性，就会降低房屋因使用不当所造成的损坏的现象，从而可以延长房屋的使用寿命和经济寿命，使每位业主的房屋价值最大化。

任务一 房屋装修手续办理

科学明晰的装修管理规定和程序，是装修管理工作的第一步。物业公司应该在业主收房的时候就将本项目的《业主装修须知》和《装修手续的办理工作程序》打印出来，和物业管理合同一起发到每位业主的手里。在业主准备装修的时候再将装修时应该注意的事项重点跟业主交代，条件允许的情况下最好在交房工作现场就将与装修管理有关的知识和图片，特别是业主装修不当引起的房屋损坏的图片及案例，以展板或宣传片的形式展示出来，让业主在收房的同时接收这方面的教育，便于形成科学装修、科学使用房屋的意识。

一、装修管理人员职责划分

（1）客服部负责办理业户/使用人装修申请手续，打印和制作装修时需要的证件。

（2）财务部负责核收装修应缴费用和装修完毕后退还相关押金和费用。

（3）工程部负责在装修前对装修图纸审核，并对装修过程进行监督、验收，如检查、监督装修线路、用电设备装修时的结构改动等。

（4）保安部负责装修施工过程中的治安巡查、监督和报告，并协助工程部完成相关的装修巡视工作，在日常的治安巡查过程中如发现违规行为及时制止或报告给工程部辅助人。

二、装修管理人员应专业能力要求

装修管理是一项涉及多门学科和工种，对管理人员素质要求较高的工作。作为装修管理人员，特别是工程部专门负责图纸审核和装修现场巡视的人员应掌握下面几个学科的知识。

（1）了解给排水专业知识：装修审批及巡视人员必须了解户型给排水管道分布、具体位置和相关部位的防水要求。

（2）了解供配电专业知识：掌握该户型的强弱电及通信线路的走向与分布，特别是通向各户的主线位置。避免拆墙对线路产生损坏，应在装修审批前明确哪些是不允许拆除的，敷设管线必须予以保护便于日后维修等。

（3）掌握结构专业知识：掌握所管辖物业的设计结构类型及承重部分的承载能力，在审批过程中严格控制房屋及梁的荷载。

（4）了解建筑专业知识：了解外墙、卫浴防水要求，内墙可能导致的安全隐患，楼板、外墙内侧、烟道的建筑要求，以及可能引发事故的一些隐患。诸如渗水、烟道串味及钢筋锈蚀等，影响物业的作用和居住安全。

（5）了解供气方面的知识：了解煤气安全要求和使用要求，避免随意改变管道导致煤气泄漏，管道更改必须由燃气公司进行。

（6）掌握消防专业的知识：掌握烟感喷淋分布线走向、装修材料的防火能力及消防要求、现场火灾的应急措施及处理能力。

（7）了解规划与环保方面的知识：了解外墙楼顶外门窗、阳台、空调的原规划要求及技术标准，排放与排污要求等。避免改变原规划要求，以免影响房屋外观的统一性和协调性。避免装修过程中的管道更改、雨水与污水混排等，以免给管理带来不必要的麻烦。

三、装修手续办理的工作程序

（1）业户/使用人提出装修申请并填写《物业装修申请表》，提供相关资料（如装修公司的营业执照、资质，装修人员及经理的身份证、照片，以及装修设计图纸等）。

（2）工程部经理预审装修图纸、装修内容及有关装修施工队资料。如审核发现违规的装修设计，要及时指出并责令整改；如审核无误，对装修时要注意的问题要重点强调，或将要点以文字的形式打印出来交与装修负责人。如有必要还要到业主家中将水、电、煤气、暖气等各种管道的走向等进行明确。

（3）财务人员核收业户/使用人装修的各项应缴费用。

（4）客服部办理装修人员《出入证》。

（5）工程部、保安部人员在日常巡查时应对装修施工队的作业情况进行监督。如发现有违章装修现象，应立即予以制止并交由客服部统一按规定进行处理。

（6）装修完工后，住户向物业公司申请初验，装修队经住户签字同意后到物业公司办理退场手续。客服部、工程部对装修工程进行核查，经1～3个月再复验，也可以根据项目具体情况确定无违章现象后，给予办理退回装修保证金手续。装修管理流程如图5-3所示。

四、装修手续办理相关资料

（1）住户领取并填写《装修申请表》，并详细列明装修范围。

（2）提供下列资料：

① 装修设计图纸（包括建筑、水电）及原户型图；

② 施工单位营业执照复印件（加盖公章）、资质证书复印件（加盖公章）；

③ 装修人员身份证复印件及照片两张（办理出入证及存档）；

④ 装修队电工、焊工等特种工种的上岗证及复印件。

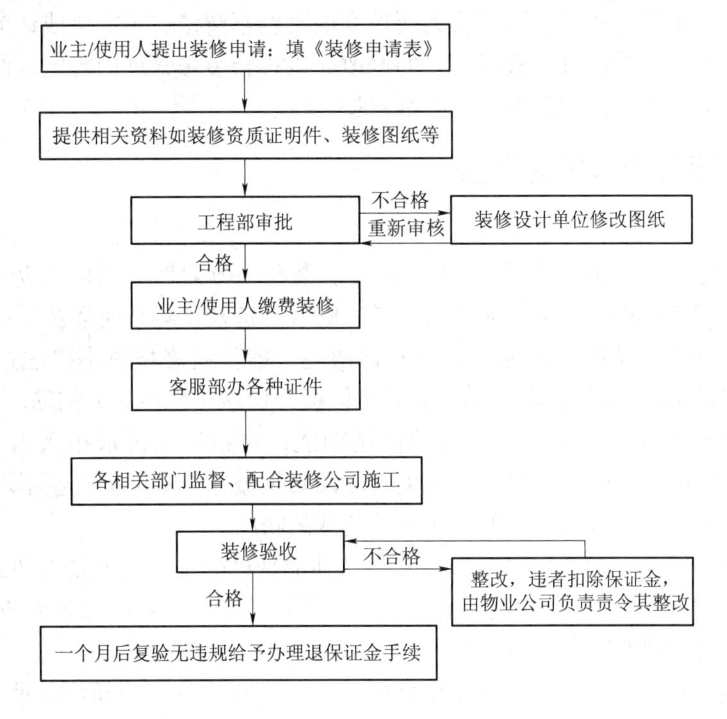

图5－3　装修管理流程

五、装修前房屋质量权责的划分

房屋结构中有些质量维修责任的划分是以业主是否装修为界限的。装修施工前，物业公司提醒住户及装修队对房屋土建结构及配套管网等设施进行检查，并对厨房卫生间进行闭水试验，如有问题及时反映给物业公司。否则，一旦开始装修，其权责就不容易明确界定，往往可能由业主或装修公司建设单位承担责任。因装修造成房屋设备、设施损坏，管道堵塞、破裂、渗漏，防水层破裂或给相邻户造成损失的，均由装修户负责修复与赔偿。

任务二　装修图纸审核与装修现场巡视

装饰装修是矛盾最为集中的阶段，当然也是物业公司体现服务水平的时候。很多业主只追求户型设计、装修的美观，很多情况下没有考虑房屋的安全性能。而装饰公司出于赢利考虑，在设计时往往对户内原有的结构大动手笔。这样房屋在装修时就埋下了安全隐患。物业公司必须严把装饰装修图纸审核关，做好装修培训、协议签订工作，对于违规事项做到早预防、早发现、早制止。

工程部负责人对业主提交的装修图纸、方案进行审查批复。审核时业主、设计师、装修负责人员一起参加会议。管理中心若认为所提交的资料不清楚、不完整或认为装修方案需要做出修改，业主必须对装修方案进行必要的修改，以符合装修管理的规定。图纸经其批准后即可开始装修，装修项目应与批准后的图纸保持一致。

一、装修图纸的审核的要点

1. 室内装修

(1) 禁止改动或损坏房屋的梁、柱、板、承重墙、剪力墙、屋面的防水层、隔热层、上下水管道、烟气道、供电电路、天然气管道、暖气管道及位置、防盗及对讲系统等。

(2) 地面装修不要凿除原水泥层，只允许凿毛。铺设装修材料不得超过楼板负荷，大理石厚度不得超过 10 厘米。装修不得任意剔凿楼板，切断楼板中受力钢筋。

(3) 不要改变厨房、卫生间、阳台的使用功能，勿将生活污水排入雨水管道。非厨、卫房间不得改为厨房、卫生间。厨房、卫生间改动必须做好防水保护，包括墙面、地面、原下水管道周围。阳台不得封包，不得堆放超过负载的物品。

(4) 主下水管不要用建筑材料封包，安装的抽油烟机的排气管须接入烟道。

(5) 不得擅自封包、改动燃气管道。如需改动燃气管道，须待煤气验收合格后向燃气公司申请，由燃气公司专业人员施工。

(6) 浴室内安装燃气热水器必须采用强排式，且其排气管不得超出外墙 10 厘米。排气管不得排入烟道或管井。浴室内安装浴霸必须从插座重新引线，不能使用原预留灯线。

(7) 电力装修设计是否符合规范要求。检查电线穿管、跨接等是否符合规范，电线横截面积、开关容量是否符合图纸要求。地插、电源面板、灯具等电气设备是否存在安全隐患。

2. 外观装修

(1) 原有门、窗、墙洞、尺寸、位置、式样、颜色等均不要做任何改变外立面及整体建筑风格的改动，禁止以任何理由安装遮阳篷。

(2) 住宅入户门由开发商统一指定式样安装，走廊不准装饰或垫高，门外不准包框、贴瓷片、设神位、鞋柜。

(3) 空调主机要安装在预留位置，空调架应牢固防锈，排水、排风不要影响他人。

(4) 禁止在外墙随意钻孔开洞。

(5) 首层有小院的及顶层有消防通道的住户不得私自搭建建筑物及构筑物，违者物业公司有权要求其无条件拆除，损失自负。

二、装修现场巡视工作要点

在业主装修过程中物业公司应将工作重点放在装修现场巡查上，巡查员的责任心一定要强，对于装修违规的业主和装饰公司要敢于指正。否则，装修中埋下的隐患会在很长一段时间内困扰物业公司，甚至会走上诉讼赔偿的路。装修巡查的具体内容如下。

（1）证件和人员出入巡查：主要巡查装修人员是否与申报人员相符。由于装修期间出入物业项目人员较多、思想复杂，如果对装修人员监管不力，极易导致盗窃、打架事件的发生。对于装修人员还要检查有无违章留宿及其他区域逗留、擅自使用小区各类设施及影响其他居民的行为。

（2）消防巡查：是否按规定要求做好消防措施。由于装修期间大量用电，装修材料及物品堆放杂乱，易于燃烧发生火灾，引起消防事故。为了能即时控制火灾，管理处应根据消防法规及条例，要求装修现场必须配备灭火器材，以便控制和降低火灾事故。因业主在装修时施工现场物品杂乱（诸如木板、纸屑、油漆等）而且用电量大，人员密集易导致火灾。装修公司应将材料和工具整齐堆放，特别是易燃物品应单独存放，每户室内应放置灭火器且灭火器能正常使用。对于公共位置的灭火设备应定期检测，保证其能正常使用。还要检查装修施工现场有无生火做饭或烧电炉等存在用电及消防安全隐患的行为。

（3）申请项目和房屋安全装修作业规范巡查：主要巡查是否与申报项目相符。结构及墙体的巡查：是否影响结构承重，有无重击、钻孔。结构破坏、超载：由于施工过程拆墙或穿管及装饰，损坏承重结构或钢筋保护层，或使用超出房屋荷载指标的一些建筑材料，增加楼板承重导致一些安全隐患装修（如是否超额增加地面荷载、室内砌墙、室内增加超负荷吊顶、安装大型灯具等）。房屋功能的巡查：是否有改变房屋设计功能，包括门、窗、阳台是否改变、移位。防水巡查：卫生间、厨房是否按要求做好防水保护。由于装修过程如果监管不严可能导致卫生间、浴室、厨房防水层破坏，导致渗漏现象，在装修完工后使用时才发现，影响楼下业主，楼上业主因装修成本或其他原因不予配合，导致管理过程中协调和处理困难，同时容易导致一些不必要的管理投诉和邻里纠纷。由于墙管凿槽，敲击天花、外墙，导致天花及外墙防水功能降低，影响防水功能，引起天花外墙渗水。

（4）水、电、气、暖等管线巡查：要巡视供水管线敷设是否影响外墙防水及安全要求，有无私改、乱接线路。煤气巡查：是否有擅自改变或暗埋煤气管线及设施。是否有妥善的保护措施：由于施工过程中保护措施不当，造成泥沙及混凝土进管道，或施工人员将残留混凝土或杂物倒入管道中，引起管道堵塞，轻者堵塞支管，重者堵塞主管，导致首层或二层淹水，带来经济损失。短路：由于施工单位压线路时偷工减料，导致导线破损，短时间无法及时发现，使用一段时间之后，导致电路短路，不便更换，给日后维护留下困难，给业主造成不便。还要检查煤气管是否暗藏，排污管道是否有适当的保护措施。

（5）作业时间、材料及垃圾搬运与现场卫生的巡查：是否按规定的时间作业，垃圾堆放地点及清运时间、路径是否按规定的要求进行。材料及垃圾储存与搬运的巡查：材料及垃圾搬运有否损坏公共设施。现场卫生巡查：门前卫生状况是否符合管理要求。

三、违约装修处理

（1）装修过程中违章堆放、遗弃装修材料、垃圾和损坏公共设施的，按有关规定处理，并须赔偿所有损失。

(2) 违反装修规定，接到《违章通知单》而未予及时纠正的，物业公司将作以下处理：

① 责令停工；

② 责令恢复原状；

③ 扣留或没收工具；

④ 停水、停电；

⑤ 赔偿经济损失；

⑥ 根据有关规定处以2 000元以下违约金罚款。

以上几种违约处罚可一并执行，物业公司不会对因纠正违章而采取以上行为所引起的后果负责。

(3) 装修施工给公用设施及公共利益造成的任何损失，物业公司将向有关当事人追究民事责任并保留索赔权利。

(4) 物业公司有权要求对影响楼宇设施、结构、外观的装修工程进行更改或还原，在限定期内未更改或还原的，物业公司会安排完成该项工程，所需费用由装修户承担。

四、装修管理常见问题解答

1. 外墙为什么不能随意开窗?

外墙壁开窗涉及房屋规划与设计审批，业主和使用人在装修过程中不能改变原规划与设计要求、改变原房屋外貌。如业主确实需要，必须通过原主设计院和规划局出具合法有效的更改图及相关文件，否则管理处将无权审批。

2. 装修管理时为什么要对业主铺设大理石进行检查?

根据房屋楼板静荷载限制，客厅楼板跨度较大，铺设大理石后，会增加楼板荷载重量，对房屋本身和居住人员的安全构成安全隐患，所以业主及使用人在装修时不允许在客厅铺设大理石材料及超过设计重量的其他建材。

3. 装修时为什么不能更改门窗尺寸大小、窗玻璃颜色?

由于门窗更换涉及物业整体外观立面的整齐、统一、美观。规划局在发展项目报建时，由发展商委托专业设计院按国家相关规范要求提供设计图纸，资料经严格审批后方能施工建设，物业主权人或使用人不得更改。

4. 为什么业主或使用人不能更换进户门?

由于消防要求避免殃及邻居，以降低和控制火灾损失，进户门均采用防火、防烟门，业主和使用人不允许擅自更换。

5. 装修时为什么不能拆除室内部分墙体?

业主和使用人在项目申请时，必须明确注明墙体部位，根据房屋结构明确是否可以拆除一般框架结构。除户与户之间的分隔墙及单元外墙、供电、通信主管路埋设之墙体不能拆除外，其他部位在不影响结构及承重荷载的前提下均可拆除，但新增的墙体不超过原设计承重限度，钢筋混凝土结构的承重墙不得拆除。

6. 卫生间、厨房装修如何预防渗漏?

卫生间、厨房均为长期用水的部位，发展商在竣工移交前全部进行了防水处理。业主和使用人在装修施工时，由于撞击、敲打、振动和破坏，防水层可能会出现渗漏，因此业主与使用人必须对上述部位重新采取防水保护措施，以防渗漏影响下层业主和使用人。

7. 管线敷设及应注意的事项

室内管线除煤气、排污、供电、通信主线不得变更外，其他均可根据自家使用要求变动，各类主线及排污管均以直线和统一部位安装，以便日常维护及更换，煤气如有特殊需要更改时，必须由煤气公司专业改动，业主和使用人不得擅自改动。

8. 装修期间如何预防管道堵塞?

业主或使用人在装修过程中，应对户内所有管口地漏作好有效保护措施。例如，用塑料布等暂时堵塞管口，避免泥沙进入管道，堵塞主管，导致首层淹水。否则将会给业主及管理公司造成不必要的经济损失。

9. 为什么不能将窗花、防盗窃网伸出户外并要求统一安装?

由于防盗网及窗花安装后，影响物业外观立面整齐美观，降低物业品位和档次，所以，管理处要求按指定式样安装窗花、防盗网，给业主或使用人提供一个优雅、高档的居住环境。

10. 为什么不能封闭阳台?

阳台是为了消防逃生和通风采光，所以在安装防盗网时不得封闭阳台，必须预留逃生口。

11. 垃圾为什么要指定点堆放和指定时间搬运，而不能堆放于户外及公共场所?

装修垃圾属不可再利用垃圾，对环境保护造成影响，政府对此类垃圾实行定点管理。如果业主及使用人将装修垃圾堆于户外楼道或随意堆放、搬运，既占用消防通道，影响消防，又影响其他行人通行。所以，管理处为方便全体业主生活起居并保持环境整洁，要求业主或使用人在装修期间统一指定地点和时间对装修垃圾实行集中管理。

12. 为什么要控制装修时间和限制装修最长期限?

因装修施工对左右、上下邻居生活、居住造成影响，施工噪声给他人生活、休息造成滋扰，所以政府管理部门对施工时间及装修期限实行管制，每天作业时间为上午 7:00—12:00，下午 14:00—19:00；19:00 以后施工人员必须离开小区或大厦，因特殊情况需要留宿驻守人员，须到管理处办理相关手续。装修最长时间不超过三个月。

13. 空调为什么要在指定位置安装?

空调随意安装使房屋外观杂乱，冷水随意排放影响环境及立面美观和物业保值，降低物业档次。统一安装后，便于冷水集中排放和保持外立面美观。

14. 为什么装修人员不允许在装修户内使用电炉或生火煮饭?

因为电炉功率较大，电阻丝裸露，极易发生火灾及触电事故，装修期间木材、纸皮等易燃物品堆积存放零乱，极易发生火灾及人员触电等消防安全事故，所以管理部门为了保障业主及使用人的人身安全，杜绝任何施工单位及个人在没有安全保障的情况下，在装修室内使用电炉或其他明火及生火煮饭。

15. 业主能否自行装修?

根据建设部《室内装饰装修管理办法》规定，装修施工单位必须持有合法有效的资质证书、营业执照、税务登记证，方可从事装修业务。如果业主不能提供上述有效资料，是不能自行装修施工的。

实训　装修手续的办理与装修图纸的审核

1. 实训任务与目的

（1）能设计出科学合理的装修手续的办理程序，并完成装修手续的办理工作。

（2）能正确完成业主装修图的审核。

（3）若装修图需修改，要将修改原因对业主进行科学合理的解释。

2. 人员分组及任务安排

学生进行分组（共两组），一组为物业公司装修管理人员，另一组为装修业主。装修管理人员主要完成编制《业主装修须知》、拟定装修手续办理程序、装修图纸审核等工作；装修业主按照《装修须知》和装修手续办理程序办理装修手续。

3. 实训内容及实训步骤

（1）学生分组，分别扮演装修业主和物业公司工作人员。

（2）物业公司装修管理人员编制《业主装修须知》、拟定装修手续办理程序并打印出来发给业主，业主按照须知和办理流程图办理手续。

（3）给学生一套完整的装修设计图纸或使用图 5－1，让扮演物业工作人员的学生结合上课所学的图纸审核要点对图纸进行审核，并填写《装修图纸审核意见汇总表》（见表 5－2）。

表 5－2　装修图纸审核意见汇总表

序号	需整改处	图纸编号	备　注
1			
2			
3			
4			
装修注意事项			

（4）对需要修改的装修设计，与业主进行沟通和解释，尽可能让业主对违规的设计进行整改；业主扮演者给工程部人员的工作进行打分，并作点评。

4. 房屋装修管理实训主要事项

（1）《业主装修须知》、装修手续办理程序编制要科学合理，表述清晰，打印出来发到每个业主手中。

（2）《装修图纸审核意见汇总表》填写要清晰正确，违规原因要在备注栏描述清楚。

（3）对于业主有疑问的整改点要耐心介绍，要有理有据，让业主接受。

5. 问题讨论：

（1）房屋装修管理的作用是什么？

（2）装修图纸审核要点是什么？

6. 技能考核

（1）图纸审核能力；

（2）学生表述和沟通能力。

优____良____中____及格____不及格

房屋装修管理工作是保证房屋安全使用的重要工作，也是容易和业主发生矛盾的工作环节，从事房屋装修管理的工作人员只有全面深入地认识装修管理的重要性和管理方法，才能和业主进行沟通，才能得到业主的支持。

本学习情境首先对房屋装修管理的基本知识进行概述，介绍了装修管理的重要性，让物业管理人员在工作之初就从思想上重视装修管理工作。接着介绍了装修管理人员的职责划分以及要胜任装修管理工作应具备的专业能力和要求，有利于装修人员在工作中对所欠缺知识有重点地查缺补漏。同时对装修手续办理的工作程序以及所需提供的资料进行了详细的讲述，还对装修前房屋质量权责划分的必要性进行讲解，这是很多物业公司在装修管理中容易忽略的工作细节。本情境重点介绍了装修图纸审核和装修现场巡视工作的要点，从建筑、消防等安全角度进行科学的分析并对维修管理中常见的问题进行了详细的解答，有利于物业装修管理人员能从专业上给予业主满意的解答，有利于装修管理工作的开展，最后就违约装修处理规定进行了介绍。通过本情境的学习学生应掌握以下技能。

（1）掌握装修手续办理的工作过程和主要工作内容；

（2）掌握装修图纸审核的方法和如何处理不符合装修要求的装修设计；

（3）掌握装修巡视的工作方法和违约装修的处理程序；

（4）能科学解答装修管理中业主经常提出的问题。

练习与思考题

（1）为什么要对业主的装修进行管理？作用是什么？

（2）要做好房屋装修管理工作应具备哪些方面的专业知识？

（3）装修前房屋质量权责划分的作用是什么？

（4）简述图纸审核的要点。

（5）如果你是一名装修管理人员，如何完成装修现场巡视工作？

（6）为什么卫生间在装修前要进行试水试验？物业公司如何配合业主完成相关工作？如果业主不进行试水试验就铺设瓷砖，你该如何处理？

学习情境六 房屋结构管理、维修与养护

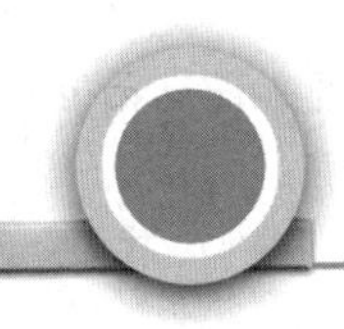

学习任务	任务一　地基、基础的损坏与维修 任务二　砌体结构的损坏与维修 任务三　钢筋混凝土结构的损坏与维修	参考学时	12
能力目标	通过教学，要求学生了解建筑结构损坏的原因及常见的损坏现象，能根据损坏现象分析损坏原因，掌握常见损坏的维修方法，学会根据具体的损坏现象编制维修方案		
教学资源与载体	多媒体网络平台、教材、图片、损坏工程实例，作业单，工作单，工作计划单，评价表		
教学方法与策略	项目教学法、引导法、演示法、参与型教学法		
教学过程设计	发放作业单→实地参观建筑结构工程损坏较严重的建筑物→填写作业单→引出建筑结构工程的维修→分组学习、讨论→教师讲解、实训室参观		
考核与评价内容	地基损坏维修方案的编制、砌体结构损坏维修方案的编制、钢筋混凝土结构损坏维修方案的编制		
评价方式	自我评价（10%），小组评价（30%），教师评价（60%）		

任务一　地基、基础的损坏与维修

职场典例（现象—原因—鉴定）

某高校新校区工程完成三个月后，下了一场大雨，雨后约半个月，发现多栋房屋的墙体出现不同程度的斜裂缝，不知道是何原因。该校区地基土为湿陷性黄土，房屋基础采用的是钢筋砼条形基础，宽 1 200 ～ 1 500 mm，厚 250 ～ 350 mm。墙体为 240 mm 厚实砌砖墙，

50号水泥砂浆，不知道与地基基础有无关系，如何维修？

教师活动

（1）播放一些因地基、基层的损坏引起房屋结构损坏的图片、录像（见教学资源包）。

（2）学生分组、下发作业单。

学生活动

让学生在作业单的引导下，边讨论边完成作业单（见表6-1）中相关内容的填写。

表6-1 作业单

相关知识回顾	答　案
地基及其作用是什么？	
基础及其作用是什么？	
地基的类型有哪些？	
建筑物损坏与地基损坏的关系？	
建筑物损坏与基础损坏的关系？	
什么时候对地基进行加固？	
人工加固地基常用的方有哪些？	
基础损坏常用的维修方法有哪些？	

在建筑工程中，把建筑物与土壤直接接触的部分称为基础。基础是房屋极其重要的组成部分，它要承受建筑物的上部荷载，并将这些荷载传递给地基。地基是支撑建筑物重量的土层，地基虽然不是房屋的组成部分，但它是直接托住基础，承受包括基础在内的全部建筑物荷载。地基与基础结构如图6-1所示。

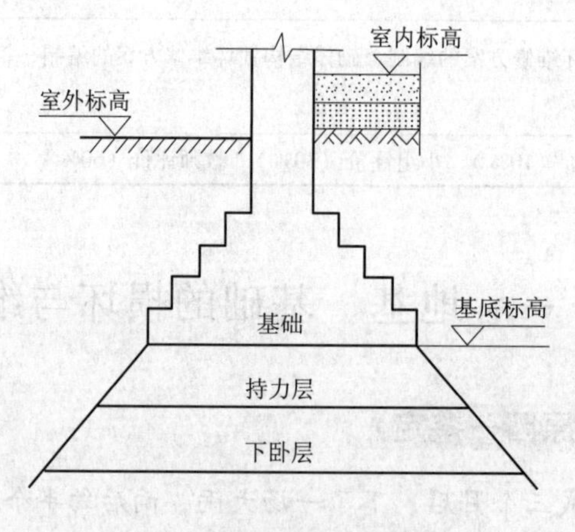

图6-1 地基与基础结构

地基分为天然地基和人工地基两类。天然土层本身具有足够的强度，能直接承受建筑荷载的地基称为天然地基；当天然土层本身的承载能力弱或建筑物上部荷载较大时，须预先对土壤层进行人工加固或处理，以提高地基的承载性能，承受建筑物荷载，这种经过处理的地基被称为人工地基。人工加固地基通常采用压实法、换土法、打桩法等，如图 6－2 所示。

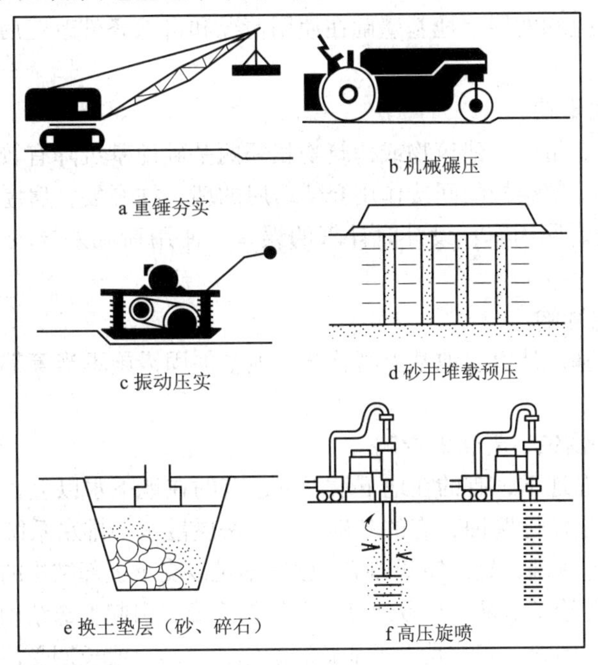

图 6－2　人工地基处理示意图

一、建筑物损坏与地基、基础的关系

地基基础的可靠性对上部结构的正常使用来说是十分重要的，一旦地基、基础出现病变或损坏引起房屋上部结构破坏，轻则墙体开裂、渗水、灌风、管道破裂，影响房屋的使用功能，造成使用者心理上的不安；严重的会引起墙倒屋塌，出现伤人事故和财产损失。因此作为一名物业管理人员，在日常的房屋管理过程中，对于一些因地基、基础的损坏引起的房屋上部结构的损害要根据表面现象及早发现，密切观察，选择科学合理的方法及时维修。

地基、基础常见的损坏有地基承载力不足和基础的强度、刚度不足两种情况。

（一）损坏的原因分析

房屋在使用期间，使用情况或周围自然条件的改变都可能导致地基、基础承载力的降低或不足，引起地基基础的沉降，可靠性也会相应降低。

由于基础埋在地下，难以用肉眼观察，一旦出现一些微小的病变、损坏反映不到地面以上的房屋结构上来，也就很难了解其损坏程度。为了了解地基基础的损坏，必须透过表面现象，从地基基础的损坏本质入手，才能判断出地基基础的病变及损坏原因。地基土的分层和构成复杂多变，房屋各部分的重量也不会完全相同，当地基被加载以后，会产生不同程度的压缩变形，地基的压缩使房屋产生相应的沉降和变形，当因变形产生的应力超过房屋的结构强度时，裂缝就会产生和发展。地基基础在使用情况和自然条件改变后，大致有以下几个损坏原因。

1. 不均匀沉降的影响

地基不均匀沉降是指同一建筑物或构筑物相邻两基础地基沉降有较大差异。过大的不均匀沉降对房屋基础和上部结构的间接作用会使房屋的墙、柱开裂，房屋倾斜甚至破坏。产生地基不均匀沉降的主要原因有：设计时计算的误差、使用荷载差异较大、地基承载力的变化、房屋高度不同等。

2. 沉降量过大的影响

使用荷载超过地基设计值、地基土壤软弱、地基加固措施不当等都有可能使地基沉降量过大。

3. 地基、基础受腐蚀、老化的影响

房屋基础被深埋在地下，有的在地下水以下，有的在地下水以上，有些地下水本身带有腐蚀性，会对基础产生慢性腐蚀；有的基础则由于房屋散水、排水系统损坏，各种带有腐蚀性的液体渗入土中浸泡基础，最终使基础抗剪强度不足以支承上部结构的荷载，局部或整体被剪切破坏，部分荷载传给了地基，导致地基的不均匀沉降，引起上部结构的损坏。例如，房屋一层墙体产生的裂缝、倾斜，多数是由于基础的老化、变形，或长期受污水浸泡、腐蚀造成的病变与损坏。砼材料的老化和钢筋的锈蚀也会使地基基础的承载力降低，甚至丧失承载能力。

4. 地基基础受地质条件的影响

因地质上的特殊原因，或人为因素的影响，产生滑移、沉陷，地下水位的变化，地表水浸泡，贮水设备和地下管道渗漏等，使地基土软化，产生湿陷；或软化土分布不均，土层压缩、膨胀变形，导致不均匀沉降，引起上部结构的损坏。这种情况多发生在软土地区和湿陷性黄土地区。若附近地层内上下水管道的泄漏浸入地基，就会引起地基湿陷。建在坡地上的房屋，基础标高相差大，基础因斜坡地基的破坏而产生转动或移动，地下水升降对地基的承载力影响也很大。同时，随意在房屋基础边开挖，也会导致地基基础的病态变形。例如，在已建房屋附近开挖深基坑、打桩或大面积降低地下水位等，引起地面基础产生新的不均匀沉降或侧向位移，造成附近房屋的损坏。

5. 地基基础受毗邻建筑的影响

因毗邻建筑增大荷载或局部加层，地基受应力叠加的影响，产生附加沉降，引起上部结构的损坏。这种损坏，均发生在毗邻建筑主体结构基本完成或加层完成后。对于大型的房地产开发项目，后期楼盘在建设时将大量建材、机具重物堆放在已建成的建筑物附近也会导致荷载增加，给地基基础带来新的不均匀沉降。

6. 设计不当造成地基基础损坏

设计部门对地质情况了解不够，对软土地基处理不当，基础设计截面小、强度不够，房屋建成后地基变形值超过了允许值，作用在地基的荷载超过了地基承载力等，都会使地基遭到破坏，上部结构同地基一起失去稳定。这种损坏均发生在房屋建成后的一二年内，有时房屋还未交付使用就出现了损坏。

7. 基础施工质量差的影响

由于砖石、砂浆、砼标号低于规定，施工中不尊重科学，基础砼浇注出现蜂窝、麻面、鼠洞或减小基础截面，使基础天生刚度不足，在使用荷载长期作用下，出现破损、酥碎、断裂等损坏，影响上部结构。这种情况，在鉴定中只要通过验算，若地基基础有足够的承载力，房屋又出现沉降裂缝，那就可能与施工质量有关。

8. 外界动力的影响

由于外界动力荷载的影响，如爆破、机器、高速列车的振动等，使地基土产生液化、失稳和震陷，产生不均匀沉降，导致基础在上部荷载作用下，连同上部结构一起产生损坏。特别是位于砂土地基上或地基持力层内含有饱和粉细砂夹层时，由于振动的影响极易产生液化现象，一般在重工业、矿区或邻近铁路、施工现场附近的房屋最容易发生。

9. 使用不当的影响

使用不当造成地基基础损坏，随意改变房屋用途，在阳台或屋顶乱搭，使地基基础承受的荷载超过自身的抗剪力，产生局部沉降而引起房屋损坏。

（二）地基基础损坏所引起上部结构损坏的现象

一般来说建筑物的基础在一定范围内的沉降变形是正常的、无害的，只有当地基基础的变形超过了容许值，才会影响到上部结构的使用功能，甚至导致地基基础承载力降低或不足，引起结构性的损坏。这类不正常的基础变形，一般总是通过上部结构的损坏表现出来的，因而，在物业管理过程中，要学会分析和判断哪些上部结构的损坏是由于地基基础的损坏所引起的。

一般的房屋建筑传力树为：屋面荷载→屋盖→屋面梁（屋架）→墙（柱）→基础→地基；楼面荷载→楼板→梁。从传力树可知，基础是房屋受力最大的构件，没有一个坚固耐久的基础，房屋上部结构就是建造得再坚固也要出问题。地基产生病变无疑会影响基础，使基础产生损坏。若基础产生病变，会直接传送到上部结构，首先是墙、柱。

房屋地基基础的损坏，主要通过地基的不均匀沉降而发生有害变形，反映到房屋上部结构主要是出现裂缝、倾斜和变形，从而削弱和破坏结构的整体性、耐久性、稳定性，危及房屋的正常居住和使用安全，严重时地基基础丧失承载力还会导致房屋倒塌。为了达到准确鉴定地下隐蔽部分的损坏程度、危险状态，就要掌握地基基础各类病变及不同部位引起的不均匀沉降在上部结构反映的特征。一般情况下有以下几个特征。

1. 斜向的沉降裂缝

由于地基基础病变产生的不均匀沉降，墙体内产生附加应力。当墙体内应力超过了砌体的极限强度时，首先在墙体的薄弱处产生斜向裂缝。对于体积较大、平面不规则的建筑物，则在变截面处产生竖向裂缝，并随着沉降量的增大而不断发展和扩大，它的特征很明显：裂缝的走向以斜向较多，竖向较少，大多数情况下，斜裂缝通过门窗洞口的对角，紧靠门窗处缝宽较大，向两边逐渐减小，其走向往往是沉降小的一边向沉降大的一边向上发展。纵墙上正“八”字、倒“八”字斜裂缝如图 6－3 和图 6－4 所示。

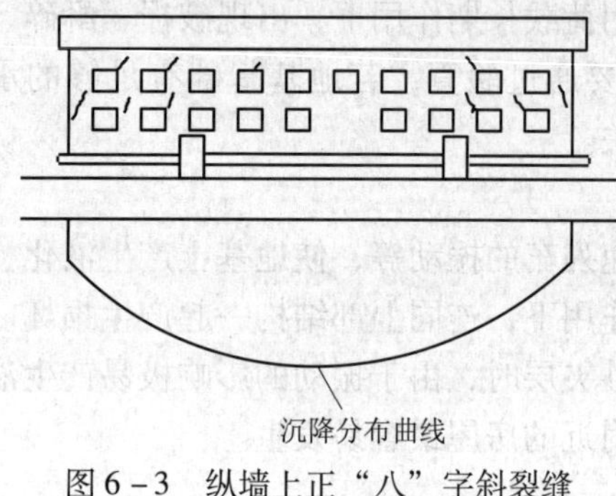

图 6－3 纵墙上正“八”字斜裂缝

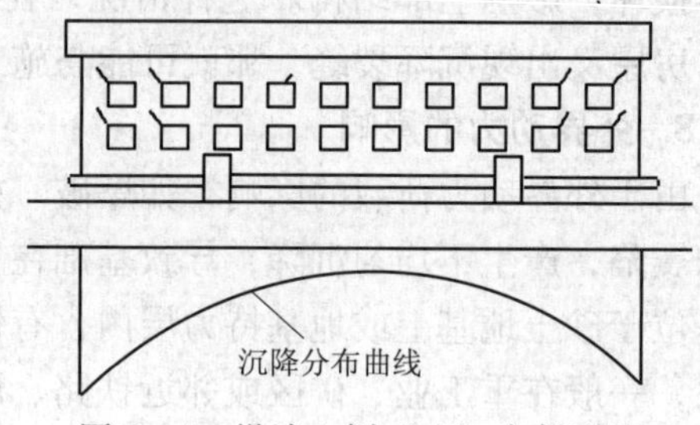

图 6－4 纵墙上倒“八”字斜裂缝

2. 竖向裂缝

竖向裂缝一般产生在纵墙的顶部或底层的门窗上下，墙顶的竖向裂缝是由于房屋两端沉降值较大、中间沉降值较小而产生的，墙底层竖向裂缝是由于房屋中间沉降值较大、两端沉降值较小产生的。竖向裂缝是因墙体受弯矩作用形成的。

3. 45°的斜向裂缝

荷载不均匀造成的沉降裂缝均产生在大小荷载分界处，一般为 45°的多条斜裂缝。建筑物分界处斜裂缝如图 6－5 所示。

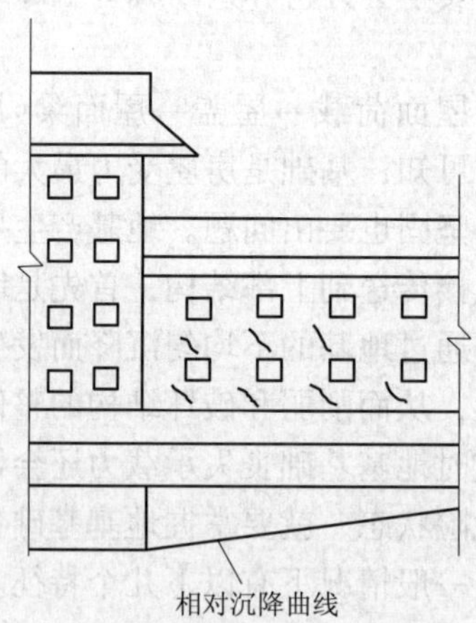

图 6－5 建筑物分界处斜裂缝

4. 相邻影响下的附加变形裂缝或房屋倾斜

毗邻建筑荷载加大影响地基局部应力叠加而造成不均匀沉降，对上部结构的损坏，要看房屋的刚度如何，当房屋的刚度较差时，造成的墙体裂缝多为45°斜裂缝；当房屋的刚度较好时，会造成房屋整体倾斜。新增建筑物引起原有建筑物开裂如图6－6所示。地铁引起某小区房屋倾斜如图6－7所示。

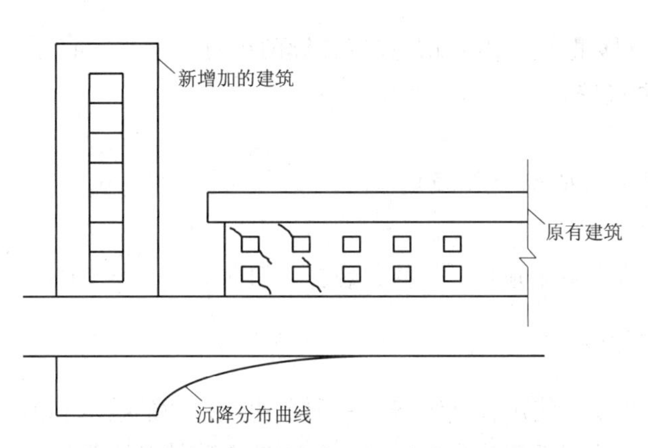

图6－6　新增建筑物引起原有建筑物开裂

图6－7　地铁引起某小区房屋倾斜

5. 水平裂缝

膨胀土对含水量非常敏感，含水量增大，土膨胀；含水量减少，土则立即收缩。一般情况下，随着室内含水量的消失土壤干缩，从而引起墙身、楼面、地坪的开裂。室外部分与大气相接触，容易受到影响，当气候干燥，室外土壤因失水干缩时，基础向外倾斜，严重时能引起墙身断裂。这种裂缝一般是水平的，然而，由于土壤分布和房屋构造不完全一致，造成的裂缝——水平、倾斜、阶梯形都会出现。水平裂缝如图6－8所示。

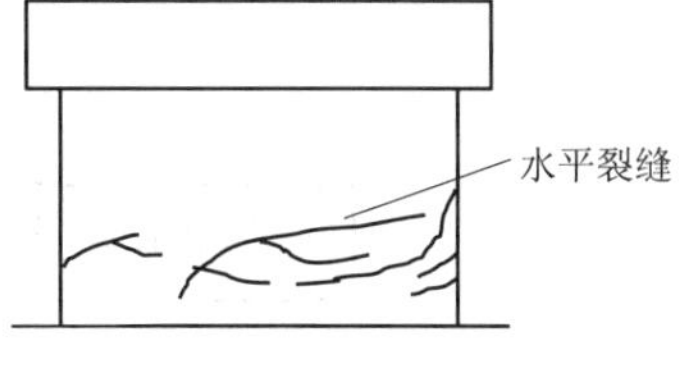

图6－8　水平裂缝

（三）地基基础损坏的鉴定原则

地基基础损坏的鉴定必须由专业的房屋安全鉴定中心来完成，一是根据地基基础的承载能力；二是根据地基基础的变形和不均匀沉降的现象。确定已有房屋地基基础的承载力是很困难的，但是地基基础的有害变形、不均匀沉降、滑移和承载力不足，而引起上部结构的裂缝、倾斜和变形是很容易测定的。当地基基础发生较大沉降或沉降差时，房屋上部结构必然要出现因沉降产生的裂缝（沉降裂缝）或设备运行不正常现象，一般情况下，参照《危险房屋鉴定标准》（JGJ 125—99），通过对上部结构损坏程度的检测，就可以较准确地鉴定地基基础的危害程度。房屋上部构件达到下列损坏程度即属危险构件，基础亦属危险。

1. 沉降

通过用精密水准仪检测，地基沉降速度连续两个月大于2 mm/月，并且短期内无终止趋向。

2. 倾斜与裂缝

地基产生不均匀沉降，其沉降量大于现行国家标准《建筑地基基础设计规范》规定的允许值，上部墙体产生沉降裂缝宽度大于10 mm，且房屋局部倾斜率大于1%。

3. 滑移

由于地基不稳定而产生的滑移，水平位移量大于10 mm，速度连续两个月大于2 mm/月，并对上部结构有显著影响，且仍有继续滑动迹象。

4. 承载力

基础承载能力小于基础作用效应的85% （$R/r_{0S}<0.85$）。

5. 病变状态

基础老化、腐蚀、酥碎、折断，导致结构明显倾斜、位移、裂缝、扭曲等。

二、既有建筑地基基础的维修方法

既有建筑地基基础因上部的建筑物已经投入使用，其维修是一项专业性很强的技术，因此要求施工人员具备较高的素质和丰富的地基基础工程维修经验，并能较准确地判断损坏原因，清楚所承担基础加固工程的加固目的、加固原理、技术要求和质量标准。在保证上部建筑和使用者安全的前提下，有针对性地选择有效的、经济的、合理的处理方案。基础维修工作流程如图6-9所示。

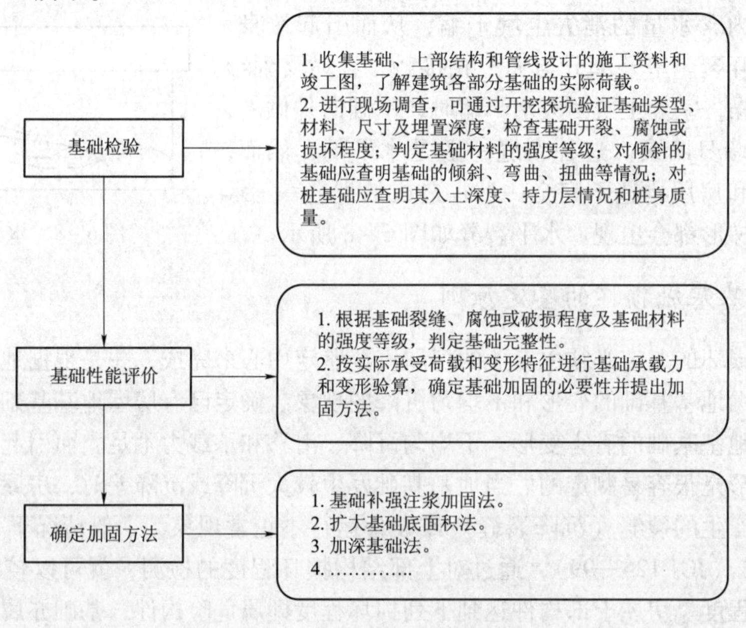

图6-9 基础维修工作流程图

（一）既有建筑物地基常用的维修方法

一些不良地基往往导致上部结构出现病害、缺陷，引起房屋建筑物的结构破坏或造成使用上的不良影响，因此要设法改善不良地基，达到、恢复或提高地基土的承载力，控制或调整一些不利变形的发展。对地基进行加固处理是改善不良地基的有效措施。由于地基加固是在建筑物存在的情况下进行的，又要保证房屋建筑安全，施工起来比较困难，所以处理时要查明病因，从技术上先进、施工条件可行、经济合理及安全的角度出发，综合比较选定加固方案，必要时还应针对地基实际情况，综合采用多种方法。常用的几种地基加固方法有以下几种。

1. 挤密桩加固法

挤密桩加固法是用打桩机将带有特质桩尖的钢制桩管打入所要处理的地基土中至设计深度，拔管成孔，然后向孔中填入砂、石、灰土或其他材料，并加以捣实成为桩体。此法的加固机理是靠桩管打入地基中，对土产生横向挤密作用，在挤密功能作用下，土粒彼此移动，小颗粒填入大颗粒之间的空隙，颗粒间彼此靠紧使土密实，地基土的强度也随之增强，地基的变形随之减小，桩体与挤密后土共同组成复合地基，共同承担建筑物荷载。

由于成桩方法不同，在松散砂土中成桩对周围砂层产生挤密作用的同时也产生振密作用。采用冲击法或振动法往砂土中下沉桩管和一次拔管成桩时，由于桩管下沉对周围砂土产生很大的横向作用力，这就是挤密作用。有效挤密范围可达3～4倍桩直径。采用振动法往砂土中下沉桩管和逐步拔出桩管成桩时，下沉桩管对周围砂层产生挤密作用，拔起桩管对周围砂层产生振密作用，有效振密范围可达6倍桩直径左右。图6－10所示为挤密桩施工图。

图6－10　挤密桩施工图

【适用范围】主要应用于处理松软砂类土、素填土、杂填土、湿陷性黄土等。

【施工机具】打桩机、钢制桩管等。

【建筑材料】砂、石、灰土或其他材料。

【施工步骤】清理施工场地→打桩→拔管成孔→填料→分层捣实。

【施工要点】

① 先清理好施工用的地基场地。

② 桩机（打、拔两用机）就位，平稳后，按设计规定在桩位处对准桩孔，按顺序将桩孔打入要处理的地基土中。桩孔直径一般为 100 ～400 mm，桩孔一般布成梅花形分布，中心距一般为 1.5 ～4.0 倍桩的直径，桩管沉到设计深度后应及时拔桩。图 6 – 11 所示为桩位布置图。

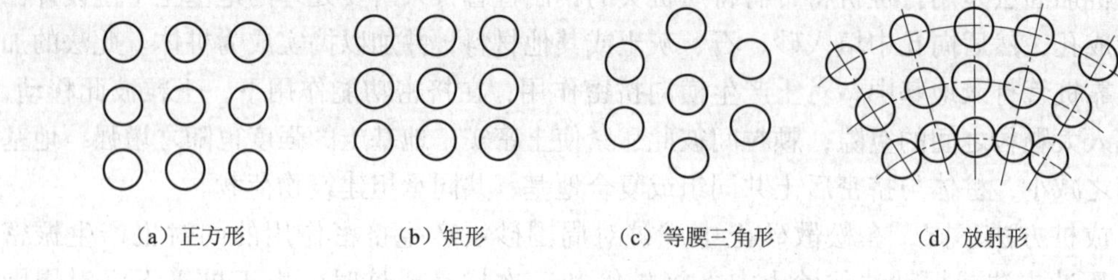

图 6 – 11　桩位布置图

③ 拔管成孔后要及时检查桩孔质量，然后将填料分层填入并加以捣实，如填入干砂、石灰等。

④ 在松散砂土中，首先施工外围桩，然后施工隔行的桩，对最后几行桩如下沉桩管有困难时，可适当增大桩距。在软弱黏性土中，砂桩成型困难时可隔行施工，各行中的桩也可间隔施工。

⑤ 冲击法成桩分为两种情况：单管法施工时，控制拔管速度为 1.5 ～3 m/min，以保证桩身连续性，而桩直径是以灌砂量来控制；双管法施工时，锤击内管和外管将砂压实，按贯入度控制，保证桩身的连续性。振动法成桩主要控制拔管的速度，如一次拔管法，拔管 1 m 控制在 30 s 内；逐步拔管法，每次拔起 0.5 m，停拔续振 20 s。

2. 高压喷射注浆法加固

高压喷射注浆法是利用钻机把带有喷嘴的注浆管钻进至土层的预定位置后，以高压设备使浆液或水成为 20 ～40 MPa 的高压射流从喷嘴中喷射出来，冲击破坏土体；同时钻杆以一定速度渐渐向上提升，将浆液与土粒强制搅拌混合，浆液凝固后，会在土中形成一个固结体。

1）高压喷射注浆法的种类

（1）根据喷射流的移动方向可以分为旋转喷射（旋喷）、定向喷射（定喷）和摆动喷射（摆喷）三种形式，如图 6 – 12 所示。

① 旋转喷射时喷嘴边喷射边旋转提升，固结体呈圆柱状。主要用于加固地基，提高地

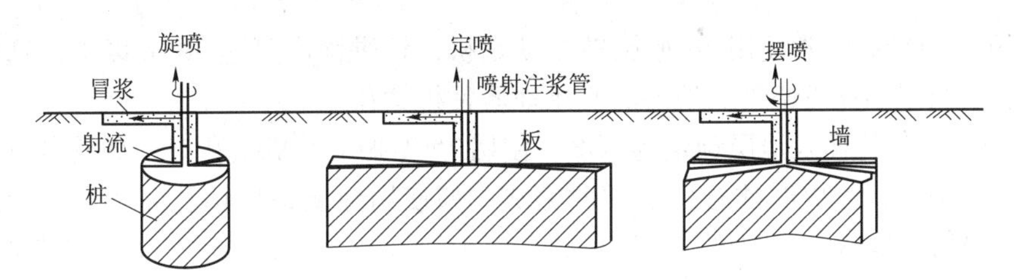

图 6－12 高压喷射注浆法的三种形式

基的抗剪强度；也可组成闭合的帷幕，用于截阻地下水流和治理流沙；也可用于场地狭窄处做维护结构。

② 定喷法施工时，喷嘴边喷射边提升，但喷射的方向固定不变，固结体如板状或壁状。

③ 摆喷施工时，喷嘴边喷射边提升，喷射的方向呈较小角度来回摆动，固结体形如较厚墙状。

定喷和摆喷两种方法通常用于基坑防渗、改善地基土的水流性质和稳定边坡等工程。

（2）根据施工工艺的类型可分为单管法、二重管法、三重管法和多重管法四种。

① 单管法是利用钻机把安装在注浆管（单管）底部侧面的特殊喷嘴置入土层预定深度后，用高压泥浆泵等装置，以 20 MPa 以上的压力，把浆液从喷嘴喷射出去冲击破坏土体，使浆液与冲切下的土粒搅拌混合，经过凝固后在土中形成一定形状的固结体。

② 二重管法是使用双通道的二重注浆管，当二重注浆管钻进至土层的预定深度后通过在管底部侧面的一个同轴双重喷嘴同时喷射出高压浆液和空气两种介质的喷射流，即内喷嘴喷射 20 MPa 左右的高压泥浆，外喷嘴喷射 0.7 MPa 左右的高压空气。在高压浆液与其外围环绕气流的共同作用下，破坏土体的能量显著增大，固结体的直径也明显增大。

③ 三重管法使用分别输入水、气、浆三种介质的三重注浆管，在以高压泵等高压发生装置产生 20 ～ 30 MPa 的高压水喷射流的周围，环绕一般 0.5 ～ 0.7 MPa 的圆柱状气流，进行高压水喷射流和气流同轴喷射冲切土体，形成较大的空隙，再另有泥浆泵注入压力为 0.5 ～ 3 MPa 的浆液填充。

2）高压喷射注浆法的施工

【适用范围】适用于处理淤泥、淤泥质土、软塑或可塑黏性土、粉土、黄土、砂土、人工填土和碎石土等地基，可提高地基强度起到补强加固等作用。

【施工机具】钻机、高压发生设备（高压泥浆泵和高压水泵）、空气压缩机和泥浆搅拌机等。

【建筑材料】水泥浆液、外加剂等。

【施工步骤】钻机就位→钻孔→插管→喷射作业→冲洗→移动机具。

【施工要点】

① 钻机就位。钻机安放在设计的孔位上并保持垂直，施工时旋喷管的允许倾斜度不得大于 1.5%。

② 钻孔。单管旋喷常使用76型旋转振动钻机，钻进深度可达30 m以上，适用于砂土和黏性土层。当遇到比较坚硬的地层时宜用地质钻机钻孔。

③ 插管。将喷管插入地层预定的深度，使用75型振动钻机钻孔时，插管与钻孔两道工序合二为一，即钻孔完成时插管作业同时完成。如使用地质钻机钻孔完毕，必须拔出岩心管，换上选喷管并插入一定深度。

④ 喷射作业，当喷管插入预定深度后，由下而上进行喷射作业。

⑤ 冲洗，喷射施工完毕后，应将注浆管等机具设备冲洗干净，管内、机内不得残存水泥浆。

⑥ 移动机具，将钻机等机具移到新孔位上。

图6－13所示为旋喷法施工工序。

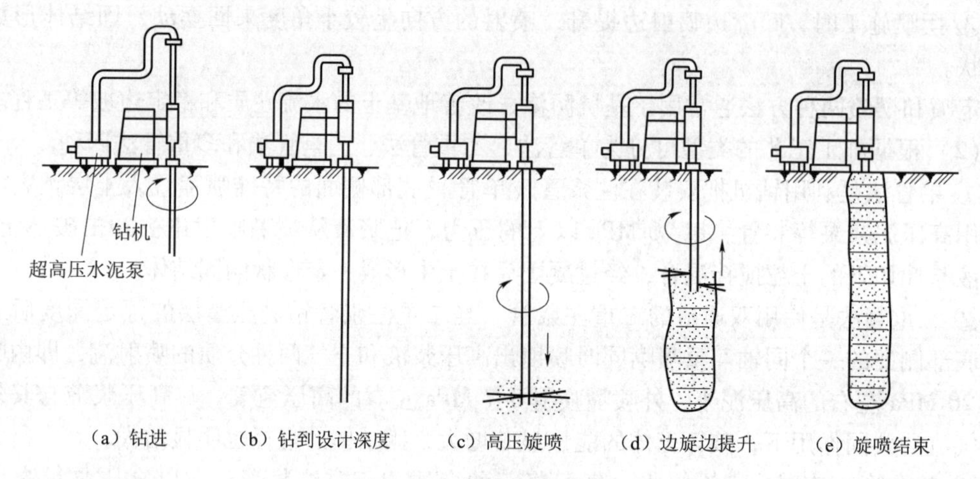

图6－13　旋喷法施工工序

高压喷射注浆法能够比较均匀地加固透水性很小的细粒土，作为复合地基可提高其承载力；可控制加固体的形状，形成连续墙，防止渗漏和流沙；施工设备简单、灵活，能在室内或洞内净高很小的条件下对土层深部进行加固。

3. 注浆加固法

注浆加固法是利用液压、气压或电化学原理，通过注浆管把某些能固化的浆液注入地层中土颗粒的间隙、土层的界面或岩层的裂缝内，以填充、渗透、劈裂和挤密方式，代替土颗粒间孔隙或岩土裂隙中的水和气。经一定时间硬解后，浆液会和原来松散的土粒或有裂隙的岩石胶结成一个整体，形成一个强大的固化体。注浆法是由法国工程师Charles Beriguy于1802年首创的，现已广泛应用于房屋地基加固与纠偏，并取得了良好的效果。

【适用范围】主要用于处理砂及砂砾石、软黏土和湿陷性黄土地基，用于加固、纠偏、防渗、堵漏等工程。

【施工机具】振动打、拔管机，压浆泵，储液罐及注浆管等。

【灌注材料】水泥系浆液（纯水泥浆、黏土水泥浆）、水玻璃、丙烯酸胺和纸浆废液为主剂的浆液。

【施工步骤】加固准备→定范围、孔位→定机位、插管→注浆→拔管→洗管→管内材料捣实。

【施工要点】

① 施工前准备及施工使用的设备。施工前应对加固地基段落进行工程地质勘探，查明地基土的物理力学性质、化学成分及水文地质条件等，布置及清理加固地基场地。

② 确定灌浆范围及布置孔位。灌浆范围应根据房屋建筑的大小、地基土胀缩量、地基土病害情况等沿房屋建筑的四周进行灌浆，灌浆孔位应根据浆液影响半径和灌浆体设计厚度等进行布置，一般为1.5 m，可采用正方形布孔，也可采用梅花形布孔。

③ 打、拔管机定位，打入带孔的压浆管。施工时如发现压浆管小孔堵塞，应及时拔管清洗干净。

④ 在储液罐内搅拌已配备好的浆液。

⑤ 通过压浆泵注入浆液，施工时注意控制灌注压力，压力太大会使浆液流散。

⑥ 如此重复，进行不同深度的灌浆，并不断接长压浆管，直至灌浆全部完成。

（二）既有建筑物基础常用的维修方法

基础属于隐蔽工程，它在房屋建筑中是影响全局的关键部分，要保证房屋的安全与正常使用，就必须保证基础的强度和稳定性。基础又是以可靠的地基为前提而存在的，地基和基础是彼此联系和影响的整体。一旦基础破坏，又将增大地基的不均匀沉降。另一方面在一定程度上可以通过增强基础来减弱或控制地基的病害。所以在实际工程中应及时对一些病弱基础进行修复或加固，从而削弱基础对地基及上部结构的不利影响。既有建筑地基基础加固处理大致分类如下。

（1）既有建筑基础常用的加固方法有：以水泥砂浆为浆液材料的基础补强注浆加固法、用混凝土套或钢筋混凝土套加大基础面积的扩大基础底面积法、用灌注现浇混凝土的加深基础法等。

（2）既有建筑常用的基础托换方法有：锚杆静压桩法、树根桩法、坑式静压桩法、后压浆桩法、抬墙梁法、沉井托换加固法等。

（3）既有建筑迫降纠倾和顶升纠倾，以及位移等方法。

1. 基础补强注浆加固法

【适用范围】基础因机械、不均匀沉降、冻胀或其他原因引起的基础裂损的加固，一般病害较轻。

【施工机具】风钻（如图6－14所示）、喷枪（如图6－15所示）、压浆泵、储气罐等。

【建筑材料】纯水泥浆（灰水比1∶1～1∶10）或环氧树脂。

【施工步骤】开挖临时基坑→损坏处钻孔→加压注浆。

图 6 – 14　风钻

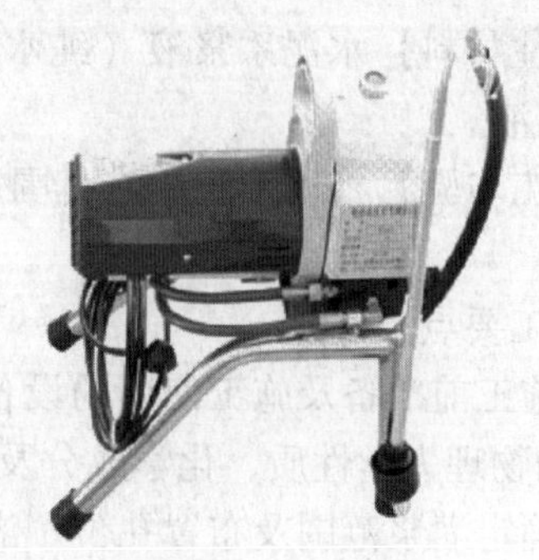
图 6 – 15　喷枪

【施工要点】

① 在病弱基础一侧先开挖出临时坑槽，使病弱基础外露。图 6 – 16 所示为黏结法加固病弱基础图。

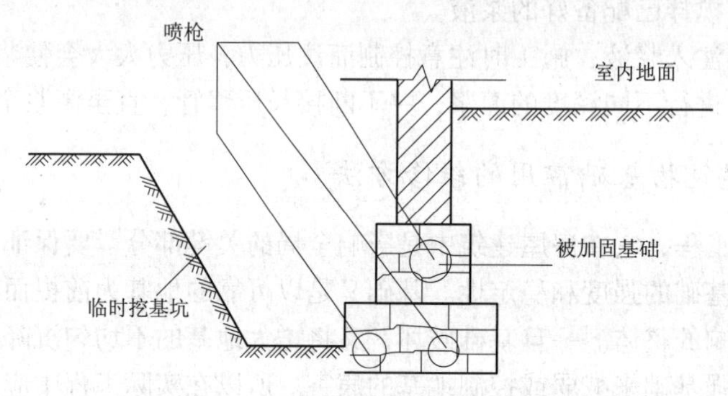

图 6 – 16　黏结法加固病弱基础图

② 在原基础裂损处钻孔，钻孔与水平面的倾角不应小于 30°，且一般不大于 60°。注浆管直径一般可为 25 mm，钻孔孔径应比注浆管的直径大 2 ～ 3 mm，孔距可为 0.5 ～ 1.0 m，孔位按梅花形排列。单独基础每边打孔不应少于 2 个。

③ 注浆压力可取 0.2 ～ 0.6 MPa，如果浆液不下沉，则可逐渐加大压力至 0.6 MPa。浆液在 10 ～ 15 min 内再不下沉则可停止注浆。注浆的有效直径约为 0.6 ～ 1.2 m。对于条形基础施工应沿基础纵向分段进行，每段长度可取 1.5 ～ 2.0 m。

2. 扩大基础底面积法

【适用范围】适用于既有建筑物的基础承载力或基础底面积尺寸不满足设计要求，或基础出现破损、裂缝时的加固。

【施工机具】凿子、钢丝刷、高压水枪等（如图 6 – 17 所示）。

【建筑材料】素混凝土、钢筋混凝土、水泥浆或混凝土界面剂（如图 6 – 18 所示）等。

【施工步骤】旧基础凿毛→冲洗边缘结合处→涂刷混凝土界面剂→铺设新基础垫层→设置锚固钢筋→设置加固钢筋→灌注混凝土。

图 6 - 17　凿子、钢丝刷、高压水枪

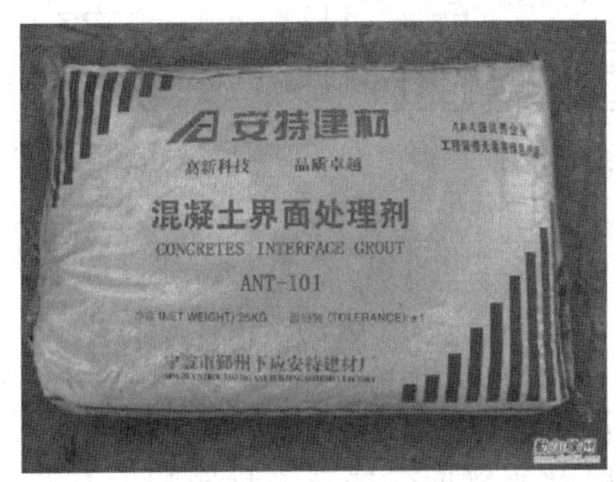

图 6 - 18　混凝土界面剂

【施工要点】

① 在灌注混凝土前先将原基础与新基础结合的面层处凿毛。

② 凿毛处用高压水刷洗干净。

③ 原基础凿毛处要涂刷一层高强度等级水泥砂浆或涂混凝土界面剂，以提高新老基础的牢固度。

④ 在基础加宽施工前对于加套的混凝土或钢筋混凝土的加宽部分，其地基应铺设厚度和材料均与原基础垫层相同的夯实垫层，使加套后的基础与原基础的基底标高和应力扩散条件相同且变形协调。

⑤ 沿原基础高度每隔一定距离设置锚固钢筋，也可在墙角或圈梁钻孔穿钢筋，再使用环氧树脂填满，穿孔钢筋须与加固钢筋焊牢，这样可以达到增加新老基础黏结力的目的。

⑥ 外扩基础的配筋可与原基础钢筋相焊接，或与柱子的主钢筋相焊接，注意下部钢筋与原基础钢筋相焊，上部钢筋应插入杯口或与柱主筋相焊。

⑦ 采用素混凝土包套时基础可加宽 200 ～ 300 mm，采用钢筋混凝土外包套可加宽 300 mm 以上。

⑧ 对于条形基础进行加宽施工时，应按长度 1.5 ～ 2.0 m 划分成单独段，然后分批、分段间隔进行施工，绝不能在基础的全长范围内挖成连续的坑槽而使全长的地基土暴露过久，导致地基土浸泡软化，从而使基础随之产生较大的不均匀变形。

图6－19所示为扩大法示意图。

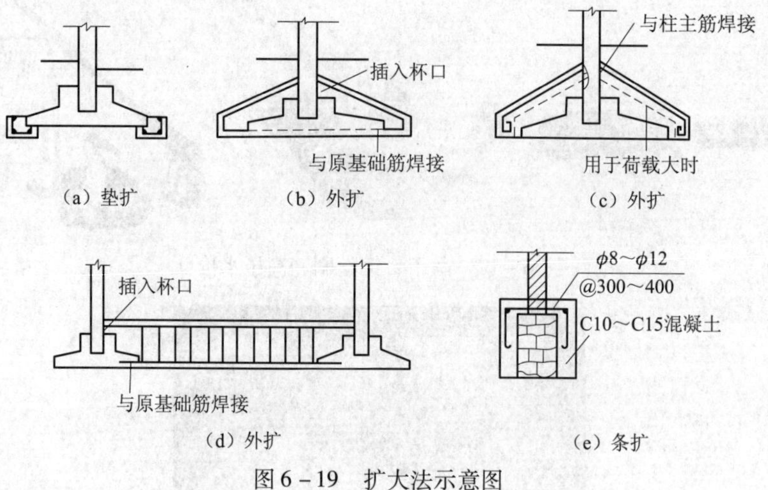

图6－19　扩大法示意图

3. 基础托换法

托换技术主要是解决原有建筑物的地基需要处理、基础需要加固或改建的问题和原有建筑物基础下需要修建地下工程以及邻近建造新工程影响原有建筑物的安全等问题的技术总称。凡是原有建筑物的基础不符合要求，需要增加埋深或扩大基底面积的托换称为补救性托换，上述扩大基础底面积法就是补救性托换。由于近邻要修筑较深的新建筑物基础，因而需将基础加深或扩大的称为预防性托换，也可在平行于原有建筑物基础的一侧修筑比较深的墙来代替托换工程，这种方法称为侧向托换法。有时在建筑物基础下预先设置好顶升的措施，以适应预估地基沉降的需要称为维持性托换。

托换技术是一种建筑技术难度较大、费用较高、建筑周期较长、责任性较强的特殊施工手法，需要有丰富的经验，因为它涉及人身和财产安全，必须由设计和施工都有丰富经验的技术人员来完成。

托换技术分为两个阶段进行：一是采用适当而稳定的方法，支拖住原有建筑物全部或部分荷载；二是根据工程需要对原有建筑物地基和基层进行加固，改建或在原有建筑物下进行工程施工等。在物业管理中关于基础的处理要请专业队伍进行，作为从业人员对维修方法简单了解就可以，在此不对该方法作具体介绍。

4. 既有建筑物的纠倾技术

由于种种原因，建筑物发生倾斜的事故并不罕见。对于在倾斜后整体性仍很好的建筑物，如果照常使用，总有不安全之感；如果弃之不用，则甚感可惜；而将其拆除，则浪费很大。因此，对建筑物进行纠偏，并稳定其不均匀沉降，则是经济、合理的方法。何况对有些建筑物，如意大利比萨斜塔、苏州虎丘塔等名胜古迹，只能使其停止倾斜和纠偏扶正，而决不能拆掉重建。进行建筑物纠偏时，应遵循下列原则。

（1）制订纠偏方案前，应对纠偏工程的沉降、倾斜、开裂、结构、地基基础、周围环境等情况作周密的调查。

（2）应结合原始资料，配合补勘、补查、补测，搞清地基基础和上部结构的实际情况及状态，分析倾斜原因。

（3）拟纠偏建筑物的整体刚度要好。如果刚度不满足纠偏要求，应对其作临时加固。加固的重点应放在底层，加固措施有增设拉杆、砌筑横墙、砌实门窗洞口，以及增设圈梁、构造柱等。

（4）加强观测是搞好纠偏工作的重要环节，应在建筑物上多设测点。在纠偏过程中，要做到勤观测，多分析，及时调整纠偏方案，并用垂球、经纬仪、水准仪、倾角仪等进行观测。

（5）进行建筑物纠偏加固，应从地基处理和基础加固入手。如果地基土尚未完全稳定，应在纠偏的另一侧采用锚杆静压桩制止建筑物进一步沉降（如图 6－20 所示）。桩与基础之间可采用铰接连接或固结连接，连接的次序分纠偏前和纠偏后两种，应视具体情况而定。

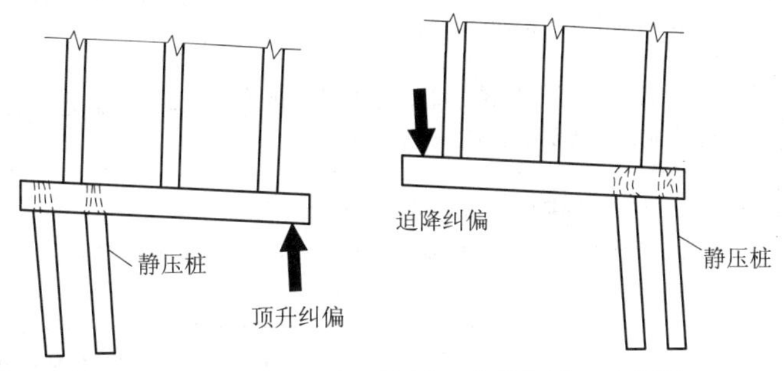

图 6－20　用锚杆静压桩制止建筑物进一步沉降

（6）进行纠偏设计时，应充分考虑地基土的剩余变形，以及因纠偏致使不同形式的基础对沉降的影响。

建筑物的纠偏方法分为顶升纠偏、迫降纠偏及综合纠偏（如图 6－21 所示）。既有建筑物常用的纠倾加固方法为迫降纠倾法和顶升纠倾法，其分类如表 6－2 所示。

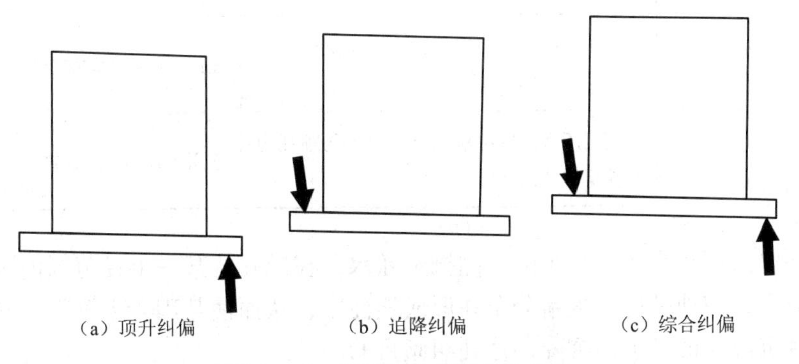

图 6－21　建筑物的纠偏方法类型

表6-2 房屋纠倾法分类表

类别	方法名称	基本原理	使用范围
迫降纠倾	人工降水纠倾法	利用地下水位降低出现水力迫降产生附加应力差异，对地基变形进行调整	不均匀沉降量较小，地基土具有较好渗透性，而降水不影响邻近建筑物
	堆载纠倾法	增加沉降小的一侧的地基附加应力，加剧其变形	适用于基底附加应力较小即小型建筑物的迫降纠倾
	地基部分加固纠倾法	通过沉降大的一侧地基的加固，减少该侧沉降，另一侧继续下沉	适用于沉降尚未稳定且倾斜率不大的建筑纠倾
	浸水纠倾法	通过土体内成孔或成槽，在孔或槽内浸水，使地基土沉陷，迫使建筑物下沉	适用于湿陷性黄土地基
	钻孔取土纠倾法	采用钻机钻取基础底下或侧面的地基土，使地基土产生侧向挤压变形	适用于软黏土地基
	水冲掏土纠倾法	利用压力水冲刷，使地基土局部掏空，增加地基土的附加应力，加剧变形	适用于砂性土地基或具有砂垫层的基础
	人工掏土纠倾法	进行局部取土，或挖井、空取土，迫使土中附加应力局部增加，加剧土体侧向变形	适用于软黏土地基
顶升纠倾	砌体结构顶升纠倾法	通过结构墙体的托换梁进行抬升	适用于各种地基土、标高过低而需要整体抬升的砌体建筑
	框架结构顶升纠倾法	在框架结构中设托换牛腿进行抬升	适用于各种地基土、标高过低而需要整体抬升的框架建筑
	其他结构顶升纠倾法	利用结构的基础作反力，对上部结构进行托换抬升	适用于各种地基土、标高过低而需要整体抬升的建筑
	压桩反力顶升纠倾法	先在基础中压足够的桩，利用桩竖向力作为反力，将建筑物抬升	适用于较小型的建筑物
	高压注浆顶升纠倾法	利用压力注浆在地基土中产生的顶托力将建筑物顶托升高	适用于较小型的建筑物和筏板基础

工程中一般采用在房屋沉降小的一侧掏土灌水，在成孔的某一半径范围内因掏孔和灌水而加大地基应力，使地基应力重新分布并形成塑性区，从而使基础产生沉降。同时，采取有效的措施控制沉降大的一侧的沉降，达到纠倾目的。

工程实例：如济南钢铁集团总公司8#住宅楼，8层，室外高为24.2 m，长57.86 m，宽

12.62 m，砖混结构，钢筋混凝土条形基础，基础埋深为 -2.25 m，设伸缩缝一道（5，6 轴处），房屋倾斜照片和平面图如图 6-22、图 6-23 所示。1994 年 12 月该楼伸缩缝以东主体完成施工，1995 年 5 月伸缩缝西侧主体封顶，1996 年 6 月发现外纵墙窗台下多处出现斜向裂缝，该楼 19 轴处 8 层窗台向北倾斜 145 mm，并有继续发展的趋势。

图 6-22　房屋倾斜照片

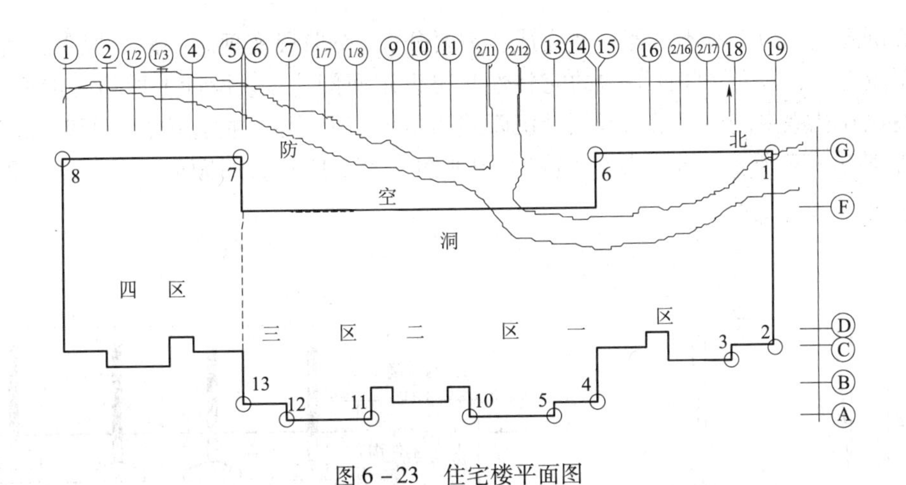

图 6-23　住宅楼平面图

1996 年 7 月、8 月两次进行工程地质补充勘察，钻孔 18 个。发现在该建筑物北部及东侧地下有一废弃防空洞，洞顶距地面约 8 m，洞高 1.5 ～ 1.8 m，洞宽 1.5 m。防空洞顶部塌落，且建筑物外已有两处塌陷至地面（一处在 19 与 G 轴交点，另一处在 12 与 F 轴交点处）。因此，建筑物发生倾斜是由于房屋下防空洞塌陷所致。

根据提供的住宅楼岩土工程勘察报告、原设计图纸及检测鉴定报告，进行纠倾方案设计，确定该建筑物具备纠倾扶正的技术条件和经济价值，首先在建筑物两端防空洞处压力灌浆将防空洞两端堵死。其间沿防空洞钻孔至防空洞底，压力注浆，将防空洞空隙部分充实，并使部分水泥浆渗入周围松动土体，阻止防空洞进一步塌陷。沉降发生较大的部分（楼体的北侧防空洞位置）使用微型桩对原基础进行托换，如图 6－24 所示。微型桩劲型桩身为工字钢，压力灌注高标号砂浆，确保托换后微型桩的抗压和抗拔承载力。承台施工如图 6－25 所示。

图 6－24　微型桩施工

图 6－25　承台施工

计算沉降差在施工时不可能一次完成，需要分次、分阶段实现。一般情况下，按照建筑物的倾斜量大小、建筑物自身结构的完整性状况设定回倾速度。设计上取值一般取为 10 ～ 25 mm 每次掏孔灌水。回倾量值及设计沉降差如图 6－26 所示。掏孔位置、距基底高度和掏孔深度如图 6－27 所示。建筑物纠倾施工图如图 6－28 所示。纠倾前后的对比如图 6－29 所示。

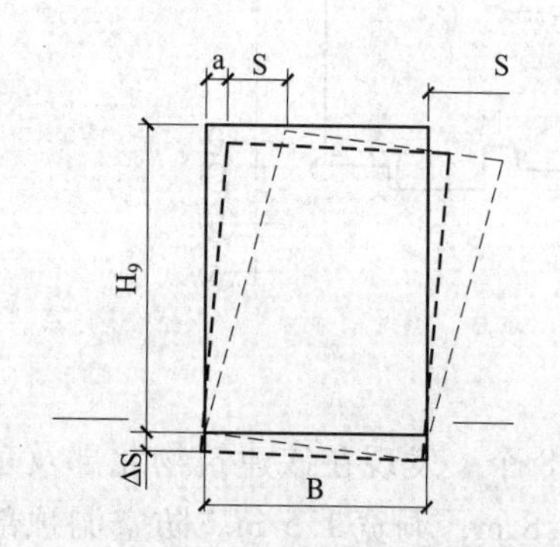

图 6－26　回倾量值及设计沉降差

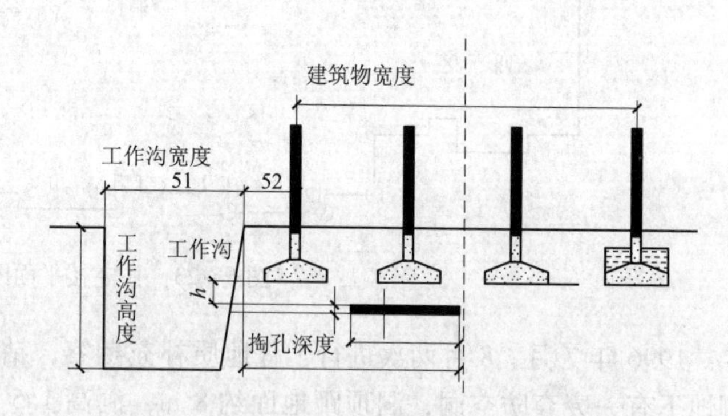

图 6－27　掏孔位置、距基底高度和掏孔深度

图6－28　建筑物纠倾施工图

图6－29　纠倾前后的对比图

三、地基、基础的使用管理与日常养护

地基基础属于隐蔽工程，发现问题采取补救措施对于房屋的耐久性非常重要，物业管理人员在日常管理工作中，应给予足够的重视。做好日常的地基、基础的养护和使用管理工作，尽可能减少因使用不当引起地基基础损坏。总的来讲主要应从以下几方面做好养护工作。

1. 坚决杜绝不合理荷载的产生

地基基础上部结构使用荷载分布不合理或超过设计荷载，会危及整个房屋的安全；而在基础附近的地面堆放大量材料或设备，也会形成较大的堆积荷载，使地基由于附加压力增加而产生附加沉降。所以，应从内外两方面加强对日常使用情况的技术监督，防止出现不合理荷载状况。

2. 防止地基浸水

地基浸水会使地基基础产生不利的工作条件，因此，对于地基基础附近的用水设施，如上下水管、暖气管道等，要注意检查其工作情况，防止漏水。同时，要加强对房屋内部及四周排水设施（如排水沟、散水等）的管理与维修。

3. 保证勒脚完好无损

勒脚位于基础顶面，它能将上部荷载进一步扩散并均匀传递给基础，同时起到基础防水的作用。勒脚破损或严重腐蚀剥落，会使基础受到传力不合理的间接影响而处于异常的受力状态，也会因防水失效而产生基础浸水的直接后果。所以，勒脚的养护不仅仅是美观的要求，更是地基基础养护的重要部分。

4. 防止地基冻害

在季节性冻土地区，要注意基础的保温工作。对按持续供热设计的房屋，不宜采用间歇供热，并应保证各房间采暖设施齐备有效。如在使用中有闲置不采暖房间，尤其是与地基基础较近的地下室，应在寒冷季节将门窗封闭严密，防止冷空气大量侵入，如还不能满足要求，则应增加其他保温措施。

任务二　砌体结构的损坏与维修

一、砌体结构损坏现象及原因分析

（一）砌体结构损坏的原因分析

砌体结构一般是由砖块和砂浆砌合而成。建筑物中墙、柱、腰线、窗台、烟囱、台阶等也常用砖块砌筑成。砖块分类按国家标准分成普通砖和空心砖两大类，砂浆则是由胶凝材料（水泥、石灰膏、黏土等）和填充材料（砂、矿渣）混合搅拌而成。常用的砂浆有水泥和黄沙混合组成的水泥砂浆，水泥、石灰膏、砂子组成的混合砂浆，黏土或石灰膏、砂子组成的黏土或石灰砂浆等。砌墙中一般采用水泥砂浆和混合砂浆，黏土砂浆用于荷载不大的墙体或临时房屋中。砖砌体破坏突出表现在耐久性破坏和砌体裂缝的产生上。

1. 砖砌体耐久性破坏

砌体结构长期处于不良的环境和条件下，其耐久性会降低，主要表现为抹灰层起壳、破裂脱离，砌体表面起麻面、起皮、酥松、砌体表面剥落，以致剥蚀深度逐渐加大。由此看出，砌体耐久性破坏的过程就是其“腐烂”的过程，其实质就是砌体受腐蚀的结果。使砖砌体受腐蚀的原因要有以下几个。

（1）冻解循环造成砖砌体破坏。其损坏一般由表面开始，首先形成抹灰层脱落，砌体表面出现麻点、起皮、酥碱、剥落等。随着冻解次数的增加，砌体酥碱、剥落深度增加，造成砌体内部材料变质，严重时减弱了砖墙的厚度，进而损坏到砌体的整体强度。

（2）风化和浸渍造成损坏。风化是由于砌体材料的溶解质（如石灰等）溶了水，水蒸发后，溶解物结晶而形成沉积风化物。风化物不断堆积浸渍砌体，从而导致砌体膨胀破坏。

（3）化学腐蚀造成损坏。对砖砌体有害的腐蚀介质存在于水中，易侵蚀砖基础砂浆，若基础防潮层处理得不好，地下水中的腐蚀性介质通过砌体的毛细管作用进入墙体，腐蚀墙体。砖砌体结构的酥松，出现酥碱、剥落等腐蚀现象，影响砌体强度，外观上甚至在底层房屋的地面上部墙体泛潮，造成抹灰层酥松、霉变。

（4）使用养护上的不周。房屋建筑的檐沟、水落破损等，没有技术修好，使墙面潮湿；使用时任意拆动；对已出现的破坏现象未及时修复等，这些都会加重砖砌体的腐蚀。

2. 砌体裂缝的产生

砌体病害中最常见的是砌体裂缝。砖砌体的特点是抗压强度较高而抗拉、抗剪的强度较低，较小的拉应力和不大的剪应力作用于砌体内部，都有可能超过其抗拉、抗剪强度，从而使砌体拉裂或剪裂，加之温度等因素影响极易造成裂缝。根据有关资料，砖混结构中的房屋建筑，砖墙开裂的占90%以上。砖砌体产生裂缝后，会影响建筑物的美观，有的还会造成建筑物的渗漏等病害，建筑物的强度、刚度、稳定性和整体性也将受到不同程度的削弱。

砖墙开裂的原因有很多种，主要原因有：设计上的失误，如砌体的连接节点构造不合理、砌体的稳定性不足、整体性的加强措施不够、墙段联结差、传递与扩散荷载的能力差、荷载传递的布置不够均衡、节点构造不够合理；施工质量差，如砌体的垂直度、平整度、砌体中的灰浆饱满度差等，造成砌体强度达不到设计要求、违反操作规程施工、施工中使用的砖与砂浆不符合设计规定的强度等；使用上的不合理，如改变建筑物用途超过原设计的荷载标准，改建时缺乏全面考虑、论证，乱拆、乱改致使地基严重下沉，基础变形位移，墙体受力状况改变，由于受动力、地震等荷载的损坏，致使砌体不能合理传递和支撑等。

3. 砌体裂缝的类型

从砌体裂缝产生的原因大致可分为两类：一类为荷载引起的裂缝，反映了砌体的承载力不足或稳定性不够；另一类是由于温度变化或地基的不均匀沉降所致，它占砌体裂缝的90%以上。

1）沉降裂缝

砖砌体房屋由于地基基础的不均匀沉降，使墙体内产生附加应力，当墙体内应力超过砌体的极限强度时，首先在墙体的薄弱处出现沉降裂缝，并将随不均匀沉降量的增大而不断扩大。裂缝分布规律一般如下。

① 相对弯曲。平面呈矩形、立面长高比较大（长高比大于3∶1时）的砖混结构房屋，地基不均匀沉降常使纵墙产生弯曲变形而开裂。在地层均匀、荷载分布比较均匀的情况下，一般是房屋两端沉降小、中间沉降大，形成正向弯曲变形，纵墙上出现的是正“八”字形的斜裂缝（见图6－30）。如遇到地层或荷载不均匀时，亦会发生两端沉降大、中间沉降小的反向弯曲变形，而纵墙出现的是倒“八”字形的斜裂缝见（见图6－4）。在大跨度窗台下，由于窗间墙下基础的沉降量往往大于窗台下基础的沉降量，形成窗台处砌体的局部反向弯曲变形。因此，大跨度窗台下的砖砌体常产生垂直裂缝，如图6－30所示。

② 局部倾斜。立面高度差异较大且连为一体的房屋，屋高变化部分往往由于地基较大的沉降差，使底层墙体靠近高层部分局部倾斜过大，纵墙上出现裂缝，如图6－31所示。

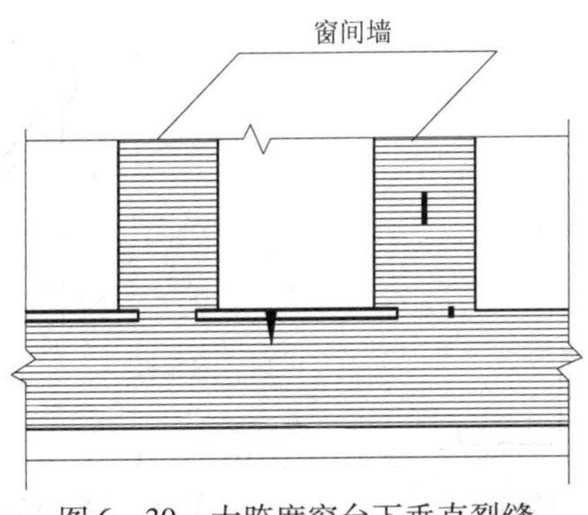

图6－30　大跨度窗台下垂直裂缝

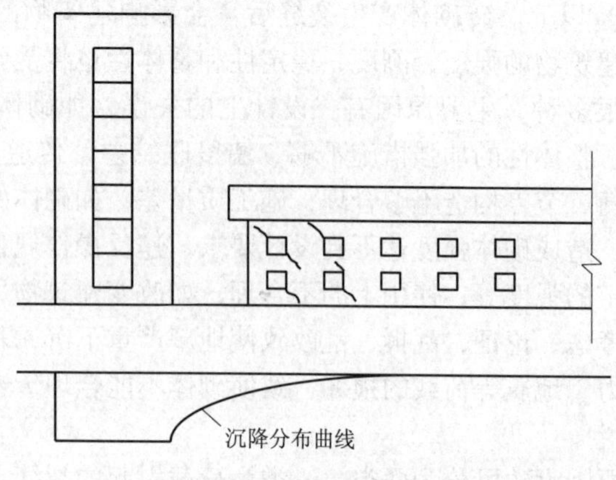

图 6－31　纵墙倾斜裂缝

③ 整体倾斜。上部结构整体刚度好，而压缩层范围内的基土有明显的不均匀性或偏心荷载较大时，不均匀沉降常表现为房屋建筑的整体倾斜，因倾斜而引起重心偏移。

2）温度裂缝

由于砖砌体的线膨胀系数仅为混凝土的一半，如再加上不利的温差，则会进一步增大砖砌体与混凝土构件之间的差异。因此在楼面和屋顶为钢筋混凝土结构的砖混结构房屋上，出现温度裂缝的现象比较普遍。裂缝分布规律一般如下。

（1）墙顶的“八”字斜裂缝。一般位于纵墙顶层两端的 1 ～ 2 个开间内，有时可能发展至房屋长度的 1/3 左右处，裂缝一般由两端向中间逐渐升高，呈对称形。靠近两端有窗口时，则裂缝一般通过窗口的两对角，缝宽一般为中间较大、两端较细。内外纵墙都可能产生这种裂缝，有时横墙上也出现（如图 6－32 所示）。

（2）檐口下的水平缝。一般出现在平屋顶的檐口下或屋顶圈梁下 3 ～4 砖的灰缝中，沿外墙顶部分布，两端较多，向墙中部逐渐减小，如图 6－33 所示。缝口有向外张口的现象，墙的外面较里面明显，有时缝的上部砌体有向外微凸现象。

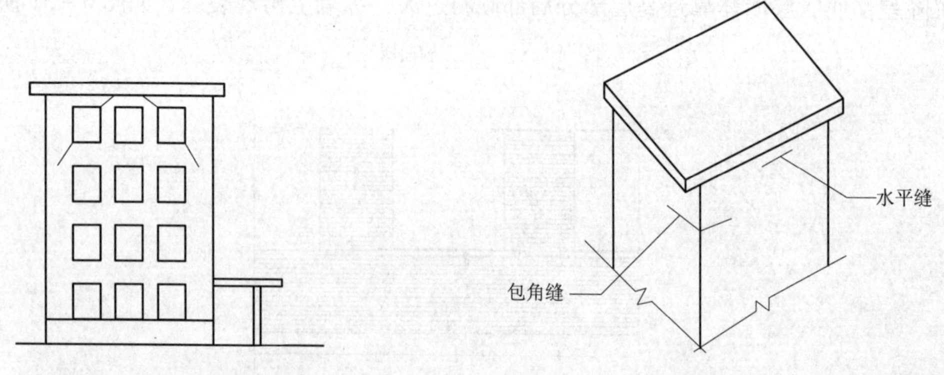

图 6－32　横墙上温度斜裂缝

图 6－33　平房顶檐口下水平缝及包角缝

(3) 包角缝。一般位于房屋顶部的四角，由四角向墙中部发展；缝的宽带在靠四角处较大，向中部逐渐减小，且常与水平缝连接。

以上三种形态的裂缝，主要由于屋面直接接受太阳照射的辐射热远高于墙体（在南方地区，夏季屋面温度可高达60度左右，而内墙的温度只在30度左右），如果屋面没有良好的隔热措施，屋面板的变形伸长较下砌体大，温度变形使墙的端部产生主拉应力，当主拉应力超过砌体的抗拉强度时，就会在墙体上产生“八”字形裂缝。而檐口下面的水平裂缝和包角裂缝则是由于横向或纵向温度切应力超过了墙体的水平抗剪强度而产生的。

另外在高大空旷的砖结构房屋中，特别是中间用柱承重的半框架房屋，在窗口上下水平处常出现水平裂缝；位于寒冷地区，墙体较长而未设伸缩缝的房屋，常在外纵墙墙角部位的门窗洞口对角发生斜裂缝，或在檐口下出现垂直裂缝。

温度变形引起砌体结构开裂是极普通的现象，它与低级不均匀沉降裂缝最大的区别在于前者出现在房屋顶部向下延伸，而后者出现在房屋底部向上延伸。

3）收缩裂缝

砖砌体的收缩裂缝是由于砌筑砖块和灰浆的体积不稳定而引起，属于非受力裂缝的一种。收缩裂缝在实砌黏土砖墙中比较少见。对于采用蒸压粉煤灰砖砌筑的墙体，已有发现。主要是由于所用粉煤灰砖在工厂出釜后至砌筑到墙上的间隔时间过短（正常间隔时间宜在2周以上），砖块未经充分收缩即形成砌体，易导致砌体开裂。裂缝一般较多出现在承重墙上，多数为竖向裂缝，呈枣核形，即上下两端细、中部宽。

4）振动裂缝

振动裂缝是由机器振动产生的裂缝和地震时地面剧烈运动使房屋结构受到强迫振动而产生的裂缝。机器振动产生的裂缝常在砌体的薄弱部位（如门窗洞口四角），呈不规则开裂。地震冲击波产生的裂缝有交叉裂缝和斜裂缝，一般在砌体结构的墙上和柱上，其破坏程度与地震烈度有关。

5）强度裂缝

砖砌体强度裂缝是指砖砌体强度不足及荷载作用直接引起的裂缝。这类裂缝常发生在砌体直接受力部位，且其破坏形式与荷载作用引起的破坏形式相一致。常见砖砌体产生强度裂缝主要有以下几种形式：当砌体受弯矩作用或受到水平剪力作用时引起水平裂缝；当砌体轴心受压、偏心受压时，如强度不足而出现的垂直裂缝和斜向裂缝；大偏心受压砌体，一部分截面受拉，一部分截面受压，使砌体出现竖直压裂和水平拉裂；当砌体局部受压（如梁底下），由于砌体的不均匀受力，会在某一局部砌体或应力比较集中的几层砖上出现压裂缝，即垂直的或倾斜的裂缝；当砌体轴心受拉，会沿着砌体的灰缝产生垂直裂缝或斜裂缝（如首层的窗洞口较大又无地梁时，常在窗台中间出现垂直裂缝）。

强度裂缝的出现，说明荷载引起的构件内应力已接近或达到砖砌体相应的破坏强度，因此，这类裂缝出现后如不及时分析研究，作出准确的判断并采取措施处理好，砖砌体则很容易发生突然破坏，引起房屋倒塌，是非常危险的。而非受力裂缝则不然，因为裂缝不受荷载大小的影响而发展，砖砌体不会因此而进入破坏前的状态。

（二）砌体结构裂缝的观察与裂缝处理原则

砌体房屋裂缝开展的观测是房屋质量检测的重要内容之一，砌体结构裂缝观察和维修的过程为：裂缝宽度的观测→裂缝深度的量测→查清原因→裂缝性质的判定→观测裂缝变化规律→明确处理目的→选择适当的处理时间→选用合理的处理方法。

1. 砌体结构裂缝的观察

（1）裂缝宽度的量测：可用 10 ～ 20 倍裂纹放大镜和放大镜进行观测，可从放大镜中直接读数。裂缝是否发展，常用宽 50 ～ 80 mm、厚 10 mm 的石膏板固定在裂缝两侧，若裂缝继续发展，石膏板将被拉裂。

（2）裂缝深度的量测：一般常用极薄的薄片插入裂缝中，粗略地测量深度。精确测量可用超声波法。在裂缝两侧钻孔充水作为耦合介质，通过转换器对测，振幅突变处即为裂缝末端深度。

（3）砌体裂缝的判别：房屋裂缝检测后，绘出裂缝分布图，并注明宽度和深度。应分析、判断裂缝的类型和成因。一般墙柱裂缝主要由砌体的荷载、地基基础的沉降、温度变化及材料干缩等引起的。

2. 砌体裂缝处理的程序

（1）查清原因：从消除裂缝因素着手，防止再次开裂。如控制荷载，改善屋盖隔热性能。有时还可用加固屋架。

（2）鉴别裂缝性质：重点区别受力或变形两类性质不同的裂缝，尤其应注意受力裂缝的严重性与迫切性，杜绝裂缝急剧扩展而导致倒塌事故的发生。

（3）观测裂缝变化规律：对变形裂缝应作观测，寻找裂缝变化的规律，或确定裂缝是否已经稳定，作为选择处理方案的依据。

（4）明确处理目的：要根据裂缝的性质和裂缝变化规律明确处理的目的，如加固基地、减少荷载、裂缝封闭等。

（5）选定适当的处理时间：受力裂缝应及时处理，地基变形最好在裂缝稳定后处理，温度变形裂缝宜在裂缝最宽时处理。

（6）选用合理的处理方法：既要效果可靠，又要切实可行，还要经济合理。

（7）确保处理工作安全：对处理阶段的结构强度与稳定性进行验算，必要时采取支护措施。

（8）满足设计要求：处理裂缝应遵守标准规范的有关规定，并满足设计要求。

（三）砌体结构的维修

常见的温度裂缝、沉降裂缝和荷载裂缝在维修时要注意采取不同的处理措施。温度裂缝一般不影响结构安全，经过一段时间观测，找到裂缝最宽的时间后，通常采用封闭保护或局部修复方法处理，有的还需要改变建筑热工构造。大多数沉降裂缝不会严重恶化而危及结构安全。通过沉降和裂缝观测，对那些沉降逐步减小的裂缝，待地基基本稳定后，作逐步修复或封闭堵塞处理；如地基变形长期不稳定，可能影响建筑物正常使用时，应先加固地基，再处理裂缝。因承载能力或稳定性不足或危及结构物安全的荷载裂缝，应及时采取荷载或加固补强等方法处理，并应立即采取应急防护措施。

1. 砖砌体受腐蚀的维修

【适用范围】墙面已腐蚀呈酥松的粉状腐蚀层。

【施工机具】钢丝刷、喷枪、加压泵等。图 6－34 所示为高压灌浆机器设备与高压灌浆材料。

（a）高压灌浆机器设备

（b）高压灌浆材料

图 6－34　高压灌浆机器设备与高压灌浆材料

【建筑材料】高压水、碱液、石灰、氨水等碱性介质；防腐蚀材料：水泥砂浆、耐酸砂浆、耐碱砂浆、改用沥青混凝土、沥青浸渍砖；M2.5、M5、M7.5 砂浆。

【施工方法】

（1）墙面腐蚀层的清除。

对已腐蚀的墙面，呈酥松的粉状腐蚀层必须清除干净，用钢丝刷清除浮灰、油污和尘土等，然后用压力水冲洗干净；墙面经 pH 试纸检查，呈微碱性即可。如表面属酸性介质腐蚀，应作中和处理，通常用碱液、石灰、氨水等碱性介质与之中和，再用清水冲洗。若表面属碱性介质腐蚀，一般不需要中和处理，用清水冲洗即可。墙面干燥后，再进行下一道工序。

（2）腐蚀层清除后墙面的修复。

① 在砖砌体使用环境中砖墙受一般腐蚀的情况，可根据防腐的要求，加做水泥砂浆、耐酸砂浆或耐碱砂浆面层；或改用沥青混凝土、沥青浸渍砖等修复。对受腐蚀较严重的局部墙砖，截面削弱减少 1/5 以上或出现严重的空鼓、歪闪、裂缝等现象，对安全已发生影响的，可采用局部拆除重砌（换砖）的处理。补砌的墙身应搭接牢固，咬槎良好，灰浆饱满。

掏补所用砂浆宜采用 M2.5 混合水泥砂浆。

② 对严重腐蚀的多层房屋底部墙体，可采用“架梁掏砌”方法，采用钢木支撑后，对腐蚀的墙身进行分段拆掏，每段长 1 ～ 1.2 m，留出接槎掏砌，直至把腐蚀部分全部掏换干净。掏换部分的顶部水平缝应用坚硬的片材（如钢片）塞紧并灌足砂浆。掏砌砂浆为 M2.5、M5、M7.5 的砂浆。

2. 砌体裂缝的维修

砌体裂缝的修理，一般都应在裂缝稳定以后进行。鉴别裂缝是否已趋于稳定，方法之一是在裂缝内嵌抹石膏或水泥砂浆，如图 6－35 所示，经一个时期的观察，嵌抹处如保持完整，没有出现新的裂缝，则说明裂缝已趋稳定。

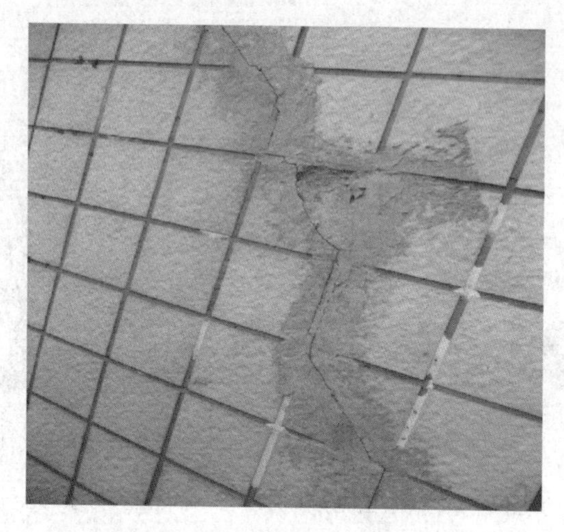

图 6－35　裂缝稳定性检测

裂缝是否需要处理以及采取什么修理方法，应从裂缝对房屋建筑的美观、强度、耐久性、使用要求等方面的影响，充分考虑后确定。有些裂缝细小，且对房屋建筑正常使用的影响不大可暂不处理；有时裂缝（如窗台处）虽不大，但造成墙体渗漏，影响使用；有的裂缝宽而深，不仅影响美观也使建筑物刚度和抗震性能有较大的削弱，这类裂缝就需作适当的处理；有的裂缝引起砌体的损坏严重必须拆除重砌，才能恢复原有的强度和功能。

1）一般砖砌体上裂缝的维护修理方法

（1）水泥砂浆填缝法。

【适用范围】已趋于稳定的砌体裂缝，且裸露于墙外。

【施工机具】钢丝刷、喷枪、加压泵。

【建筑材料】高压水、比原砂浆强度提高一级的水泥砂浆、107 胶。

【施工方法】

先将缝隙清理干净，用 1∶3 水泥砂浆或用比砌体原砂浆强度提高一级的水泥砂浆，将缝隙嵌实，亦可用 107 胶拌入水泥砂浆嵌抹。

【施工方法评价】

该方法比较经济且施工简单，嵌缝后对砖砌体的美观、使用、耐久性等方面起到一定作用，但对加强砌体强度和提高砌体的整体性方面作用不大。

（2）密封法。

【适用范围】裂缝随温度变化而张闭的，宜采用该法修补。

【建筑材料】聚乙烯胶泥、环氧胶泥、聚醋酸乙烯乳液砂浆等密封材料；丙烯树脂、硅树脂、聚氨酯或合成橡胶等弹性材料。

【施工方法】

① 简单密封。将裂缝的裂口开槽，槽口宽度至少 6 mm 以上。清除裂槽上的污物碎屑，保持槽口干燥，嵌入聚氯乙烯胶泥或环氧胶泥或聚醋酸乙烯乳液砂浆等密封材料。

② 弹性密封。用丙烯树脂、硅树脂、聚氨酯或合成橡胶等弹性材料嵌补裂缝，沿裂缝裂口凿出一个矩形断面的槽口，槽两侧凿毛，以增加面层与弹性密封材料的黏结力。槽底设置隔离层，使密封材料不直接与底层墙体黏结，避免弹性材料撕裂，如图 6－36 所示。槽口宽度至少为裂缝预期张开量的 4～6 倍，使密封材料在裂缝开口时不至破坏。

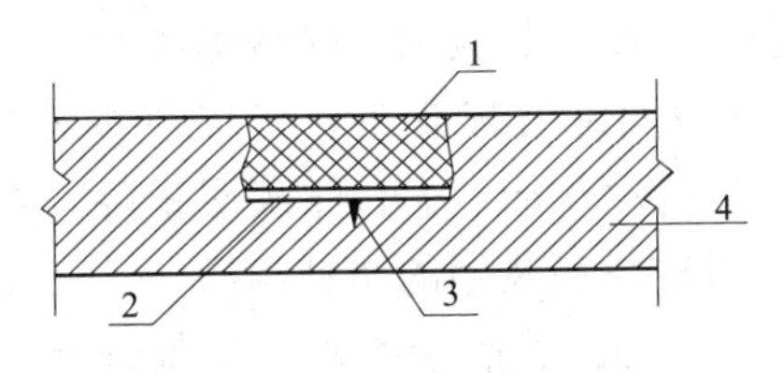

图 6－36　弹性材料密封图

1—弹性密封材料；2—隔离层；3—裂缝；4—墙体

（3）压力灌浆。

【适用范围】裂缝部分或全部在墙体内缝隙交叉。

【施工机具】工程量不大时用手压泵；工程量较大时，宜采用灌浆机、灌浆泵或用空气压缩机贮气罐，如图 6－37 所示。

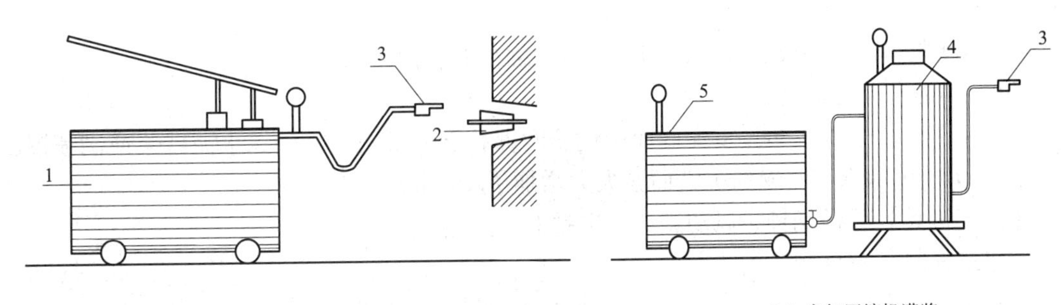

（a）手压泵灌浆　　（b）空气压缩机灌浆

图 6－37　压力灌浆设备示意图

1—手压泵；2—灌浆泵；3—灌浆枪；4—灌浆桶；5—空压机

【建筑材料】水泥，用强度等级为 32.5～42.5 的硅酸盐水泥或普通硅酸盐水泥；砂子，粒径不大于 1.2 mm；107 胶，固体含量为 10%～12%，pH 值为 7～8；水玻璃（硅酸钠），比重为 1.37～1.55，模数为 2.3～3.3；聚醋酸乙烯乳液（木工胶）；水。

【施工方法】

① 准备好必要的机具，并对裂缝情况进行检查，对于裂缝靠近砌体尽端的、经受不住一定压力的墙体，须用临时支撑加固。

② 确定灌浆口的位置。对于裂缝宽度为 1 mm 以下的细微缝隙，灌浆口间距为 200 ～ 300 mm；对于裂缝宽度为 1 ～ 5 mm 的中缝，灌浆口间距为 300 ～ 400 mm；当裂缝宽度为 5 ～ 15 mm 的粗缝隙时，灌浆口间距为 400 ～ 500 mm。

③ 用气动或电动砖墙打眼机，在确定的灌浆口位置上打眼，眼深 10 ～ 20 mm，直径为 30 ～ 40 mm。再用具有 0. 2 MPa 以上压力的风管清除缝隙内碎块粉末等杂物，尤应注意清理打眼的灌浆口，保证缝内畅通无阻。但是不可用凿子将裂缝处凿开，以防加剧砌体破坏程度。

④ 做灌浆口，用长约 40 mm、直径为 12. 7 mm 的铁管做芯子，放在打好的孔洞上，然后用 1∶3 水泥砂浆封闭抹平。待砂浆初凝后，轻轻转芯子，然后将其拔出即做成喷浆口。

⑤ 封堵裂缝。内墙面如抹灰层仍完好、没有脱皮，则只用麻刀灰或在麻刀灰中掺入少量石膏将缝隙封严即可。如抹灰层已脱落，则须将缝隙两侧各 50 mm 宽的抹灰层铲除，再进行封缝。外墙面视裂缝宽度，可用水泥砂浆、纯水泥浆或准备灌浆用的浆液封缝。

⑥ 灌浆前首先灌水。把水倒入浆罐中，灌浆枪对准灌浆口，灌适量的水，以保证浆液畅通。也可将自来水直接对准灌浆口将水灌入。

⑦ 压力灌浆。将配好的浆液倒入灌浆桶中，开动空气压缩机，灌浆枪对准墙面上的灌浆口，自下而上逐步灌浆。当灌下面的浆口、浆从上面口流出时，即用橡皮塞将下面口堵住，开始灌上面口。全部灌完时，待半小时后，要进行第二次补灌，灌浆顺序从上往下，必须全部灌严。

⑧ 堵灌浆口。补灌浆完成后，即用 1∶3 水泥砂浆将灌浆口抹平。

（4）钢筋水泥夹板墙。

【适用范围】裂缝较多且贯穿墙面用钢筋网绑扎于墙身两面，外抹水泥砂浆或满喷混凝土，这不但能消除众多裂缝的扩大而且大大增加了墙的抗剪强度。

【施工机具】手锤钢钎、风动工具、电钻。

【建筑材料】钢筋网。

【施工方法】

用风锤钢钎或风动工具封材料将原墙体的松动软弱部分凿除，并将裂缝剔凿成“V”形槽，其余面层凿毛。用电钻在墙上凿洞，将配置直径为 ϕ6@100 的钢筋网用拉结钢筋固定于墙两侧，用压缩空气清洗吹净，浇水湿润，以利于砂浆或混凝土与墙体能良好地黏结，如图 6 - 38 所示。然后抹 20 ～ 25 mm 厚 1∶2 水泥砂浆。当裂缝左右的砌体错位超过 30 mm 时，应喷射 50 mm 厚 C20 混凝土。

2）加固修理

当砌体强度不足时，一般先做好地基加固然后再行维修。局部拆砌为砌体严重破坏时常

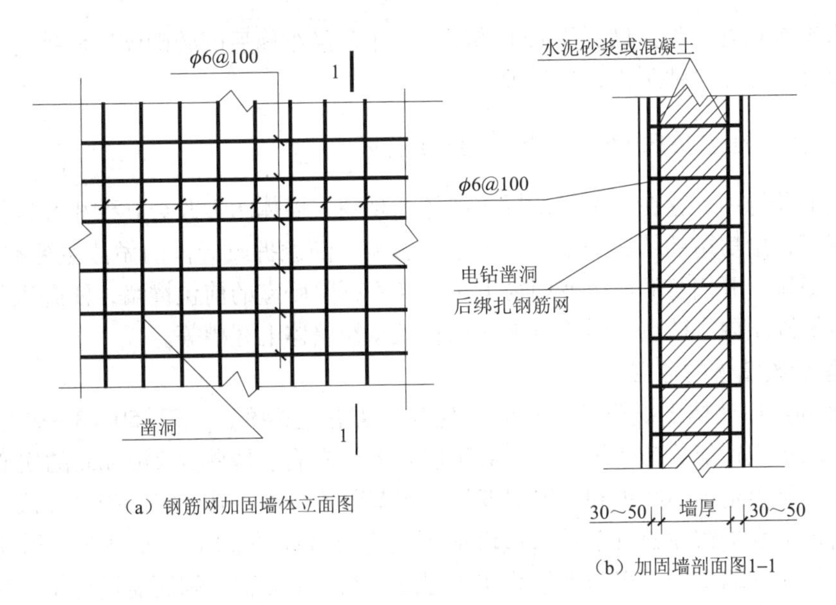

（a）钢筋网加固墙体立面图

（b）加固墙剖面图1–1

图 6－38　钢筋网加固墙上示意图

用的一种恢复性维修措施。当砌体局部损坏其截面削弱 1/5 以上，或出现严重倾斜、墙面弓突等损坏现象，使墙体失去稳定性、减弱承载能力时，一般采用此法处理。拆砌时必须加强安全工作，做好卸荷、支撑、稳定其他墙体的技术措施，并应事先计划好拆砌范围。

拆砌部分的施工时，一定要做好与各联结点的接槎，必要时加设联结钢筋以加强整体性；使用砂浆砌筑时必须在联结处的墙体、砖块上浇水湿润以提高黏结度；如墙体部有梁时应做好梁垫，避免砌体受到局部的较强压力。拆砌后的砌体必须符合房屋修缮工程质量规定，经检查合格后，方可进入下一道抹灰工作。

二、砌体结构损坏防治与养护

（一）做好砖砌体耐久性破坏的防治

防止砌体结构耐久性的破坏，对建筑物正常、安全使用和延长建筑物使用年限具有重要意义。因此首先要搞好砌体的维护和管理，防止砌体受潮和受腐蚀，应做好下列几项工作：消除或最低限度地减少侵蚀介质和环境腐蚀的影响，提高砌体耐蚀能力；对热工性能不足的外墙、檐口等部位采取加厚墙体或其他保温措施，以消除内墙面、顶棚的“结露”、“挂霜”等现象；对湿度较大的或经常关闭的小房间应加强对防水层、排水设施的维护，防止水的侵蚀；及时维修失效的防水层，养护好已有的防水层；保持室外场地平整和排水坡度，防止建筑物周围积水；禁止墙上任意开洞，或直接无组织地排放污水、蒸汽等，以防侵蚀墙体；对已风化、侵蚀在墙上的结晶物，应用钢丝刷子刷除，防止继续腐蚀墙体；经常维修屋面，保持屋面排水系统正常工作，做到屋面不渗漏；对于已经维修后的砖砌体，应针对破坏的因素采取有效措施，防止砌体再次发生腐蚀。

（二）禁止随意拆改墙体引起房屋的损坏

在房屋的装饰中，存在大量随意拆改墙体的现象，墙体的拆改会导致相邻墙体产生不应有的开裂损坏，给房屋的结构安全带来严重的影响。随意拆改墙体的做法主要有以下几种：随意在承重横墙上开门打洞或改变门窗大小；随意拆除卧室的前包檐墙，使卧室与阳台连成一片；随意拆除室内半砖或一砖厚自承重墙；随意在墙体上开槽等。

1. 随意拆改墙体的危害

（1）削弱房屋墙体的抗震性。根据《建筑抗震鉴定标准》（GB 50023—95）规定，多层砌体房屋的抗震性能分为两级鉴定。对于层高 3 m 左右、墙厚为 240 mm 的实心黏土砖房屋，如果第一级鉴定横墙间距和房屋宽度符合规范限值要求，其前提必须是在层高的 1/2 处门窗洞口所占的水平截面积对于承重横墙应不大于总截面的 50%。如果在纵横墙上过多开洞、扩洞，使纵横墙上的门窗洞水平截面积超过标准规定面积，则还需进行第二级鉴定。需分别验算某一楼层拆墙后纵向或横向抗震墙在层高 1/2 处净截面的总面积与该楼层建筑面积之比是否满足纵横向抗震墙的基准面积率要求。如果小于基准面积率，则该多层砌体房屋的抗震能力不满足抗震鉴定要求，影响房屋的抗震能力。

（2）影响阳台的安全使用。如果阳台为现浇钢筋混凝土挑板式或现浇钢筋混凝土梁板式阳台，如图 6－39（a）、6－39（b）所示，则前包檐墙除了承受上部墙体的重量外，还要承受阳台的全部或部分荷载，且起到抵抗阳台倾覆的作用。该墙一旦被拆除，不仅阳台可能因抗弯、抗扭承载力不足而破坏，而且大大削弱了抵抗悬挑阳台倾覆的能力，从而危及阳台的使用安全。

（3）影响上层墙体和楼板的安全。对于横墙承重的多层住宅，若采用设置挑梁式的悬挑阳台，如图 6－39（c）所示，则该前包檐墙虽然不直接承受阳台荷载，但仍要求承受上层重量，如果中间某一层的墙体被拆除，上层墙体便失去支撑，导致上层墙体的损坏、开裂，也危及拆墙者自身安全。对于室内无楼面梁支撑的各层连续砌筑的自承重墙、一砖厚或半砖厚隔墙，随意将其拆除也存在同样问题。住宅厨房、卫生间的半砖隔墙一般承受现浇钢筋混凝土楼板传来的荷载。如果随意拆除厨房、卫生间的半砖隔墙，会改变现浇楼板的支撑情况或扩大板的跨度，从而改变现浇楼板的工作状态，导致现浇楼板工作的不安全。

2. 对随意拆改墙体的应急措施

（1）对随意拆改承重墙或因在墙体上打洞导致楼盖、屋盖出现险情的状况，应及时对受影响的楼盖、屋盖作有效的支顶，防止楼盖、屋盖局部垮塌。

（2）对于因拆除前包檐墙可能导致悬挑阳台抗倾覆矩不足的情况，必须立即责令恢复墙体的原状，以确保悬挑阳台的使用安全。

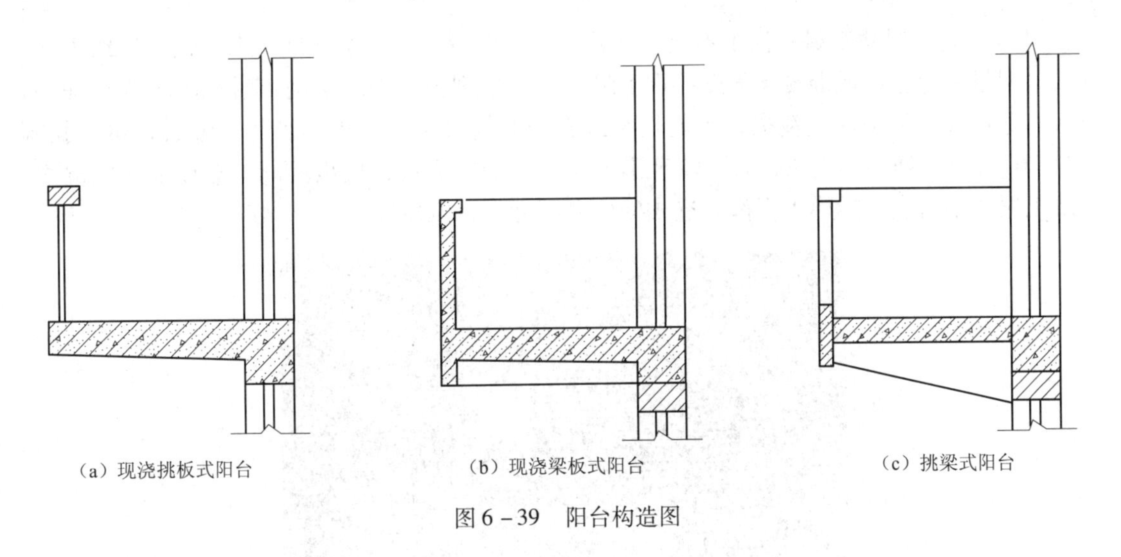

图 6－39 阳台构造图

(3) 对随意拆改的墙体，一般难以恢复原状时，应按照经房屋安全鉴定机构审定的加固方案进行加固。

(三) 砌体裂缝的养护

定期检查，随时观测和监视砌体的受潮和受腐蚀情况，查明原因及时采取措施；对于湿度大经常用水的房间，如卫生间，要做好内墙面的防水，以防止水侵入砖砌体内；及时修复破损的排水水斗、雨水管，避免雨水对局部墙体的长期侵蚀；及时修复破损的勒脚抹灰层，确保散水、明沟能有效排水，防止房屋周围积水；禁止在墙上随意开洞或开洞而未加防护措施，使墙体结构受损，减弱承载能力；保持室外场地平整和排水坡度，以防建筑周围积水；避免建筑物不按设计要求使用，随意超载。

修理工作一般应在结构不均匀沉降已经稳定、裂缝不再发展时进行，但必要时应做好临时加固工作后再进行维修。

任务三 钢筋混凝土结构的损坏与维修

一、钢筋混凝土结构损坏现象及原因分析

(一) 钢筋混凝土常见的缺陷

混凝土常见的缺陷主要有蜂窝、麻面、漏筋、孔洞、缺棱掉脚、露筋、裂缝及混凝土与钢筋被腐蚀等。混凝土结构的缺陷主要是由于混凝土结构或构件在建造施工过程中产生的缺陷及在建成后使用过程中产生的损伤。

（1）在施工时建筑材料使用不当，如砂、石含泥量大，水质不良、水泥强度等级不足、沙石含泥量大等会造成混凝土强度严重下降出现酥松现象。混凝土浇筑时浇捣不当或漏捣，模板缝隙过大导致水泥浆流失，钢筋较密或石子相应过大，养护不当都会形成蜂窝、孔洞（见图6－40）、露筋等现象；模板清理不干净、表面不光滑，模板湿润不够或漏涂隔离剂，混凝土振捣不密实，拆模不当都会造成构件表面麻面、破损等。

图6－40 孔洞

（2）在使用过程中由于使用不当并缺乏必要维护措施，使构件遭受到碰撞、超载、高温、有害介质侵蚀，甚至部分构件人为破坏、拆除等，而导致混凝土构件出现掉角、露筋、损裂、酥松等缺陷。这些缺陷若仅在混凝土表层，尚未超过钢筋的保护层，对构件截面损失较小，不致影响构件的强度及结构近期使用的安全性，但这种损伤的发展对结构长期使用的耐久性有影响；若这些缺陷深度超过构件钢筋的混凝土保护层，对构件的有效截面有一定损失，以致影响构件的强度和结构近期使用的可靠性。因此，混凝土建筑施工过程中应预防发生施工缺陷，在使用过程中应避免损失并及时维护，以确保建筑工程质量和建筑使用耐久性。

（二）混凝土的腐蚀与钢筋的锈蚀

1. 混凝土的腐蚀、碳化

在雨水、雪水、硫酸盐、酸类、强碱等腐蚀性气体或液体的长期作用下，混凝土中的水泥会发生一系列的物理化学反应，破坏水泥的结构，导致水泥胀裂等。从化学角度来看，混凝土显示出强碱性，会在钢混表面形成氧化膜，也叫钝化膜，对混凝土结构内部的钢筋起到了保护作用。然而，大气中的 CO_2 或其他酸性气体的渗透，经过长期作用，使混凝土中性化而降低其碱度，这就是混凝土的碳化现象，如图6－41所示。碳化会引起水泥化学组成及组织结构的变化，对混凝土有明显影响。碳化将显著增加混凝土的收缩，降低混凝土抗拉、抗折强度，降低混凝土的碱度而减弱对钢筋的保护作用。

图6－41　混凝土碳化

混凝土碳化过程的化学反应式：

$$CO_2 + H_2O \longrightarrow H_2CO_3$$

$$Ca(OH)_2 + H_2CO_3 \longrightarrow CaCO_3 + 2H_2O$$

$$x\mathrm{CaO} \cdot y\mathrm{SiO_2} \cdot z\mathrm{H_2O} + n\mathrm{H_2CO_3} \longrightarrow x\mathrm{CaCO_3} + y\mathrm{SiO_3} \cdot n\mathrm{H_2O} + z\mathrm{H_2O}$$

2. 钢筋的锈蚀

钢筋混凝土构件中，由于混凝土的高碱性，它能有效地保护钢筋。但是若保护层混凝土破坏或炭化使其保护性能不足，钢筋表面的氧化膜遭到破坏，这时如果有水分浸入，钢筋就会锈蚀，如图6－42所示。钢筋锈蚀后，其有效受力截面减小，钢筋与混凝土之间的黏着力降低，构件的强度也相应受到影响。此外，若钢筋锈蚀严重时，体积膨胀将导致构件沿钢筋长度方向出现纵向裂缝，并可引起混凝土保护层脱落，从而降低构件的受力性能和耐久性能，最终将使结构构件破坏或失效。尤其是预应力混凝土梁、板内的高强度钢丝，由于断面小、应力高，一旦发生锈蚀则危险性更大，严重时会导致构件断裂。

钢筋产生锈蚀的原因有很多，在正常环境下，主要是由于混凝土不密实或有裂缝存在而造成钢筋的锈蚀。尤其当水泥用量偏小，水灰比不当和振捣不良时，或者在混凝土浇筑中产生漏筋、蜂窝、麻面等情况，都给水（汽）、氧和其他侵蚀性介质的渗透创造了有利条件，从而加速了钢筋的锈蚀。此外，若混凝土内掺入一定量的氯盐也会加速钢筋的锈蚀。

（三）钢筋混凝土结构的裂缝

混凝土开裂是非常普遍的，不少钢筋混凝土结构的破坏都是从裂缝开始的，因此必须十分重视混凝土裂缝的分析与处理。但是应该指出的是，混凝土中的有些裂缝是很难避免的。例如，普通钢筋混凝土受弯构件，在30%～40%设计荷载时就可能开裂；而受拉构件开裂时的钢筋应力仅为钢筋设计应力的1/14～1/10。除了荷载作用造成的裂缝外，更多的是混凝土收缩和湿度变形导致开裂的。后者一般都不危及建筑结构的安全。

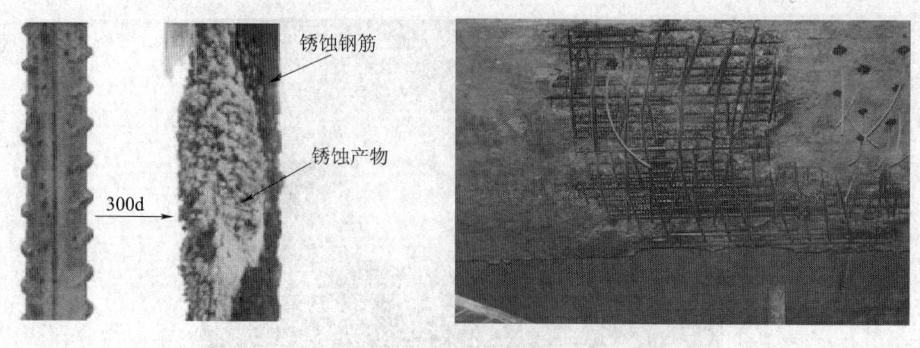

图6－42　钢筋锈蚀

钢筋混凝土结构上产生的裂缝常见于非预应力受弯、受拉等构件和预应力构件的某部分。按裂缝产生的原因和性质主要可分为荷载裂缝、温度裂缝、收缩裂缝、腐蚀裂缝和张拉裂缝五种。

1. 荷载裂缝

钢筋混凝土结构在荷载作用下变形而产生的裂缝称为荷载裂缝。在构件的受拉区、受剪区或受震动影响严重的部位多出现这种裂缝，且裂缝在不同的受力特性和不同的受力大小情况下，具有不同的性状和规律。

（1）受弯构件的裂缝。

钢筋混凝土受弯构件（如梁、板）裂缝常见的有垂直裂缝和斜裂缝两种。垂直裂缝一般出现在梁、板结构弯矩最大的横截面上，如图6－43（a）中所示板的1/2号裂缝分别为支座负弯矩和跨中正弯矩产生的垂直裂缝。斜裂缝一般发生在剪力最大的截面，通常在支座附近，由下部开始，多数沿45度方向向跨中上方发展，是弯矩和剪力共同作用的结果，如图6－43（b）所示的次梁3号裂缝。如图6－40（b）所示的1、2号裂缝分别为次梁的支座负弯矩和跨中正弯矩产生的垂直裂缝。主梁也可能同次梁一样，在上述部位产生受力裂缝，此外，主梁在支撑次梁处还可能出现如图6－43（c）所示的斜裂缝。

（2）受压构件的裂缝。

受压构件的常见裂缝如图6－44所示。

（3）受拉构件的裂缝。

对轴心受拉构件，如地面水池、钢筋混凝土屋架下弦拉杆，其裂缝间距大致相等，裂缝宽度也大致相同；而对偏心受拉构件，如水箱顶、底与四壁，裂缝出现在弯矩最大的地方，多数只有一条，也可能偶有2～3条但肯定有一条为主裂缝。

2. 温度裂缝

钢筋混凝土结构受大气及周围环境温度变化，或大体积混凝土施工时产生大量水化热等因素的影响而冷热变化时会使其发生收缩和膨胀，当收缩和膨胀受到限制时产生温度应力，若温度应力超过混凝土强度时就会产生裂缝，这种裂缝称为温度裂缝。

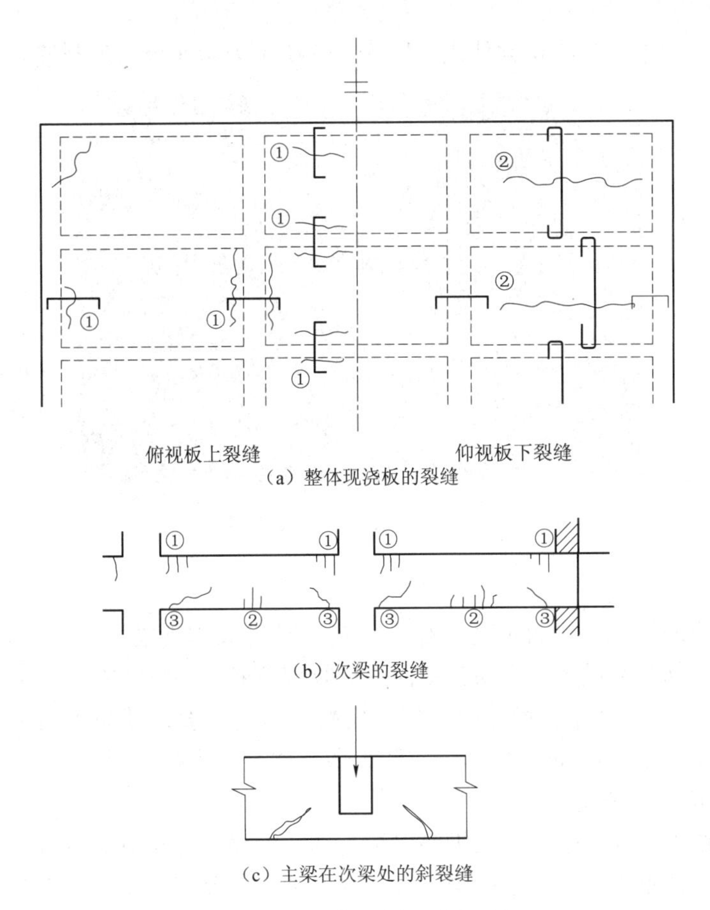

（a）整体现浇板的裂缝

（b）次梁的裂缝

（c）主梁在次梁处的斜裂缝

图 6－43　钢筋混凝土受弯裂缝

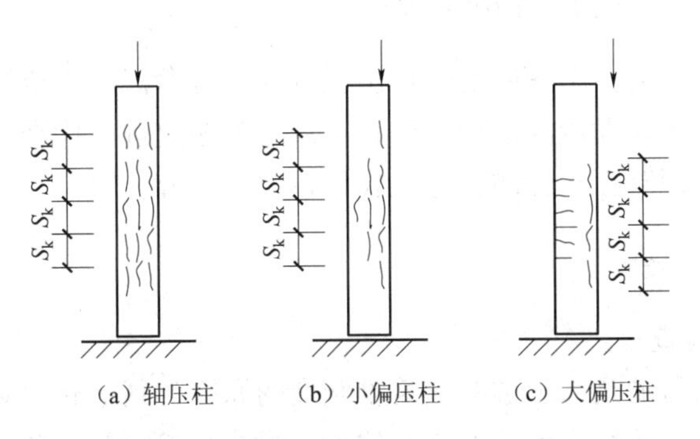

（a）轴压柱　（b）小偏压柱　（c）大偏压柱

图 6－44　受压柱在正常荷载作用下的常见裂缝

钢筋混凝土梁、板周围气温和湿度出现剧变时，某些部位会产生裂缝，板上多为贯通裂缝，梁上则多为表面裂缝。当梁、板结构现场施工养护不良时，更易发生这类裂缝。一般裂缝发展时间为 1 ～3 个月，以后趋于稳定。温度裂缝对结构承载力一般没有影响，但在屋面上出现时常会造成渗漏，影响正常使用。图6－45所示为屋面板温度裂缝。

图6－45 屋面板温度裂缝

3. 收缩裂缝

由于混凝土收缩变形引起的裂缝，称为收缩裂缝（又称干缩裂缝）。单向走廊现浇板，由于纵向的分布钢筋间距过大，容易在横向造成收缩裂缝，裂缝间距约为4～6 m（板厚为70 mm时）。预制铺板，如果在面层内未配钢丝网，因此开裂，其间距约为1～2 m。若梁内纵向钢筋的间距大于650 mm，混凝土在纵向收缩时会产生横向裂缝。

4. 其他因素产生的裂缝

除了上述裂缝外，混凝土还会因钢筋腐蚀生锈产生裂缝；若施工不当，如过早拆除支撑模板、模板变形、混凝土浇筑方法不当、施工缝处理不当等，也会引起施工裂缝。

二、钢筋混凝土结构损坏的鉴定

钢筋混凝土裂缝和耐久性出现问题会对房屋的使用寿命甚至安全性能产生影响，物业管理人员在房屋管理过程中如发现混凝土构件存在以上问题应进行检查，必要时可采取有效的维修措施。常用的钢筋混凝土构件的检查主要包括以下内容。

（一）混凝土的检查

1. 混凝土裂缝的检查

混凝土裂缝检查的目的是为了推断建筑物开裂的原因、判定有无必要进行修补与加固补强。对结构或构件裂缝的检测应包括裂缝的位置、形式、走向、长度、宽度、数量，裂缝发生及开展的时间过程，裂缝是否稳定，裂缝内有无盐析、锈水等渗出物，裂缝表面的干湿度，裂缝周围材料的风化剥离情况，开裂的时间与开裂的过程等。

裂缝的位置、形式、走向、数量可用目测观察，然后记录下来，也可用照相机、录像机等设备记录。

裂缝的宽度、长度与稳定性等则需要用专门的检测仪器和设备，检测裂缝长度的仪器为直尺、钢卷尺等长度测量工具。

裂缝的深度可采用超声法检测或局部凿开检查，必要时可钻取芯样予以验证。超声法检测采用非金属超声仪检测，检测时裂缝中不能有积水。图 6 - 46 所示为裂缝超声波探测示意图。

（a）裂缝深度超声波探测法

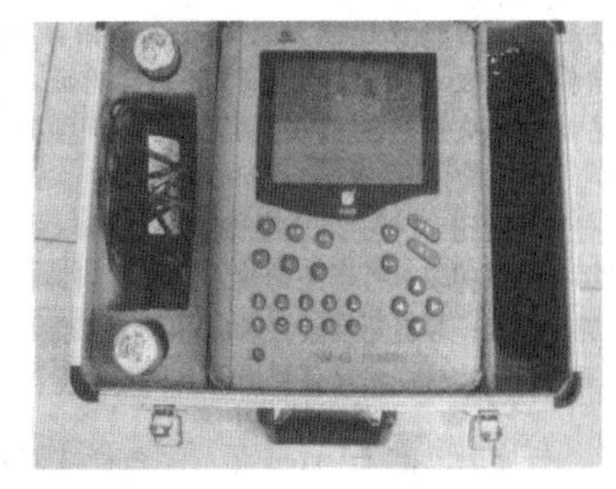

（b）非金属超声仪混凝土内部缺陷检测

图 6 - 46　裂缝超声波探测示意图

检测裂缝宽度的仪器有裂缝对比卡、刻度放大镜（放大倍数为 10 ～ 20）、裂缝塞尺、百分表、千分表、手持式引伸仪、弓形引伸仪、接触式引伸仪等。当裂缝宽度较小时，采用裂缝刻度放大镜、裂缝对比卡；当裂缝宽度较大时，可用塞尺等。裂缝的宽度测量应注意同一条裂缝上其宽度是不均匀的，检测目标是找出最大裂缝宽度。图 6 - 47 所示为裂缝宽度对比工具。

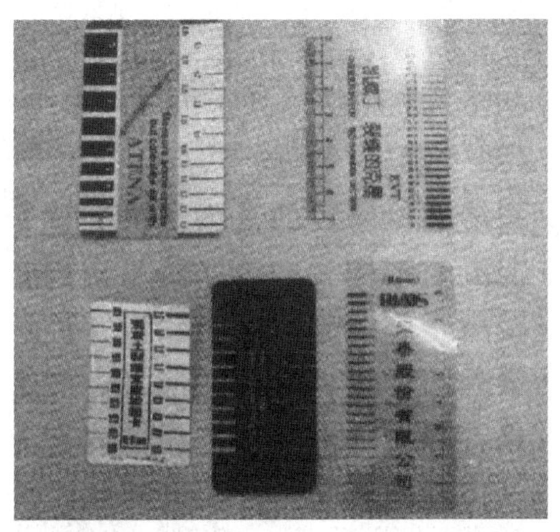

图 6 - 47　裂缝宽度对比工具

裂缝稳定性观测，裂缝的性质可分为稳定裂缝和活动裂缝两种。活动裂缝亦为发展的裂缝，对于仍在发展的裂缝应进行定期观测，在构件上做出标记，用裂缝宽度观测仪器（如接触式引伸仪、振弦式应变仪等）记录其变化，或骑缝贴石膏饼，观测裂缝发展变化。常用的也是最简单的方法是在裂缝处贴石膏饼，用厚10 mm左右，宽约50～80 mm的石膏饼牢固地黏贴在裂缝处，因为石膏抗拉强度极低，裂缝的微小活动就会使石膏随之开裂。

2. 混凝土材料耐久性破坏的检查

混凝土的耐久性是指混凝土抵抗环境作用的能力，它包括渗透性能、抗冻融性能、抗磨性能、抗化学物质侵蚀性能和保护钢筋的能力等。常用目测进行，检查时选取代表性部分，用手锤或风动工具进行局部清理，暴露内部混凝土，观测并记录材料变质与破坏的分布位置、深度、特征、结构的裂缝和变形等。

（二）钢筋的检查

1. 钢筋锈蚀的检查

钢筋锈蚀后，钢筋截面积减少，锈蚀产物体积膨胀2～4倍，使钢筋与混凝土的黏结力降低，锈蚀产生的膨胀力还会引起混凝土顺筋裂缝，严重时保护层剥落、钢筋锈断。

检查钢筋锈蚀的方法有剔凿法、取样法、自然电位法和综合分析法。

（1）剔凿法。凿开钢筋混凝土保护层，用钢丝刷刷去浮锈，用游标卡尺测量钢筋剩余直径，主要量测钢筋截面有缺损部位的钢筋直径，以此计算钢筋截面损失率。

（2）取样法。取样可用合金钻头、手锯或电焊截取，样品的长度视测试项目而定，若须测试钢筋的力学性能，样品应符合钢筋试验要求，仅测定钢筋锈蚀量的样品的实际长度，在氢氧化钠溶液中通过电除锈。将除锈后的试样放在天平上称出残余质量与该种钢筋公称质量之比即为钢筋的剩余截面率。当已知锈前钢筋质量时，则取锈前质量与称量质量之差来衡量钢筋的锈蚀率。

（3）自然电位法。自然电位法是利用检测仪器的电化学原理来定性判断钢筋混凝土中钢筋锈蚀程度的一种方法。当混凝土中的钢筋锈蚀时，钢筋表面便有腐蚀电流，钢筋表面与混凝土表面存在电位差，电位差的大小与钢筋锈蚀程度有关，运用电位测量装置，可大致判断钢筋锈蚀的范围及其严重程度。图6－48所示为钢筋锈蚀检测仪。

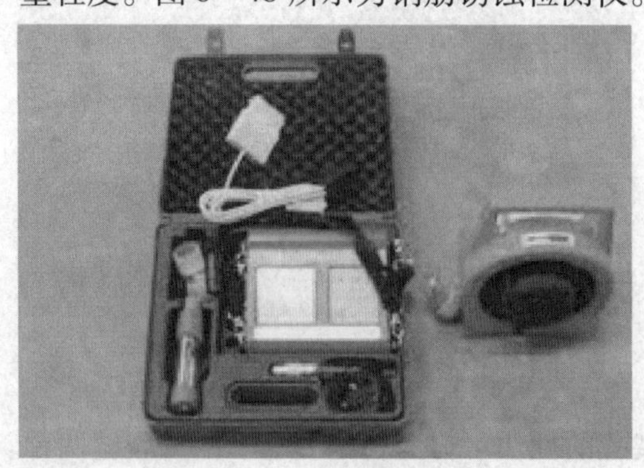

图6－48　钢筋锈蚀检测仪

（4）综合分析法。综合分析法可通过顺筋裂缝宽度、混凝土保护层厚度、混凝土强度、混凝土碳化深度、混凝土中有害物质含量、混凝土含水率等检测参数，以及剔凿后露出钢筋的锈蚀层厚度、剩余钢筋直径等情况，综合判定钢筋的锈蚀状况。

（三）钢筋混凝土维修及养护

已有建筑物及构筑物常常因设计或施工的缺陷，以及长期使用过程中的老化、破坏甚至自然灾害，造成混凝土结构承载力不足、开裂及抗震性能不良等，影响建筑物及构筑物的安全和使用功能，从而不得不考虑结构的修复加固问题。其中混凝土表面损坏的维修是物业公司维修人员应掌握的维修方法。

1. 混凝土表面损坏的修补

混凝土表面损坏主要是指钢筋混凝土结构或构件在建造过程中产生的缺陷及在使用过程中形成的侵蚀破损。这些缺损仅发生在混凝土表层，并且缺损不影响结构近期使用的可靠性，但其发展对结构长期使用的可靠度会产生影响。因而，对混凝土表面损坏进行维修，除可使建筑物满足外观使用要求外，主要是防止风化、侵蚀、钢筋锈蚀等，以免损害结构或构件的核心部分，从而达到提高建筑物的使用年限和耐久性。

（1）涂刷水泥浆面层修补。

【适用范围】如果混凝土构件表面出现麻面、小蜂窝或轻微腐蚀，可用涂刷水泥浆的方法进行修补，这是在物业管理过程中经常使用的维修方法。

【施工机具】凿子、钢丝刷等工具。

【建筑材料】水泥砂浆。

【施工方法】需修补部位用凿子、钢丝刷等工具将有缺陷、病害的松动混凝土清除干净→用压力水将碎屑冲洗干净→待充分润湿后用水泥砂浆（水灰比 =0.4）抹平。

（2）抹刷水泥浆修补。

【适用范围】对混凝土构件表层数量不多的缺损，如蜂窝、露筋、裂缝、缺棱掉角、酥松、腐蚀、保护层胀裂及小破损等，都可采用抹水泥砂浆的方法进行修补。

【施工机具】凿子、小锤、钢丝刷等工具。

【建筑材料】1:2 或 1:2.5 水泥砂浆。

【施工方法】

混凝土表层清理工作：对缺棱掉角及一些小破损应检查是否有松动部分，松动的可用小锤轻轻敲掉，对蜂窝可用凿子把不密实部分全部凿掉，对裂缝可沿其走向凿宽成 V 形或 U 形槽（如图 6－49 所示）将混凝土清除干净，对因钢筋锈蚀而胀裂的混凝土保护层应凿去直至露出新鲜混凝土；对酥松层及经风化后的腐蚀层，应凿去直至露出强度未受损失的新鲜混凝土→凿去表层缺陷后，用钢丝刷刷去混凝土表面的浮渣碎屑，刷去已外露钢筋的锈蚀层，再用压力水将碎屑冲洗干净待充分润湿后抹上水泥浆打底→最后用 1:2 或 1:2.5 水泥砂浆填满压实抹平→修补后需及时进行适当的洒水养护，保护修补层的质量。

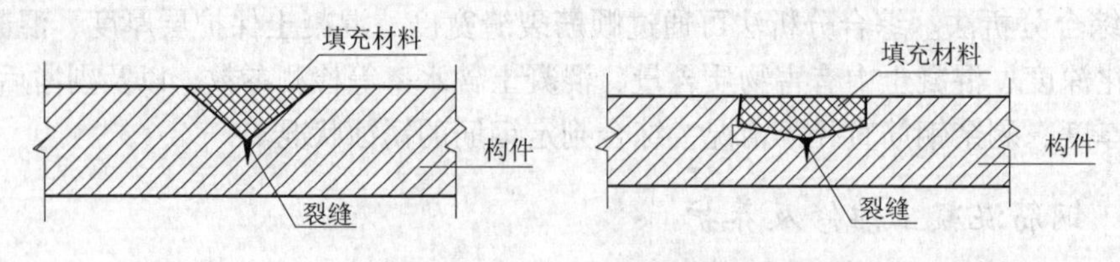

图6-49 填充用V形或U形沟槽

(3) 环氧树脂配合剂修补。

【适用范围】对各种大小的稳定裂缝或不规则龟裂，可分情况用环氧树脂的各种配合剂进行修补。用于混凝土修补的环氧树脂配合剂有：环氧黏结剂、环氧胶泥、环氧砂浆、环氧浆液等。

【施工机具】凿子、小锤、钢丝刷等工具。

【建筑材料】环氧树脂配合剂。

【施工方法】

混凝土表层清理，去掉油污，并在裂缝部位用丙酮或酒精擦洗→待混凝土表面干燥→涂刷环氧树脂配合液：宽度≤0.1 mm 的发丝裂缝或不规则龟裂，涂刷环氧黏结剂封闭，主要防止渗水或潮气浸入；宽度为0.1～0.2 mm 的裂缝可用环氧胶泥修补；宽度≥0.2 mm 以上的裂缝用环氧胶泥、环氧砂浆修补。

(4) 喷射水泥砂浆修补。

【适用范围】重要混凝土结构物或大面积的混凝土表面缺陷和破损的修补。

【施工机具】凿子、小锤、钢丝刷、水泥喷浆机等工具。

【建筑材料】1∶2 或 1∶2.5 水泥砂浆。

【施工方法】

将水泥浆通过机械施加压力喷射附着到需修补部位，凝固成新的，从而保护、参与或代替原结构层工作，以达到恢复或提高结构的强度、刚度、抗渗性和耐久性的目的。

2. 混凝土深层损坏的修补

混凝土结构构件的深层损坏是指损坏深度已超过了构件的混凝土保护层，这时损坏削弱了构件的有效截面，并会影响构件的强度和结构近期使用的可靠性。因而对深层损坏进行维修，不仅要有表层维修的外观要求，更重要的是要达到补强的效果。这就要求修补材料必须具有足够的强度（应采用比原构件混凝土结构强度高一级的材料），并且具有良好的黏结性能，与原构件的混凝土基层黏结在一起，形成整体共同工作。另外，还要采用有效的补强工艺技术，保证结构构件维修部分的密实性及定位成型。

(1) 细石混凝土修补。

【适用范围】对混凝土结构构件中较大或较集中的蜂窝、孔洞、破损、漏石或较深的腐蚀等可采用细石混凝土修补法。

【施工机具】凿子、小锤、钢丝刷、抹缝刀、刷子等工具。

【建筑材料】水灰比 <0.5，混凝土采用比原混凝土高一个强度等级的细石混凝土。

【施工方法】

先将蜂窝或孔洞修补范围内软弱、松散的混凝土凿去→检查缺陷区钢筋是否需要除锈、修正和补配→用清水将剔凿好的孔洞冲洗干净并充分润湿→表层抹水泥浆增强新旧混凝土的黏结（或在填入的混凝土中掺入水泥用量的 0.01% 的铝粉）→分层填入细石混凝土并捣实（水灰比 <0.5，混凝土采用比原混凝土高一个强度等级的细石混凝土以减少收缩变形）。

说明：如果仅对缺陷中局部进行修补可采用环氧混凝土按此方法来进行修补，但材料较贵，施工工艺要求高，其特点是强度高、干硬快、抗渗能力强。通常只有在特殊需要的情况下才使用。

（2）喷射混凝土修补。

【适用范围】若结构构件的缺陷与破损没有损害钢筋，也没有引起结构变形，则可采用喷射混凝土修补法。

【施工机具】凿子、小锤、钢丝刷、喷浆机等工具。

【建筑材料】重量配合比：水泥∶砂∶石子 =1∶2∶2

【施工方法】

先将蜂窝或孔洞修补范围内软弱、松散的混凝土凿去，尽量把蜂窝、孔洞外口凿大，避免死角，便于喷补密实→检查缺陷区钢筋是否需要除锈、修正和补配→喷射手分段按自下而上先墙后拱的顺序进行喷射，喷射时喷头尽可能垂直受喷面，夹角不得小于 70°，一次喷射混凝土厚度为 50 ～ 70 mm，并要及时复喷，复喷间隔时间不得超过 2 个小时。否则应用高压水重新冲洗受喷面。

（3）化学、水泥灌浆修补。

【适用范围】对于不宜清理的较深、较大的蜂窝或孔洞，对结构整体有影响或有防水、防渗要求，可采用化学或水泥灌浆修补法。缝宽大于 0.5 mm 的裂缝用水泥灌浆；宽度小于 0.5 mm 的裂缝或较大的温度裂缝可采用化学灌浆。

【施工机具】储气罐、空气压缩机、储浆罐、送气管、输浆管、连接头、钢嘴。

【建筑材料】水泥砂浆水灰比为 1∶1 或 2∶1。

化学浆液：结构补强采用环氧树脂浆液、甲基丙烯酸酯类浆液材料；防渗堵漏采用水玻璃、丙烯酰胺、聚氨酯、丙烯酸盐。

【施工方法】

水泥灌浆：钻孔，采用风钻或打眼机的孔距为 1 ～ 1.5 m。除浅孔采用骑缝孔外，一般钻孔轴与裂缝呈 30 ～ 40°斜面，孔深应穿过裂缝面 0.5 m 以上，当有两排或两排以上的孔时，应交错或呈梅花形布置，防止沿裂缝钻孔→冲洗，每条缝钻孔完毕后应进行冲洗，其顺序按竖向排列自上而下逐孔进行→止浆和堵漏，当缝面冲洗干净后，在裂缝表面用 1∶2 水泥砂浆或环氧胶泥涂抹，将裂缝封闭严实→埋管，安装前应在外壁塞上旧棉絮并用麻丝缠紧后旋入孔中，孔口管壁周围的孔隙要塞紧，并用水泥砂浆或硫磺砂浆封堵，防止冒浆或灌浆管从孔口脱出→用压力水做渗水试验，采取灌浆孔压水、排气孔排水的方法，检查裂缝和管路畅通情况，然后关闭排气孔，检查止浆堵漏效果→灌浆，采用2∶1、1∶1等水灰比的水泥浆，灌浆压力一般为0.294～0.491 MPa，压浆完毕时浆孔内应充满灰浆，并填入湿净砂，用棒捣实。

图6-50所示为灌浆法施工程序，图6-51所示为钢筋混凝土裂缝灌浆维修法施工现场。

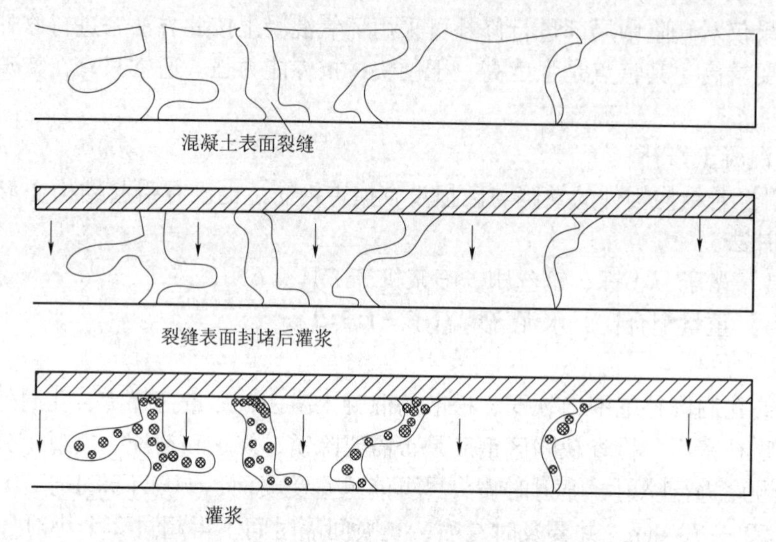

图6-50　灌浆法施工程序

图6-51　钢筋混凝土裂缝灌浆维修法施工现场

3. 钢筋锈蚀的维修

（1）锈蚀不严重的维修。若钢筋锈蚀不严重，混凝土表面仅有细小裂缝，或个别破损较小，则可对裂缝或损坏处的混凝土保护层用水泥砂浆或环氧胶泥封闭或修补。

（2）锈蚀严重的维修。若钢筋锈蚀严重，混凝土裂缝较大，保护层剥离较多，则应对结构作认真检查，必要时需先采取临时支撑加固，再凿掉混凝土腐蚀松散部分，彻底清除钢筋上的锈蚀；对于钢筋锈蚀严重，有效面积减少的情况，应焊接适当面积的钢筋以补强，然后将需做修补的旧混凝土表面凿去，对有油污处用丙酮清洗，再用高一级的细石混凝土对裂缝和破损处做修补，必要时加钢筋网补强。

4. 钢筋混凝土结构的养护

钢筋混凝土机构的养护要做好以下几个方面的工作。

（1）对混凝土机构的变形缝、预埋件、给排水设施等应进行定期检查，发现腐蚀、渗漏、开裂和垃圾杂物积污等情况要及时处理；对在混凝土机构上任意开凿孔洞要及时制止；对易受碰损的混凝土处应增设必要的防护措施。

（2）钢筋的混凝土保护层损坏要及时修补，以防止钢筋锈蚀。若房屋室内环境中存在侵蚀件介质或相对湿度较大时，应采取加强通风的措施，并可在构件处表面涂抹腐蚀层（如沥青漆、过氯乙烯漆、环氧树脂涂料等）进行防护。

（3）防止杂散电流的腐蚀，以防钢筋锈蚀。如改善载流设备的绝缘，减少甚至杜绝直流电流泄漏到钢筋混凝土结构中和地下土壤中去。

（4）做好建筑物的屋面隔热层、保温层、室外排水设施及地基基础等的维护工作，发现问题要及时处理，避免和减少由此对结构带来的不利影响。

（5）房屋的使用应满足设计要求，不得随意改变用途，不得超载使用，不得随意对结构进行改造。

本学习情境主要是从建筑物的地基基础、砌体结构及钢筋混凝土结构三个方面讲述物业结构的损坏现象、产生原因、常用的维修方法等。地基基础是房屋的重要部分，该部分因属于隐蔽工程，产生病害、缺陷往往不易被及时发现，很多建筑物上部结构的损坏往往与其有关，因此任务一就介绍了地基基础与建筑损坏的关系，让学生通过建筑上部结构的损坏现象来学习、分析、判断地基基础的损坏，并就常用的地基和基础的维修、加固方法进行介绍。砌体裂缝也是目前物业房屋管理中经常遇到的房屋损坏现象，有些裂缝属于正常现象不影响建筑物的使用，有些裂缝现象存在安全隐患，因此任务二重点介绍砌体裂缝的裂隙性质、哪些裂缝会引起房屋安全问题以及如何对不同性质的裂缝进行维修等，并对业主在装修过程中随意拆改墙体可能对建筑产生的损坏进行阐述。混凝土结构是建筑重要的承重构件，任务三对该类结构的损害现象、原因和常用的养护及维修方法进行讲解。建筑物的结构构件加固和维修方法很多，针对不同构件的受力特征，采用相适用的方法，常用构件的加固方法可参见表6－3。

表6-3 常用构件的加固方法

名称		特点	适用范围
墙体	混凝土墙	① 钢筋混凝土加大截面积法；② 不锈钢绞线或镀锌钢丝绳加聚合物砂浆加固法	提高强度和刚度
	砌体墙	① 砂浆面层加固法；② 钢筋网砂浆面层加固法；③ 钢筋混凝土加板墙加固法；④ 不锈钢绞线或镀锌钢丝绳加聚合物砂浆加固法	提高强度或刚度
柱	混凝土柱	① 加大截面积法；② 外粘型钢加固法；③ 预应力加固法	提高强度和刚度
	钢柱	① 外包混凝土加固法；② 外补型钢加固法；③ 预应力加固法	提高强度和刚度
	砌体柱	外包混凝土加固法	提高强度和刚度
梁	混凝土梁	① 增大截面积法；② 外粘型钢加固法；③ 体外加预应力加固法；④ 粘贴纤维复合材料加固法；⑤ 粘贴纤维复合材料加固法；⑥ 钢绞线或钢丝绳 - 聚合物砂浆加层加固法；⑦ 增设支点加固法	提高强度和刚度
	钢梁	加大截面积法	提高强度和刚度
楼板	混凝土楼板	① 增大截面积法；② 外粘钢板加固法；③ 体外加预应力加固法；④ 粘贴纤维复合材料加固法；⑤ 钢绞线或钢丝绳 - 聚合物砂浆加层加固法；⑥ 增设支点加固法	仅提高强度
	钢楼板	① 增大截面积法；② 增设支点加固法	提高强度和刚度
屋架	混凝土屋架	① 改变传力途径加固法；② 外粘型钢加固法；③ 体外增加预应力加固法；④ 增加截面积加固法	提高强度和刚度、稳定性
	钢屋架	① 增设支撑或支点加固法；② 改变支座连接加固法；③ 体外加预应力加固法；④ 增大杆件截面加固法；⑤ 增设杆件加固法	提高强度和刚度、稳定性

通过本学习情境的学习主要让学生掌握以下职业技能。

（1）让学生了解建筑物上部结构的损坏与地基基础损坏的关系，并能够对常见的因地基基础损坏造成的房屋损坏现象进行鉴别。

（2）了解地基基础常见的维修加固方法及建筑物纠倾方法。

（3）掌握地基基础日常养护的重点和方法。

（4）了解砌体结构损坏的现象及产生的原因。

（5）掌握砌体裂缝的类型及不同性质裂缝处理的原则。
（6）掌握砌体结构养护的方法。
（7）让学生认识随意拆改墙体的原因。
（8）了解混凝土缺陷的类型及产生的原因。
（9）掌握混凝土结构日常养护的要点。

练习与思考题

（1）地基基础的损坏对上部结构的不良影响有哪些？
（2）地基基础的损坏由谁来鉴定？不良地基、基础的加固方法有哪些？
（3）地基基础日常养护的要点是什么？
（4）砌体裂缝类型有哪些？简述砌体非受力裂缝产生的原因。
（5）简述砌体出现裂缝后哪些需要维修？有哪些维修方法？试分析其产生原因。
（6）随意拆改墙体的危害有哪些？如发现业主随意拆改墙体作为物业管理人员应采用何种方法能更好地让业主配合你的工作？简述工作程序。
（7）简述砌体构造日常养护的要点？
（8）钢筋混凝土常见的质量缺陷有哪些？试分析其产生原因。
（9）钢筋混凝土裂缝的种类和特征有哪些？
（10）钢筋混凝土结构缺陷有哪些修补方法？其适用范围如何？
（11）钢筋混凝土结构出现裂缝后有哪些修补方法？
（12）什么是混凝土碳化？它对混凝土结构有何影响？
（13）简述混凝土结构日常养护的要点。

学习情境七 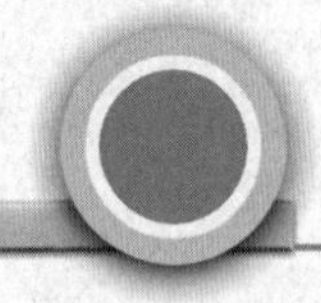 房屋防水管理与维修

学习任务	任务一　屋面的损坏、维修与使用保养 任务二　屋面其他防水结构的维修	参考学时	12
能力目标	通过教学，要求学生了解不同建筑防水类型，掌握防水损坏产生的原因及常见的损坏现象；能根据损坏现象分析损坏原因，掌握常见防水损坏的维修方法，以及建筑防水部位日常的养护方法，学会根据具体的损坏现象编制维修方案		
教学资源与载体	多媒体、教材、图片、损坏工程实例，作业单，工作单，工作计划单，评价表		
教学方法与策略	项目教学法、引导法、演示法、参与型教学法		
教学过程设计	发放作业单→实地查找建筑防水结构损坏→填写作业单→分析防水损坏原因→分组学习、讨论→教师演示防水损坏图片→讲解建筑防水结构损坏原因及维修方法→分组编制防水工程的维修方案		
考核与评价内容	学生自学能力、组织能力、分析能力、学习能力和防水工程维修方案编制的能力		
评价方式	自我评价（10%），小组评价（30%），教师评价（60%）		

在物业管理过程中，房屋渗水、漏水一直是业主投诉最多的问题，容易渗水、漏水的地方主要有屋面、墙面、窗边、厨卫、阳台等处。长期以来人们每隔几年就要花费大量的资金和劳动力进行返修。但是房屋的渗漏问题一直是建筑行业的难题，其中有很多渗漏问题如果维修渗漏原因分析不正确、维修方法不当，往往还要进行多次反复维修，不仅扰乱了人们的正常生活、工作、生产秩序，还会直接影响整幢建筑的使用寿命，甚至还会危害人们的身心健康。业主对物业公司不满往往由此产生，许多业主拒交物业费、通过媒体曝光，甚至将物业公司告上法庭。这将对物业公司在公众当中的形象产生负面影响。

房屋渗漏的维修效果往往与很多因素有关，如是否能准确地确定渗漏原因、设计、施工、材料等，下面重点讲授房屋渗漏原因的确定、维修方法和维修管理，以便在以后的工作过程中对于房屋的渗漏维修工程进行科学的管理。

职场典例

某住宅小区屋面采用斜屋面形式。一期已交房，二期和三期正在施工，交房不久一场暴雨过后前台客服王敏接到一期1－2－602业主打来的电话，说家里的墙面出现了霉点，希望物业公司派人过去维修。

教师活动

（1）分析职场典例，学生分组、下发作业单（见表7－1），让学生填写作业单上相关内容。

（2）布置参观任务，让学生完成某栋建筑防水损坏的调研。

（3）安排学生结合以往所学的相关知识自学本学习情境内容。

（4）播放以往收集典型防水损坏的图片（见教学资源包）。

（5）让每组学生代表讲解本组作业单。

（6）对学生自学结果进行点评，教师讲解本学习情境知识点。

（7）让学生选择一处有损坏的防水，学习编写维修方案。

学生活动

（1）以组为单位讨论填写作业单。

（2）接受调研任务，组长拟定调研计划，分配调研任务，完成调研工作。

（3）以组为单位汇总信息，自学本学习情境并完成作业单相关内容的填写。

（4）选派学生代表讲解本组的作业单。

（5）编写一处防水损坏的维修方案。

表7－1　作业单

相关知识复习	答　　案
写出物业公司该类问题处理的工作程序	
为避免该类问题在后期工程出现，物业公司应采取何种防治措施	
建筑中哪些部位要设计防水构成？说明原因	
常用建筑防水材料有哪些？分别适用于什么位置？	
罗列出你所参观的建筑物出现防水损坏的部位：	

任务一　屋面的损坏、维修及使用保养

屋顶是房屋最上层起覆盖作用的围护和承重结构，其最主要的功能之一是“遮风雨”。屋面根据排水坡度不同，可分为平屋面和坡屋面。一般平屋面的坡度在10%以下，最常用的坡度为2%～3%，坡屋面的坡度则在10%以上。我国建筑采用坡屋面，有双面坡、四面坡等。这种屋面坡度较大，伸缩自如，排水迅速，防水效果也比较好。据统计，导致屋面渗漏的原因有以下几个方面：① 材料占 20% ～30%，设计占 18% ～26%，管理维护占 6% ～15%。目前屋面防水出现许多新型材料，屋面工程的防水必须有防水专业队伍或防水工施工，屋面工程所采用的防水材料应有材料质量证明文件，并经指定质量检测部门认证，确保其质量符合《屋面工程技术规范》（GB 50345—2004）或国家有关标准的要求。防水材料进入施工现场后应附有出厂检验报告单及出厂合格证，并注明生产日期、批号、规格、名称，以保证屋面防水工程的质量。

屋面根据使用防水材料的种类分为：卷材防水屋面、刚性防水屋面、涂膜防水屋面及盖材防水屋面。卷材防水屋面主要有沥青纸胎油毡屋面、高聚物改性沥青防水卷材屋面、合成高分子防水卷材屋面等。刚性防水屋面主要有普通细石混凝土屋面、补偿收缩混凝土屋面、钢纤维混凝土屋面等。涂膜防水屋面所用的涂料主要有沥青基防水涂料、高聚物改性沥青防水涂料、合成高分子防水涂料等。盖材防水屋面主要有青瓦屋面、波形瓦屋面、平瓦屋面等。图 7 - 1 所示为不同类型屋面图。

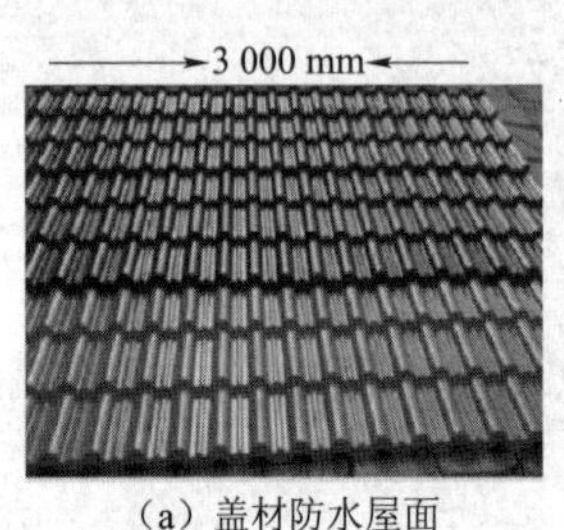

（a）盖材防水屋面

（b）卷材防水屋面

（c）涂膜防水屋面

图 7 - 1　不同类型屋面图

一、刚性防水屋面的损坏、维修及使用保养

刚性防水屋面是指用细石混凝土做防水层的屋面，其基层承重构件有预制装配式和整体现浇式钢筋混凝土板。因混凝土抗拉强度低，属于脆性材料，故称为刚性防水屋面。刚性防水屋面的主要优点是构造简单、施工方便、造价较低、维修方便；缺点是易开裂，对气温变化和屋面基层变形的适应性较差，所以刚性防水多用于我国南方地区防水等级较低的屋面防水，也可作为防水等级较高的屋面多道设防中的一道防水层。

（一）刚性防水屋面易渗漏部位、产生原因及预防

1. 刚性防水屋面易渗漏的部位

（1）屋面板的拼缝上；

（2）刚性防水屋面分隔缝；

（3）刚性防水屋面泛水部位渗漏；

（4）刚性防水层与天沟及伸出屋面管道交接处渗漏；

（5）女儿墙与屋面处渗漏；

（6）刚性防水面层龟裂、起鼓、起壳、雨水在基层较疏松处滴漏。

2. 刚性防水屋面产生渗漏的原因

（1）混凝土刚性防水屋面防水层较薄，可变性能力差，当基层变动时容易开裂。如屋面板在地基不均匀沉降、砌体不均匀压缩、荷载、温度、混凝土干缩及徐变等因素的影响下，产生变形及相对位移，引起防水层受拉及过大变形而产生裂缝。

（2）刚性防水层因干缩、温差而开裂。干缩开裂主要是由砂浆或混凝土水化后体积收缩引起，当其收缩变形受到基层约束时，防水层便产生干缩裂缝；防水层受大气温度、太阳辐射、雨、雷及人工热源等的影响，加之变形缝未设置或设置不当，便会产生温差裂缝。

（3）混凝土配合比设计不当，施工时振捣不密实，收光压光不好及早期干燥脱水，后期养护不当，都会产生施工裂缝。

（4）预制板屋面基层由于板件在支座边有反挠翘起，使该处防水层受拉开裂。

（5）嵌缝材料的黏结性、柔韧性和抗老化能力差，不能适应防水层变形而产生裂缝。

（6）由于不按施工规定的要求操作，导致分隔缝、（檐）天沟、泛水、变形缝和伸出屋面管道等防水细部构造不符合要求。

3. 刚性防水屋面开裂渗漏的预防措施

刚性防水屋面不得用于气候剧变地区、地基不均匀沉降较大地区。有高温热源及受振动影响较大的建筑物、易爆房间或仓库等，也不宜采用刚性防水屋面。结构层应有足够的刚度和良好的整体性。结构层与防水层之间宜加做隔离层，即采用“脱离层”防水层，构造如图 7－2 所示，以消除防水层与结构层之间的机械咬合和黏结作用，使防水层在收缩和温差的影响下能自由伸缩，不产生约束变形，从而防止防水层被拉裂。最简易可行的隔离层做法，是在结构板面上抹一层 1∶3 或 1∶4 的石灰砂浆，厚约 15 ～17 mm，再抹上 31 mm 厚的纸筋石灰。在适当位置设置适当的分格缝，如预制屋面板板端或现浇板支座的每道横缝处、屋面转折处和屋脊拼缝处、与突出屋的结构交接部位、预制板与现浇板相交处、排列方法不一致的预制板接缝处、类型不同的预制板拼缝处等。防水层若采用密实性细石防水混凝土，厚度不少于 40 mm，内配置 ф6 或 ф4、间距为 100 ～200 mm 的双向钢筋网片，钢筋宜放在混凝土防水层的中间或偏上，并应在分格缝处断开。夏季施工时应避开正午，严禁雨天施工，冬季施工时则应避开冰冻时间。南方炎热地区，应在屋面防水层上设置架空隔热板。因为在炎热地区，夏季屋面混凝土表面的曝晒温度高达 60℃以上；暴雨前后，板面温差可达 20℃以上。气温剧变，加上雨水冲刷，对混凝土表面的破坏性很大。因此，在我国南方地区的刚性防水层面上，应设置架空隔热层，由隔热层承受雨水的直接冲刷，使防水层少受侵袭，从而

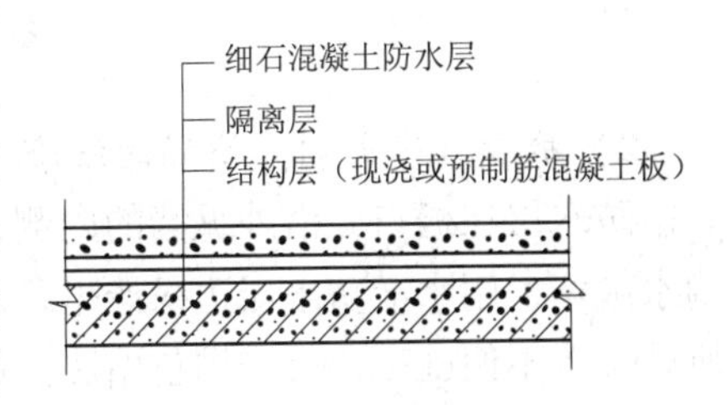

图 7－2 刚性防水屋面构造图

延长使用寿命，同时起到隔热和防裂的双重作用。

（二）刚性屋面开裂渗漏的维修

1. 裂缝的维修

（1）防水层表面若出现一般裂缝时，首先应将面板有裂缝的地方凿成缝宽为20～40 mm、深度为宽度的0.5～0.7倍的缝槽。清除裂缝中嵌填材料及缝两侧表面的浮灰、杂物，然后再涂刷冷底子油一道，待干燥后再嵌填防水油膏，上面用防水卷材覆盖。防水卷材可用玻璃布、细麻布等，胶结材料可用防水涂料或稀释油膏。

（2）结构裂缝和温度裂缝，可在裂缝位置处将混凝土防水层凿开，形成分隔缝（宽15～30 mm，深20～30 mm为宜），然后按分隔缝做法嵌填防水油膏、胶泥，防止渗漏。

（3）分隔缝中油膏如嵌填不实或已老化，应将旧油膏剔除干净，然后按操作规程重新嵌填油膏。

2. 构造节点的维修

1）屋面泛水渗漏的维修

在与女儿墙或其他突出屋面的墙体交接处都要做泛水，泛水是屋面防水的薄弱地方之一。常见泛水做法有两种：一种是有翻口泛水，防水层向上翻口，钢筋伸转入翻口内，翻口深不宜小于120 mm；一种是无翻口泛水。泛水的维修方法：将泛水老化处油膏清除干净，重新用油膏嵌缝，再增铺涂抹防水层。图7－3所示为泛水维修构造图，图7－4所示为屋面泛水渗漏维修的实例图。

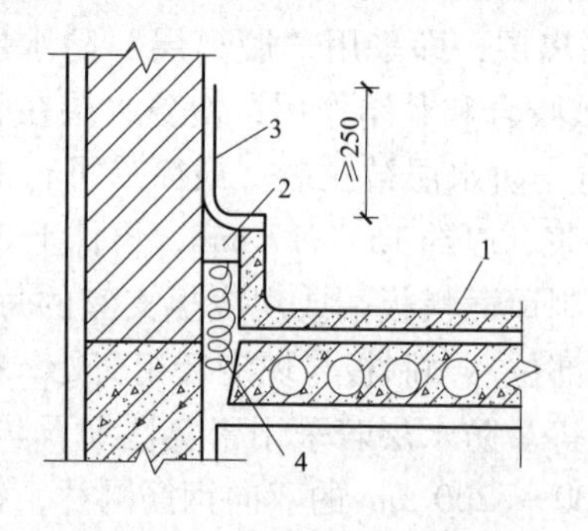

（a）有翻口泛水部位渗漏的维修

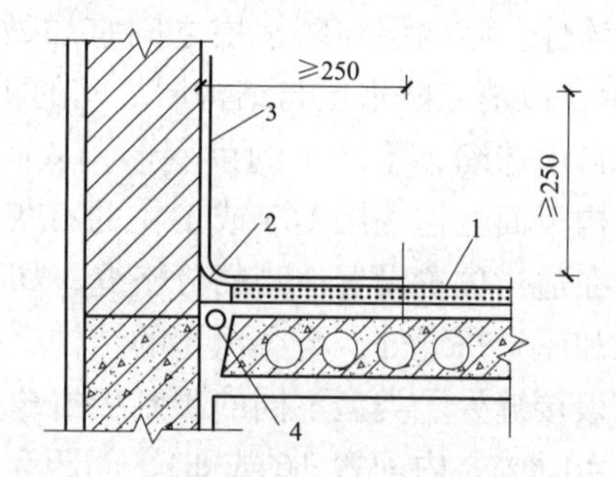

（b）无翻口泛水部位渗漏的维修

图7－3 泛水维修构造图

2）檐口（带天沟）渗漏的维修

防水层在檐口处沿外纵墙的内侧，在屋面板与外纵墙的接触处产生裂缝；或檐口防水层滴水破坏，雨水沿防水层边缘产生爬水渗漏。因滴水线难于修补，且防水层与天沟间的裂缝所处位置不便施工，可采用包檐法。修补方法：铲平板口，用二布三涂贴盖（见图7－5），若檐沟沟口较深，也可贴至沟底阴角处。

图 7 – 4　屋面泛水渗漏的维修

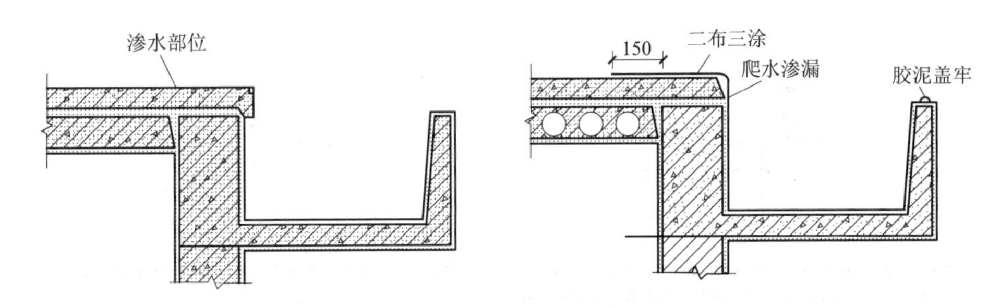

图 7 – 5　刚性防水层与檐沟交接处渗漏的维修

3. 防水层起壳、起砂的维修

当防水层施工质量不好或有些防水油膏质量不高，或刚性屋面长期暴露于大气中，防水层容易产生起壳、起砂等现象。维修时，对于混凝土轻微起壳和起砂，一般可将表面凿毛，扫去浮灰灰质，然后加抹厚 10 mm 左右的 1∶1.5 或 1∶2 水泥砂浆。有条件时，还可在防水层表面增加保护层。

二、卷材防水屋面的损坏、维修及使用保养

当屋面防水层用普通防水卷材时，其构造层次见图 7 – 6。卷材防水屋面一般有两种类型，即不保温屋面和保温屋面。当屋面防水层采用二毡三油沥青防水卷材时，其构造层次见图 7 – 7。使用沥青防水卷材（油毡）是屋面防水的一种传统做法，它是沥青胶结材料把沥青防水卷材逐层黏合在一起，构成屋面防水层，是卷材和涂膜的复合叠层做法。常用的有二毡三油、三毡四油（三层油毡、四道涂膜）沥青防水卷材。其防水寿命在 25 年以上。

目前常使用的卷材防水屋面是由高聚物改性沥青防水卷材、合成高分子防水卷材或沥青防水卷材等做出的。所选用的基层处理剂、接缝胶粘剂、密封材料等配套材料应与铺贴的卷材材性相容。

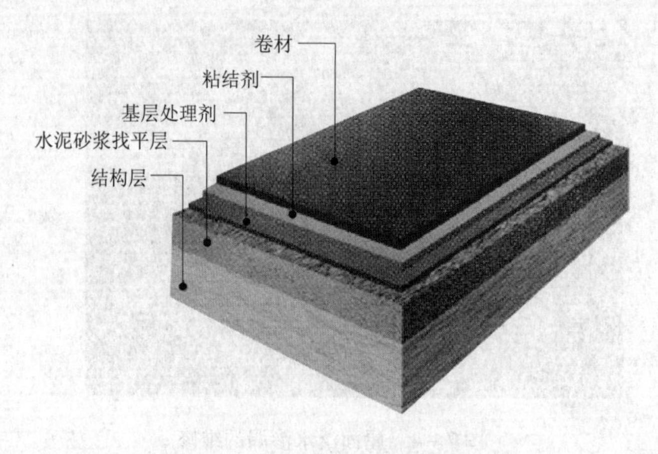

图 7－6　普通卷材防水屋面构造

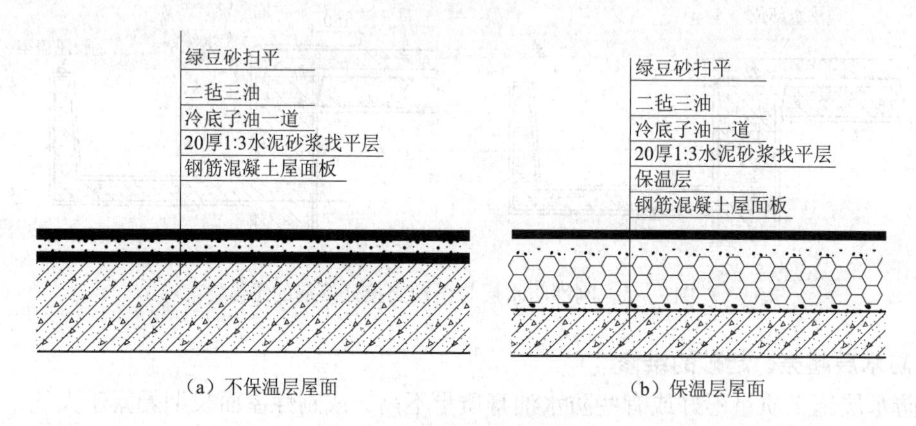

（a）不保温层屋面　　（b）保温层屋面

图 7－7　卷材防水屋面构造

高聚物改性沥青防水卷材是合成高分子聚合物改性沥青油毡，其施工方法有热熔粘贴施工和冷粘贴施工。无论是采用热熔粘贴施工还是冷粘贴施工，维修时均可用热熔粘贴施工，其他维修施工工艺参照沥青防水卷材。高聚物改性沥青防水卷材的施工不同于沥青防水卷材的多层做法，通常只是单层或双层设防。因此，维修时卷材铺贴位置必须准确，搭接宽度应符合要求。

图 7－8 所示为油毡热熔粘贴施工法示意图。

合成高分子防水卷材是以合成橡胶、合成树脂或两者共混体为基料，加入适量化学助剂和填充材料，采用橡胶或塑料加工工艺制成的合成高分子防水卷材，采用冷贴法施工，尤其是目前正在开发应用自粘卷材和使用无挥发性有机溶剂的双面粘密封胶带或热风焊接工艺进行卷材接缝的黏结密封处理，对卷材与基层则采用机械固定或冷自粘贴法。

图7－8　油毡热熔粘贴施工法示意图

（一）卷材防水屋面易渗漏部位及产生原因

1. 卷材防水屋面渗漏的主要部位

（1）预制屋面板板端接缝处。

（2）屋面与纵横墙、山墙、女儿墙的连接处。

（3）伸出屋面的管道根部。

（4）屋面与檐口、雨水口构造处。

（5）屋面板与天沟交接处。

（6）变形缝等处。

2. 卷材屋面产生渗漏的原因

1）材料质量的原因

材料质量的好坏是屋面是否会漏水的先决条件，也是确保工程质量的基础。卷材防水屋面主要使用的材料是沥青和油毡。目前使用的油毡以石油沥青为主，利用纸毡渗透低标号石油沥青，再覆盖高标号石油沥青制成。它是影响防水效果的关键因素。沥青质量的优劣、油毡原纸成分的高低及油毡本身存在的抗拉强度低、伸长率小、低温柔性差、抗老性能不良等弱点，再加上油毡对房屋结构应力变化的不适应性，都易导致油毡防水层渗漏。

2）设计方面的原因

在设计中考虑的不周，往往给屋面防水带来一些不利因素。主要表现在屋面整体刚度差，当板受荷载时，板与板或板与墙之间易产生裂缝部分的防水做法考虑不周而造成渗漏；屋面坡度小或雨水口的排水间距过大，致使屋面排水不畅通，造成屋面积水，引起渗漏；房屋如墙、檐口的细部构造不当，雨水从两侧进入墙体直达油毡底部造成渗漏使油毡脱层；房屋地基沉降差和高低处毗连的沉降差引起油毡受剪破坏；房屋上弯折部位多，出屋面部件多，增加了油毡裁、折、贴的施工困难等。

3）施工方面的原因

施工质量的好坏是决定屋面防水性能的关键因素。主要表现在屋面基层、保温层、找平层潮湿，油毡铺贴不久即产生起鼓，转角接头处油毡折角太大，卷材粘贴不平形成空隙，在外力作用下引起渗漏；油毡铺贴时，长边搭接长度与短边搭接长度均未按规程要求操作，形成搭接尺寸不足；玛蹄脂配制和熬煮以及铺贴工艺不好，以致玛蹄脂流淌，粘贴不严密；基地收缩开裂超过油毡最大延伸能力等。

4）自然气候的原因

油毡表面黑，吸热大，很多地区夏季温度特别高，容易使油毡老化和玛蹄脂流淌；温度剧变引起房屋解耦股开裂，导致油毡裂断而发生渗漏。

5）管理方面的原因

主要是日常管理不善，长期以来屋面失修失养，维修不及时及住户使用不合理等。主要表现在屋面有的雨水口常年不疏通，以致树叶、泥土、杂物等堆积并堵塞雨水口，使屋面排水不畅，造成渗漏；屋顶上任意堆放杂物，安装电视天线或支设他物，使屋面保护层甚至防水层出现损坏；屋顶女儿墙及其他构筑物的外饰面翘壳开裂，未及时维修，日久使节点破坏，雨水沿裂缝渗入引起漏水，对已出现屋面裂缝、起鼓、流淌等弊病未及时维修，导致病害加重，渗漏也愈加严重。

油毡防水层屋面渗漏的原因是多方面的，只有各方面共同努力，有关方面密切配合，搞好综合治理，不断加强屋面防水技术的研究和新材料开发工作，严格施工管理，认真按照操作规程的要求施工，才能切实提高屋面防水的质量，彻底解决屋面渗漏问题。

（二）卷材屋面的维修

1. 开裂的维修

1）卷材防水屋面开裂现象

卷材防水屋面开裂主要是由于防水层的开裂而引起的，由于屋面板受温度变化以及荷载、湿度、混凝土徐变的作用，产生膨胀，引起板端角变形和相对位移；卷材质量低劣、老化或低温冷脆，降低了防水层的韧性和延伸度；施工质量差，铺贴卷材时屋面潮湿，阳光照射受热后蒸汽难以排出，形成气泡破裂；卷材搭接太少，卷材收缩后接头开裂、翘起，卷材老化龟裂或外伤等均导致屋面的裂缝。

卷材屋面的开裂一般有两种情况。一种是有规则裂缝，位于屋面板支撑处，即沿屋面板端出现有规则的横向裂缝。另一种是无规则裂缝。当屋面无保温层时，且屋面为装配式结构，屋面上出现有规则横向裂缝，这种横向裂缝往往是通长和笔直的，位置正对着屋面板支座的上端；而整体式现浇结构的屋面则很少有这种现象。当屋面有保温层时，裂缝往往是断续的、弯曲的、位于屋面板支座两边，在偏离支座处 10 ～ 50 cm 的范围内开裂。裂缝一般在房屋工程完工后 1 ～ 4 年内产生，并且在冬季时出现，开始时很细，以后逐渐加剧，一直发展到 1 ～ 2 mm，甚至 1 cm，个别的甚至达几厘米宽（包括开裂后油毡卷边）。这类裂缝如果不找到解决问题的根本原因，并采取相应的措施进行维修，铺上防水卷材后过 1 ～ 2 年又会重新在该处开裂。对于无规则裂缝，其位置、形状、长度各不相同，出现的时间也无规律，一般补贴后不再开裂。对于基层未开裂的无规则裂缝（老化龟裂除外），一般在开裂处补贴卷材即可。图 7 -9 所示为油毡开裂的三种情况。

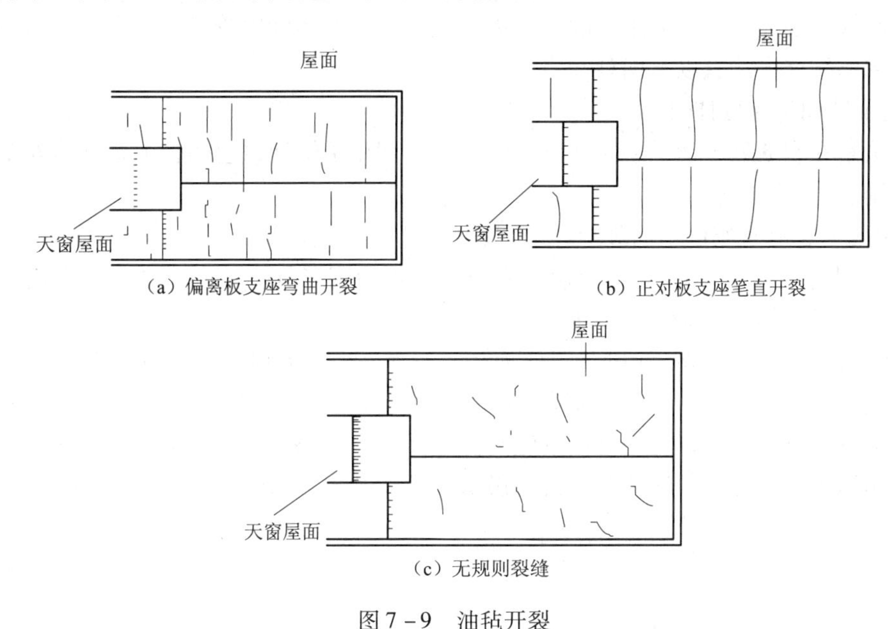

（a）偏离板支座弯曲开裂　（b）正对板支座笔直开裂

（c）无规则裂缝

图 7 -9　油毡开裂

2）卷材防水屋面开裂问题的查找

维修裂缝渗漏前要认真调查研究，查明渗漏部位，然后对症下药，确定维修方案。由于裂缝产生的原因较为复杂，修理裂缝的同时往往不能彻底消除裂缝，所以要求维修用的材料和采取的构造措施都应具有一定的伸缩性和适应性。油毡屋面找漏比较困难，因为屋面的漏水点与破损点往往不在一处，有时在防水层裂缝下面的板底面上不一定有渗水漏雨迹象，而在防水层没有裂缝的地方，板底面反而出现了渗水漏雨现象。如果没有确定渗漏位置而盲目扩大维修范围，会造成修理面积比实际开裂渗漏面积扩大几倍，浪费了材料和人力。因此，查找卷材屋面渗水漏雨的确切位置是一项十分重要的工作。一般下雨和下雪天是找漏的好时机。先在室内观察，做好漏水点的记录，再上屋面找原因。为避免一次检查不准确，宜建立维修档案，记录屋面渗漏和维修情况。找漏还要做到重点和一般相结合。重点部位如女儿墙、山墙、伸缩缝、天沟、雨水斗、高低跨封墙、出屋面管道等要反复查找。在下雪天，当屋面积雪在 100 mm 以下时，上屋面检查渗漏，若发现纵横条形水线或屋面水眼，这些水线或水眼使雪花下陷，有时在水线或水眼上积成一层很薄的冰片层（简称水带或冰带）。这些水带或水眼往往是屋面渗漏之处。这是因为雪天室内气温高于室外气温，室内热气上升，经过屋面板板缝的开裂处及屋面漏水眼渗入雪层中，使该处雪花融化，形成水眼或水线，到夜间气温更低时，遇冷又会在面层结一层薄冰。挖开冰层观察，往往能发现防水层开裂破损处，做好记号，待晴天后即可修补。实践证明，这种方法找漏是比较准确的。

3）卷材屋面开裂问题的维修

（1）有规则开裂的维修。

有规则横向裂缝在屋面完工后的几年内，正处于发生和发展阶段，只有逐年治理才能见成效，常用的维修方法有以下两种。

① 用干铺油毡作延伸层。

该方法是在裂缝处干铺一层油毡条作延伸层，利用干铺油毡层的较大延伸值对基层变形起缓冲作用。

【适用范围】有规则的横向裂缝。

【施工机具】平铲、扫把、钢丝刷、高压吹风机涂刷工具、毛刷、滚刷、刮板、搅拌器定位工具、卷尺、钢尺、弹线盒、压实工具。

【施工方法】处理基层→涂刷基层处理剂→裂缝处理→铺贴卷材→施工防护层。

铲除裂缝左右各 350 mm 宽处的绿豆砂保护层，除去浮灰→刷冷底子油→在裂缝部位嵌满聚氯乙烯胶泥或防水油膏，油膏或胶泥高出屋面 5 ～ 10 mm→干铺防水卷材条，在两侧用玛蹄脂粘贴→上面实铺一层油毡条→最后做绿豆砂保护层，如图 7－10 所示。

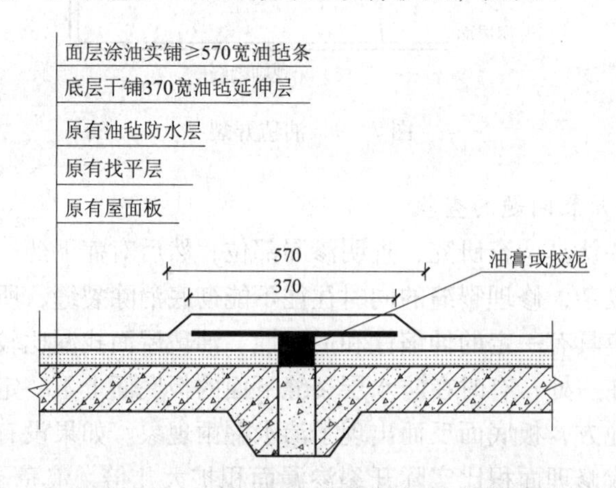

图 7－10　干铺油毡贴缝修补防水层裂缝图

② 油膏或胶泥补缝法。

修补裂缝所用的油膏或胶泥必须有较大的延伸率和较好的韧性，并且加热施工，以保证与原有防水层有牢固的黏结，适应基层的变动。

【适用范围】有规则的横向裂缝。

【施工机具】平铲、扫把、钢丝刷、毛刷、滚刷、刮板、定位工具、卷尺、钢尺、弹线盒、压实工具。

【施工方法】处理基层→涂刷基层处理剂→裂缝处理→铺贴卷材→施工防护层。

先割除裂缝两侧各 30 ～ 50 mm 宽的油毡，并凿掉该处找平层（无保温层屋面应凿至灌缝细石混凝土处），并保证深 20 ～ 30 mm、宽 20 ～ 40 mm，然后将露出的找平层、板缝及两侧附近油毡上的浮粒灰土清扫干净→刷满冷底子油→再将胶泥灌入缝中、胶泥高出屋面 5 mm，并覆盖油毡两侧各 20 ～ 30 mm 的宽度，压贴牢固即可（如果所使用油膏抗老化性能较差，可在油膏表面加贴一层玻璃丝布作为覆盖层）。如图 7 – 11 所示。

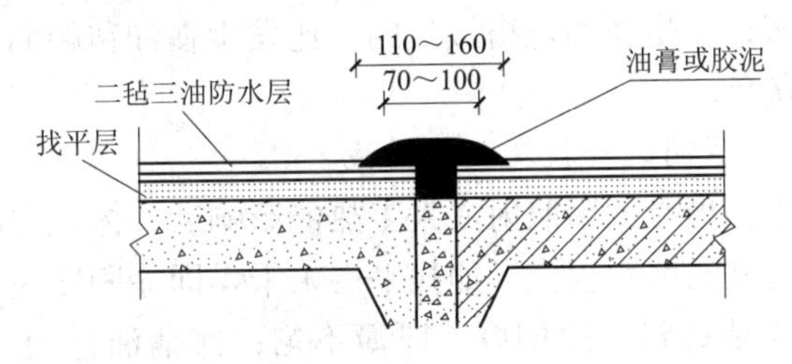

图 7 – 11　油膏或胶泥嵌补卷材防水层裂缝图

（2）无规则裂缝的维修。

无规则裂缝一般是由于找平层收缩将卷材拉裂，或由于部分油毡黏结不牢而崩裂，由于油毡老化龟裂或由于外伤而产生裂缝的。

【适用范围】无规则的横向裂缝。

【施工机具】平铲、扫把、钢丝刷、毛刷、滚刷、刮板、定位工具、卷尺、钢尺、弹线盒、压实工具、喷灯。

【施工方法】处理基层→涂刷基层处理剂→铺贴卷材→施工防护层。

在一个裂缝或裂缝区的四周铲除绿豆砂保护层，清除尘土垃圾→刷冷底子油→上面铺一毡二油或二毡三油或一布（玻璃丝布）二油或一胶（再生胶油毡）二油。

注意：铺贴时，将原面层沥青胶结材料用喷灯烤软化，加铺层的周边要压实，与原防水层面层粘贴得要牢固，不能有翘边。防水层修补完毕，再按原样做好保护层即可。新铺盖的油毡层与四周防水层分层搭盖宽 50 ～ 100 mm，搭盖时应使新防水层的左、右、下三边分别搭盖在老防水层的第一、第二层的上面。

图 7 – 12 所示为卷材老化的裂缝区修补示意图。

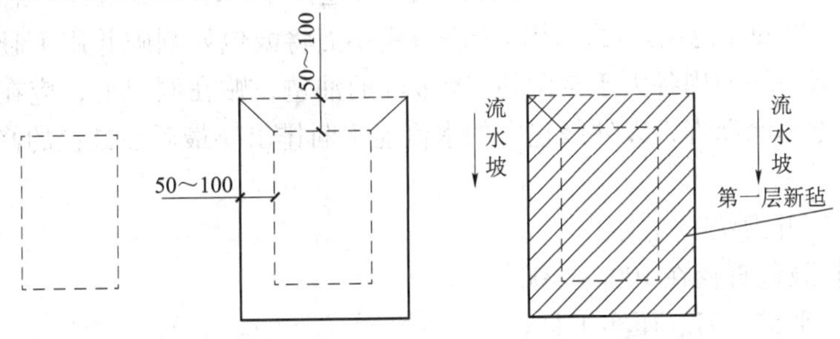

图 7 – 12　卷材老化的裂缝区修补示意图

2. 沥青卷材起鼓的维修

1）屋面起鼓现象

油毡起鼓一般在施工后不久产生，尤其是在高温季节更为严重，有时上午施工下午就起鼓，或者隔一两天才开始起鼓。起鼓一般由小到大，逐渐发展，大的直径可达 200 ～ 300 mm，小的直径为 100 mm 以下。鼓包连成串、油毡起鼓发生在防水层与基层之间的，比发生在油毡各层之间的多；发生在油毡搭接处的，比发生在油毡幅面中的多。鼓包内的集层有冷凝水珠，有时呈深灰色。

2）沥青卷材屋面起鼓原因的查找及预防措施

存在潮湿空气或水滴，当受太阳照射或人工热能影响后，体积膨胀而造成起鼓。造成卷材与基层黏结不牢进而起鼓的因素很多，如找平层未干燥即涂刷冷底子油或抢铺油毡；屋面基层未清扫干净；沥青胶结材料未涂刷好，厚薄不匀；摊铺油毡用力太小；找平层受冻变酥等。

物业公司在早期介入阶段应对沥青卷材的施工进行监督。起鼓的预防措施一般包括以下几方面：① 找平层应平整、干净干燥，冷底子油涂刷均匀；② 避免在雨天、大雾、霜雪或大风等天气施工，防止基层受潮；③ 防水层使用的原材料、半成品，必须防止受潮，若含水率较大时，应采取措施使其干燥后方可使用；④ 防水层施工时，卷材表面应清扫干净，沥青胶结材料应涂刷均匀，卷材应铺平压实；⑤ 当保温层或找平层干燥确有困难而又急于铺设防水层时，可在保温层或找平层中预留与大气连通的孔道后再铺设防水层；⑥ 选用吸水率低的保温材料，以利于基层干燥，防止防水层起泡。

3）油毡起鼓的维修

根据起鼓产生的原因和起鼓的不同情况，鼓包治理的方法一般有排汽法、对角十字开刀法和割补法 3 种。修理起鼓时应着重消除鼓包内的气体和基层的水分，否则不能达到维修的预期目的。

（1）排汽法。

【适用范围】鼓包直径小于 100 mm。

【施工机具】刀、毛刷、定位工具、卷尺、钢尺、弹线盒、压实工具。

【施工方法】处理起鼓部分面层→切孔排汽→油毡复平→增设油毡层→施工防护层。

将鼓包周围 100 mm 范围内面层清理干净→用小刀将鼓包处割破并用手赶出洞口水汽→使油毡复平→再剪一块四周各大于空洞约 100 mm 的油毡，贴在洞口处，应在上、左、右三个方向胶结，下方不涂沥青，以便鼓包内的水汽能不断排出→最后在鼓包的修补部位做砂粒保护层。

（2）对角十字开刀法。

【适用范围】鼓包直径在 100 ～ 400 mm。

【施工机具】平铲、刀、压实工具。

【施工方法】处理起鼓部分面层→切十字排汽→晾干、清除胶结材料→分片复平油毡→

增设油毡层。

将鼓包面周围绿豆砂铲去 50 ～ 60 mm 宽→用小刀将鼓包处油毡沿对角十字剖开→并将剖开的油毡揭起进行排汽→晾干后清除原有胶结材料、将切割翻开部分的油毡重新分片，按屋面流水方向粘贴→再剪一块四周各大于空洞约 100 mm 的油毡，贴在上面压贴切割部分油毡的上片。如图 7 – 13 所示。

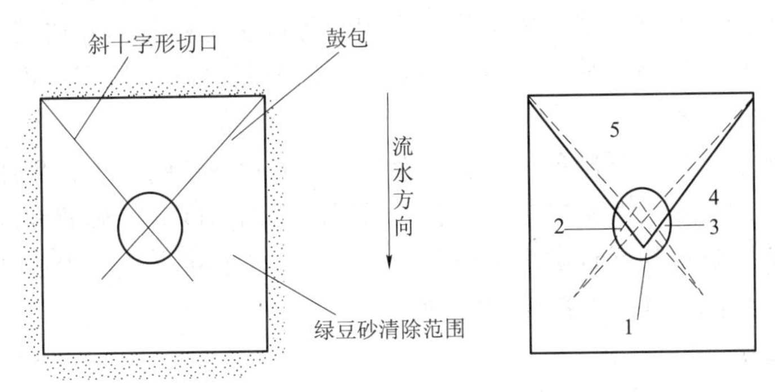

图 7 – 13 对角十字开刀法修鼓包

（3）割补法。

【适用范围】鼓包直径大于 400 mm。

【施工机具】平铲、刀、压实工具。

【施工方法】处理起鼓部分面层→切割、卷起、排汽→晾干、清除胶结材料→刷冷底子油→复平油毡→增设油毡层。

将鼓包面周围约 100 mm 范围内面层清理干净→用刀将鼓包周围约 50 mm 范围切开三条边（使所留的一条边位于屋面排水坡度的上方），并向上卷起→使鼓包内的水分充分干燥→在找平层上刷一道冷底子油→将原油毡复平→再增设一层油毡→上面铺绿豆砂保护层。

3. 卷材流淌的维修

由于沥青受到日光照射而软化，致使油毡防水层沿屋面坡度向下滑移而失去了应有的防水作用。流淌现象一般多出现在施工后第一年的夏季，流淌后油毡出现褶皱或在天沟处堆积成团。流淌严重时会导致卷材垂直面拉开脱空，卷材横向搭接处严重错位。在脱空和拉断处可能产生渗漏情况。

开淌损坏的原因主要是由于沥青胶结材料耐热度偏低、使用了未经处理的多蜡沥青；沥青胶结材料涂刷过厚；屋面坡度过陡，而采用平行屋脊铺贴卷材；采用垂直屋脊贴卷材，而在半坡进行短边搭接等。

卷材防水层严重流淌时可考虑拆除重铺；轻微流淌如不发生渗漏，一般可不予修缮；中等流淌可采用以下方法进行修缮。

（1）切割法。适用于屋面坡端和泛水处油毡因流淌而耸肩、脱空部位的修缮。

（2）局部铲除重铺法。适用于屋架坡端及天沟处已流淌而褶皱成团的局部卷切的修缮。

（3）钉钉子法。用于陡坡屋面卷材防流淌，亦可适用于完工不久的卷材出现下滑趋势时防继续下滑的修缮。

4. 老化渗漏的损坏原因和防治

老化即沥青胶结材料质地变脆而折断，并逐步使卷材外露、变色、收缩、腐烂、出现裂缝，导致屋面渗水。

老化渗漏的原因主要有：受气候变化的影响；防水屋材料的标号选用不当、不合要求；沥青胶结材料的耐热度过高，熬制、施工温度过高，熬制时间过长等；护面层的质量问题；缺少必要的维护保养措施。

卷材防水层的老化是不可避免的，但可设法推迟老化现象的发生，具体措施为：正确选择沥青胶结材料的耐热度；严格控制沥青胶结材料的熬制温度、使用温度及涂刷厚度；切实保证护面层的施工质量；加强日常维护保养。其修缮方法，视老化的程度和面积大小不同进行局部修补、局部铲除重铺或全部铲除重铺。

5. 构造节点的维修

1）构造节点损坏的现象及原因

卷材屋面由于构造节点处理不当而造成渗水漏雨的情况比较普遍，有时还很严重。这些部位施工复杂，稍有疏忽就不能保证质量。而且往往是雨雪积聚的地方较易损坏，有时屋面防水层完好，只因个别构造节点损坏也会造成屋面严重漏雨。在维修中该部位常见的问题有以下几个方面。

（1）突出屋面的构造，如山墙、女儿墙、烟囱、天窗墙等处油毡收口处张开或脱落。

（2）压顶板抹面风化、开裂和剥落。

（3）泛水破坏，转角处油毡开裂，油毡老化或腐烂。

（4）天沟纵向找坡太小，甚至有倒坡现象或者天沟堵塞、排水不畅，从而构成天沟的积水、雨水斗四周油毡过早老化与腐烂。

（5）高低跨处积水超过泛水高度而漏水或高侧墙未做滴水线，雨水从油毡收口处渗入室内。

（6）变形缝处防水不严密等。

2）构造节点损坏的维修

（1）山墙、女儿墙根部漏水。

主要原因是：封盖口处的砂浆开裂渗水，进水多次反复冻融，致使砂浆剥落；或压顶滴水损坏，雨水沿墙面渗入；日久压条腐烂使油毡脱落张口，造成漏水。维修时按下述方法进行。

① 对于卷材张口、脱落部位的沥青胶进行清除，保持基层干燥，重新钉上防腐木条，将旧油毡贴牢钉牢，再覆盖一层新油毡，收口处用油膏封严。如图 7－14 所示。

② 凿除已风化开裂和剥落的压顶砂浆，重抹水泥砂浆并做好滴水线。也可应用 Π 形压顶板，不必座浆，修理时便于取下，板下铺贴一层包到垂直面的油毡。

③ 割开转角处开裂的油毡，烘烤后分层剥离，清除沥青胶，改做成钝角或圆弧形转角，如图 7－15 所示。转角先干铺一层油毡，再将新旧油毡咬口搭接，铺满二毡三油。

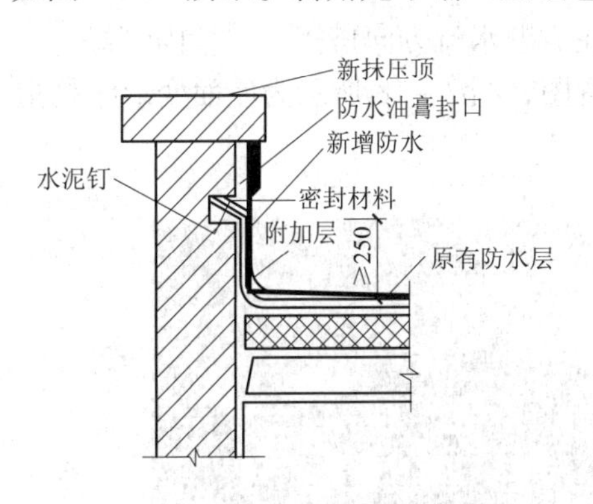

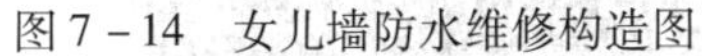
图 7－14　女儿墙防水维修构造图

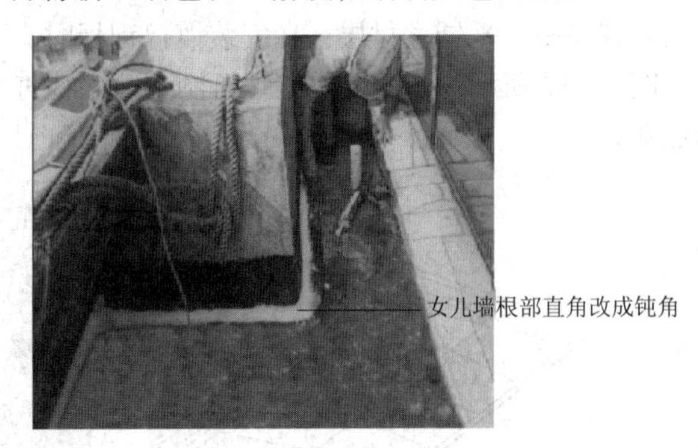

图 7－15　女儿墙根部的漏水维修

（2）伸出屋面的管道处渗漏。

将管道周围的油毡、沥青清除干净，管道与找平层之间剔成 200 mm × 200 mm 的凹槽并修正找平层，槽内用胶结剂或防水油膏嵌填严密，管道根四周干铺一层油毡覆盖，油毡贴在管道上的高度不小于 250 mm。管道上的防水层上口应用金属箍箍紧或缠麻封固，并用密封材料、油膏、胶结剂封严。如图 7－16 所示。

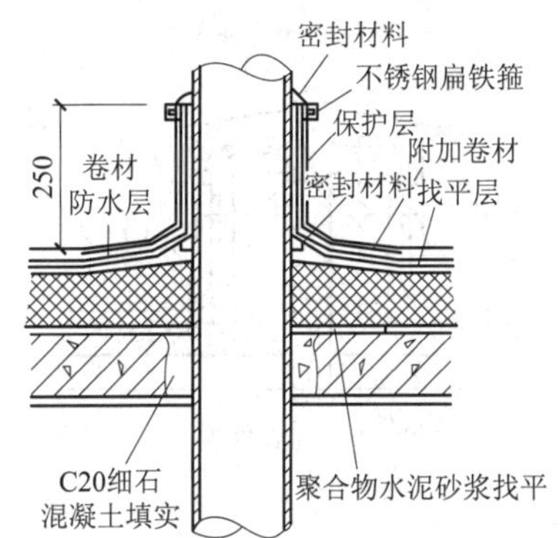

图 7－16　伸出屋面管道的防水处理

（3）变形缝、分隔缝处漏水。

变形缝、分隔缝处的漏水主要表现在：房屋变形缝长度方向未按规定找坡，甚至往中间反水；屋面变形缝没有做干铺卷材层，镀锌钢板凸棱按反或镀锌钢板向中间反水，造成缝漏水；镀锌钢板没有顺水流方向搭接；镀锌钢板安装不牢固，被风掀起；变形缝在屋檐部分没有断开，卷材直接铺平过去，变形缝发生变形时卷材被拉裂，造成漏雨。主要防止措施为：

① 严格按照设计要求及施工规范施工；

② 变形缝在屋檐部分应断开，卷材在断口处应有弯曲以适应变形弯曲需要；

③ 变形缝处镀锌钢板如高低不平，说明基层找坡有问题，此时可将镀锌钢板掀开，将基层修理平整，平铺卷材层；在安装镀锌钢板时，要注意顺水流方向搭接，并牢固钉好。

图 7 – 17 所示为屋面分隔缝位置图与防水检查示意图，图 7 – 18 所示为屋面变形缝构造节点图。

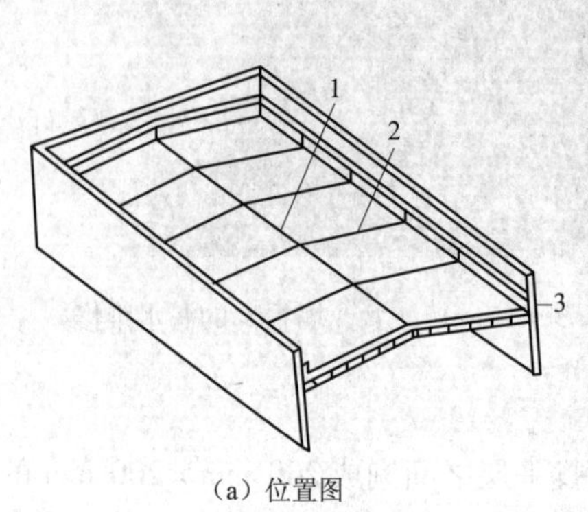

(a) 位置图

(b) 屋面分隔缝防水检查

图 7 – 17　屋面分隔缝位置图与防水检查

1—纵向分隔缝；2—横向分隔缝；3—泛水分隔缝

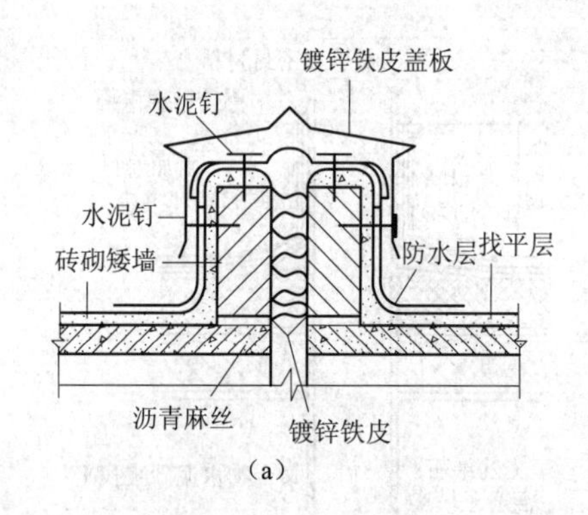

(a)

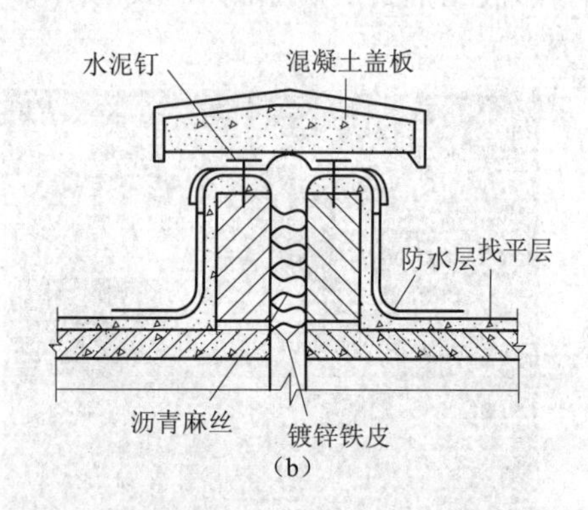

(b)

图 7 – 18　屋面变形缝构造节点图

(4) 檐口处漏水。

檐口的漏水主要表现在：天窗及无组织排水屋面爬水、尿墙；由于玛蹄脂或油膏的耐热度偏低，而浇灌时又超过 5 mm 以上，容易流淌，而且封口处容易裂缝张口，从而产生爬水、尿墙等渗漏现象；抹檐口砂浆时未将卷材压住，屋檐下口未按规定做滴水线或鹰嘴。

如出现渗漏可在檐口处附加一层油毡，将檐口包住，下口用镀锌铁皮钉住。也可以在找平层上钉一层镀锌铁皮盖檐，油毡铺至檐口。檐口构造示意图如图 7 – 19 所示。

(5) 天沟处漏水。

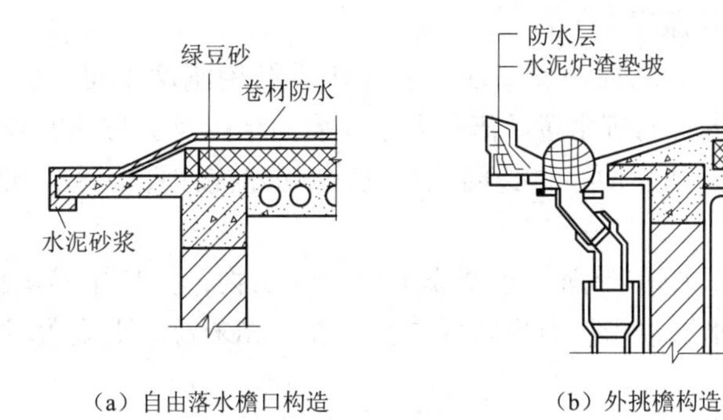

（a）自由落水檐口构造　　（b）外挑檐构造

图 7－19　檐口构造示意图

施工时没有拉线找坡，造成积水；水斗四周包贴不严实或油毡层数不够、管理不善等都会造成渗漏。常用的维修方法如下。

① 凿除天沟找坡层，再拉线找坡，将转角处开裂的卷材割开，旧卷材烘干后，分层剥离沥青胶，重新铺贴卷材。

② 治理四周卷材裂缝严重的雨水斗时，应将该处的卷材剔除，检查短管是否紧贴板面或集水盘。如短管等浮搁在找平层上，应将该处的找平层凿掉，清除后安排好短管，用搭接法重铺三毡四油防水层，并做好雨水斗附件卷材的收口与包贴。

图 7－20 所示为女儿墙内天沟图。

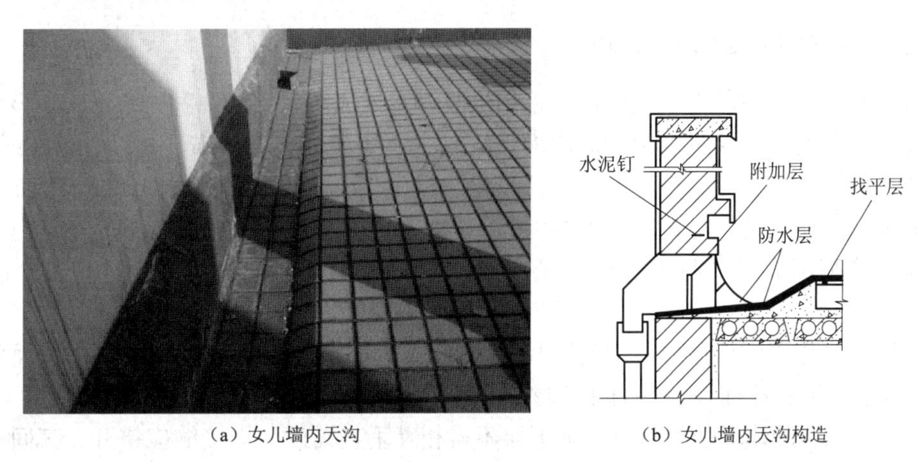

（a）女儿墙内天沟　　（b）女儿墙内天沟构造

图 7－20　女儿墙内天沟图

三、瓦屋面的维修

瓦屋面主要指青瓦屋面、筒瓦屋面、平瓦（黏土或水泥）屋面、坡形石棉水泥瓦屋面及铁皮屋面。瓦屋面往往存在屋面渗漏水，瓦片滑动、脱落，屋面盖材风化、腐蚀或锈蚀等损坏现象。

1. 瓦屋面损坏的主要原因

（1）设计施工方面，如屋面坡度太小，屋面承重结构刚度不足、铺设不平，盖材本身缺陷，屋面排水沟、落水管的排水量不满足要求，屋面结构及盖材的安装铺设质量差等。

（2）自然损坏方面，如屋面盖材长期受到风吹雨淋的侵蚀，瓦片、铁皮产生风化锈蚀，砂浆粉化开裂等。

（3）使用维护方面，如在屋面任意架设天线、晒衣物，损坏了盖材防水层；寒区的屋面清雪时，损坏盖材防水层；未进行经常性维修保养，如未及时更换盖材，未经常清除屋面的树叶、杂草、泥沙等。

2. 瓦屋面的预防措施

（1）严把设计施工质量关，防止屋面盖材防水层产生“先天不足”现象。

（2）防止人为损坏屋面，除检修人员外，不准其他人员随便上屋面活动、晒衣物、设天线等。

（3）及时维护保养，经常清扫屋面的树叶、泥沙等杂物，及时疏通排水沟、雨水口等，对屋面泛水、排水沟、雨水管等易产生渗漏的部位要定期检修维护。

3. 瓦屋面损坏的维修方法

瓦屋面的盖材不同，其维修方法也不同。一般主要采取以下方法：扩大、整形或更换排水管沟，使屋面排水畅通；加大屋面坡度，修复局部下沉陷处；局部修补、更换或全部拆除重做等。

四、涂膜防水屋面的维修

涂膜防水屋面是在屋面承载构件上采用涂膜防水做成防水层的一种防水形式。该种屋面按防水层胎体分为单纯涂膜层和加胎体增强材料涂膜（如加玻璃丝布、化纤、聚酯纤维毡）做成一布二涂、三布二涂。由于屋面板易风化、碳化、质量要求高，这样就要求屋面板的涂膜应具有较好的耐久性、延伸率、黏结性、不透水性和较高的耐热度。涂膜按功能分为防水涂膜和保护涂膜两大类。防水涂膜主要有聚氨酯、氯丁橡胶、丙烯酸、硅橡胶、改性沥青等。

当涂膜防水层需铺设胎体材料时，屋面坡度小于15%时应平行屋脊铺设、屋面坡度大于15%时应垂直屋脊铺设。胎体长边搭接宽度不应小于50 mm，短边搭接宽度应小于70 mm。采用二层胎体增强材料时，上下层不得相互垂直铺设，搭接缝应错开，其间距不应小于幅宽的1/3。

图7－21所示为屋面檐口涂膜防水示意图。

（一）涂膜防水屋面易渗漏部位、产生原因

涂膜防水屋面易渗漏部位主要是由于涂膜与基层结合不牢、细部节点密闭性不严，涂膜防水层裂缝、起鼓、破损、剥离、过早老化等原因造成的，主要产生原因有以下几个方面。

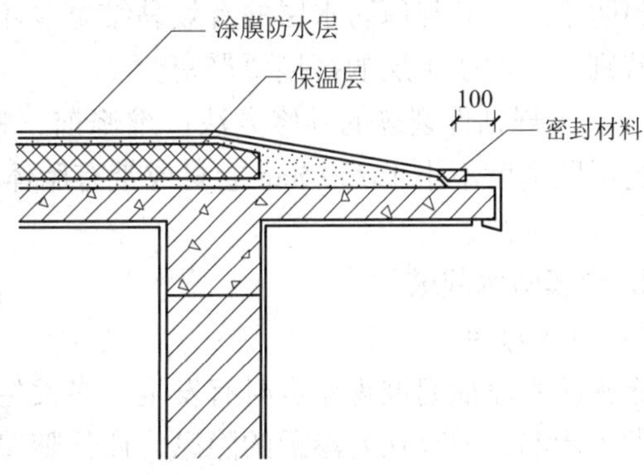

图 7－21　屋面檐口涂膜防水

（1）原材料质量不符合设计要求和技术标准的有关规定。

（2）基层与找平层酥松、起砂、起皮、清理不净，导致涂膜防水层与基层结合不牢。

（3）涂膜防水层的厚度过薄和收头处密闭不严。

（4）细部构造不符合要求，涂膜防水层节点处理不合理，未做附加层，酿成开裂和翘曲而产生渗漏。

（5）涂膜防水层的施工工艺错误，涂膜的搭接宽度小于规范规定。涂膜因受温度变化的影响产生变形收缩，搭接处开裂。

（二）涂膜防水屋面常见弊病的维修

1. 涂膜防水出现裂缝

涂膜防水裂缝分为有规则性裂缝和无规则性裂缝两种。

1）造成原因

（1）有规则性裂缝多发生在屋面板的支承部位，造成原因主要是由于结构变形，加上温差变形及混凝土干缩而产生的。另外，施工时、板端缝未做处理，遇结构变形无力适应，使防水层开裂。该种裂缝尤以预制屋面板结构更为严重。该种裂缝的防治：鉴于板端部位脆弱，一般采用增强附加层并采用空铺或单侧点粘法予以加强。

（2）无规则性裂缝除因结构变形及长期受力和在温度作用下热胀冷缩外，还有因找平层薄厚不均匀而引起的开裂。

2）维修方法

（1）有规则裂缝的维修方法

可采用空铺卷材或利用嵌填密封材料方法解决。空铺卷材方法主要是利用空铺卷材的较大延伸值面对基层变形起缓冲作用、防止新防水层继续开裂。其做法是：首先清除裂缝部位的防水涂膜，裂缝剔凿扩宽后，清理裂缝处的浮灰杂物；清理干净后，可用密封材料嵌填；干燥后，缝上空铺或单侧粘贴宽度为 200 ～ 300 mm 的隔离层，面层铺设带有胎体增强材料的涂膜防水层，其与原防水层的有效黏结宽度不小于100 mm，涂料涂刷要均匀、不要有漏涂，特别是新旧防水层的搭接要严密。

（2）无规则性裂缝的维修方法：维修前，将裂缝部位面层上浮灰和杂物清除干净，再沿裂缝铺贴宽度不小于250 mm卷材或带有胎体增强材料的涂膜防水层，注意做到满贴、满涂、贴实、封严。

2. 涂膜防水起鼓

1）造成原因

涂膜防水屋面起鼓现象也时有发生，多发生在本面或立面的泛水处。防水层起鼓虽不致立即发生渗漏，但存在着渗漏的隐患，往往随着时间的延长，防水层因过度拉伸疲劳而加速老化，致使表层脱落，有时还伴有裂纹造成渗漏。起鼓的原因主要是施工操作不当，主要是指涂膜加筋增强层与基层黏结不实，中间裹有空气。更多原因是由于找平层或保温层含水率过高而引起。对于立面部位防水层起鼓，其原因往往是与基层黏结不牢、出现空隙，特别是立面在背阴的位置，该部位的基层往往比大面干燥慢，含水率较高，当水分蒸发时，可使立面防水层起鼓，且鼓泡会越来越大。

2）维修方法

对较小的鼓泡且数量不多时，可用注射器抽气，同时注入涂料，把鼓起的防水层重新压贴，与基层黏结牢固，在鼓泡上铺设一层带有胎体增强材料的涂膜防水层，表面铺撒保护层材料。对较大的鼓泡，可用十字开刀方法，先把鼓泡部位的涂膜防水层剪开，将基层处理干净，泡内水分尽力清出、干燥后用防水涂料把原防水层重新粘贴牢固，再加涂新的涂膜防水层，表面铺撒保护层。

3）起鼓的防治

铺贴增强层时，宜采用刮挤手法，随挤压随将空气排出，使加筋层黏结更为严实。基层要做到干燥，其含水率不得超过“屋面工程技术规范”的规定要求。如果基层干燥有困难，可做排汽屋面或选用可在潮湿基层上施工的防水涂料（如JS复合防水涂料）。

3. 涂膜防水破损

1）造成原因

防水层破损一般会立即造成渗漏，破损的原因很多，多数是由施工及管理因素造成。主要是：防水层施工时，由于基层清理不净，夹带砂粒或石子，造成防水层被硌破而损伤。防水层施工后，在上面进行其他工序或做保护层时，施工人员走动或搬运料具都有可能损伤防水层。另外，做块体保护层，在架空隔热层施工时，由于搬运材料或施工工具掉落，亦有可能伤损防水层。

2）维修方法

发现涂膜防水层有破损，可立即修补。其修补方法，首先将破损部位及其周围防水层表面上的浮沙杂物清理干净；如基层有缺陷，可将老防水层掀开，先处理基层，然后用防水涂料把老防水层粘贴覆盖，再铺贴比破损面积周边各大出70～100 mm的玻璃纱布，上面涂布防水涂料，表面再做保护层。

3）破损的防治

（1）涂膜防水层施工前，应认真清扫找平层，表面不得留有沙粒、石渣等杂物。如遇有三级以上大风时，应停业施工，防止因从脚手架或建筑物上被风刮下灰沙而影响涂膜防水层的质量。

（2）在涂膜防水层上砌筑架空板砖墩时，须等涂膜防水层达到实干后再进行，砖墩下应加垫一方块卷材，并均匀铺垫砂浆。

4. 涂膜防水剥离

涂膜防水剥离指的是涂膜防水层与基层之间黏结不牢形成剥离。一般情况下，并不影响防水功能，但如剥离面积较大或处于坡面或立面部位，则易降低功能，甚至引起渗漏。

1）造成原因

涂膜防水层施工时，环境气温较低或找平层表面存有灰尘、潮气，都会造成防水层黏结不牢而剥离脱开。在屋面与突出屋面立墙的交接部位，由于材料收缩将防水层挂紧，在交接部位与基层脱离，或因铺涂膜增强材料时，为防止发生皱褶而过分拉伸，或因施工时交角部位残留的灰尘清理不净，都会造成交接部位拉脱形成剥离。

2）维修方法

剥离的维修可根据屋面出现剥离的面积大小采用不同的维修方法。如果屋面防水层大部分黏结牢固，只是在个别部位出现剥离，可采取局部维修方法。做法是：将剥离的涂膜防水层掀开，处理好基层后再用防水涂料把掀开的涂膜防水层铺贴严实，最后在掀开部位的上面加做涂膜防水层，表面铺撒保护层即可。如果剥离面积较大，采用维修已没有价值，可全部翻修重做。

3）剥离的防治

（1）严格控制找平层的施工质量，确保找平层具有足够强度，达到坚实、平整、干净、符合设计要求。

（2）涂膜防水层施工前应对找平层清扫干净，达到技术要求。基层表面是否要求必须干燥，应根据选用防水涂料的品种要求决定，并切实做到。

5. 涂膜防水过早老化

1）造成原因

由于防水涂料选择不当、质地低劣、技术性能不合格，甚至采用了假冒伪劣产品而引起涂膜防水层剥落、露胎、腐蚀、发脆直至完全丧失防水作用。另外，由于施工管理不严、现场配料不准，也会造成局部过早老化。

2）维修方法

如是小面积、个别部位老化，可将老化部位的涂膜防水层清除干净，修整或重做找平层，再做带胶体增强材料的涂膜防水层，其周边新旧防水层搭接宽度可不小于100 mm，外露边缘应用防水涂料多遍涂刷封严；如是大面积过早老化，已失去防水功能，只好翻修重做。

五、屋面的日常管理与保养

屋面在使用期间应指定专人负责管理，定期检查。管理和维修人员应熟悉屋面防水专业的知识，并制定管理人员岗位责任制。特别注意的是，防水维修因专业性和技术性都很强，必须有专业维修施工队伍进行维修。主要有以下几个方面。

（1）对非上人屋面，应严格禁止非工作人员任意上屋面活动。上人检查口处及爬梯应设有标志，标明非工作人员禁止上屋面。屋面上不准堆放杂物或搭盖任何设施。

（2）屋面上架设各种设施或电线时，需经管理人员同意，做好记录，并且必须保证不影响屋面排水和防水层的完整。

（3）每年春季解冻后，应彻底清扫屋面，扫除屋面及落水管处的积灰、杂草、杂物等，使雨水管排水畅通。对于天沟处的积灰、杂草及杂物等也要及时清除。

（4）对屋面的检查一般每季度进行一次，并且在每年开春解冻后、雨季来临前、第一次大雨后、入冬结冻前等关键时期应对屋面防水状况进行全面检查。

对于不同类型的屋面，因结构存在差异，物业公司在日常房屋管理工作过程中检查的侧重点也应不同，主要体现在以下几个方面。

1. 油毡屋面的防水层

（1）是否有渗漏现象。

（2）绿豆砂保护层是否起层、脱落。

（3）防水层是否有起鼓、裂缝、损伤、积水等现象，油毡是否有流淌、局部老化、腐烂等现象。

（4）油毡搭接部位是否有翘边、开口等黏结不牢现象。

（5）泛水及里面的卷材是否下滑，有无积水。

（6）卷材收口处的油膏、水泥砂浆、压条等是否松动、开裂、脱落。

（7）天沟、落水管处断面是否满足排水要求。

2. 刚性屋面的防水层

（1）面层是否有裂缝、风化、碳化、起皮等现象。

（2）分割缝处的接缝油膏、盖缝条是否完好无损。

（3）在与女儿墙或其他突出屋面的墙体交接处的泛水及檐口等是否渗水。

（4）在露出屋面的管道、烟囱及落水管弯头与防水层连接处是否渗水。

3. 涂膜防水层

（1）暴露式防水层应检查平面、立面、阴阳角及收头部位的涂膜是否有剥离、开裂、起鼓、老化及积水现象。

（2）有保护层的防水层应检查保护层是否开裂，分格缝嵌填材料是否有剥离、断裂现象。

（3）女儿墙压顶部位应检查是否有开裂、脱落及缺损等现象。

（4）水落口及天沟、檐沟应检查是否有破损、封堵、排水不畅等现象。

4. 盖材屋面

（1）屋面坡度是否适合当地降雨量和技术规范要求。

（2）屋面瓦材是否有裂缝、砂眼、翘斜、破损等现象。

（3）脊瓦与脊瓦或脊瓦与两面坡瓦之间搭接是否符合要求。

（4）基层结构或承重结构是否有缺陷，从而造成屋面局部下沉、凹处渗漏的现象。

（5）屋面与突出屋面的墙体或烟囱连接处是否完善。

（6）泛水、压顶是否符合要求。

检查屋面时，应针对各屋面做好详细记录，将检查的情况分别进行记载并存档保管。当检查发现问题时，应立即分析原因，并采取积极有效的技术措施进行修理，以免继续发展而造成更大的渗漏。

任务二　房屋其他防水结构的维修

一、墙体渗漏的维修

墙体是建筑物的竖向构件，240 mm 厚外墙达到 18 mm 厚的水泥砂浆粉刷层就可以满足防水要求，通常不存水、不积水、不易出现渗漏。但是，因设计不合理、施工粗糙、材料选用不当或材质低劣、用户使用不当、管理不善等因素均会引起墙体的裂损，从而导致渗漏。

（一）墙体的分类及构造

墙体的渗漏现象，无论是在全装配式大板建筑体系、框架轻板建筑体系，还是在现浇大模板建筑体系及砖混建筑体系中都不同程度地出现。而各类墙体所处位置、受力状况、所用材料不同，其渗漏部位、修理方法各异，要正确掌握各类墙体的共性，又要区分它们各自的特性，运用较为先进的、针对性强的方法治理。要想取得实效，必须对治理对象，即墙体的类别及构造形式有一个详尽的了解。

1. 按墙体位置区分

（1）外墙：建筑物外围的墙体。

（2）内墙：即建筑物内部的墙体。

2. 按墙体受力状态区分

（1）承重墙：即承受屋面、楼面等上部结构传来的荷载及自重的墙体。

（2）非承重墙：只承担自重的墙体。

3. 按墙体作用区分

（1）围护墙：遮挡风雨和阻隔外界气温及噪声对室内影响的墙体。

（2）间隔墙：分隔室内空间的墙体。

4. 按墙体主要材料和构造方式区分

（1）砖墙：常用砖块材料有普通黏土砖、空心黏土砖、炉渣灰砖、加气混凝土砖、水泥砂浆砖、页岩砖。常见做法：实砌砖墙体、实心砖墙体、空斗砖墙体、复合墙体。

（2）现浇混凝土墙板、现浇钢筋混凝土墙体。

（3）大型预制混凝土墙板。

（二）墙体渗透漏通病及原因分析

1. 砖砌墙体

（1）墙体砌筑裂缝。砌筑砂浆强度等级偏低，砂浆类别使用不当，如外墙选用石灰砂浆砌筑或配合比掌握不严的混合砂浆砌筑，使强度降低，砌体整体性差，易过早出现风化、酥松；砌墙施工过程中砂浆不密实、不饱满或砌筑方法的错误而产生的通缝、空缝、瞎缝引起裂缝；施工中粗制滥造，留有脚手架孔洞、穿墙管洞、托钩支承处未封堵严实而造成隐患。

（2）墙体装饰面层裂缝。砂浆粉刷分格条嵌入太深而破坏外粉底层的整体性，或施工嵌取木条操作不当引起底层基层厚薄不均甚至脱离破坏而形成的隐蔽性破坏；墙面勾缝处的砂浆强度不够，厚度不够，疏密不均；未掌握不同外墙砖的材质、材性，如红砖、空心砖、粉煤灰砖、加气块混凝土砖的含水率、施工要领、操作方法；砂浆外粉刷施工工序掌握不当、基层处理过湿或过干、浇水不足或浇水过度均会引起面层脱落或干缩；陶瓷锦砖、无釉面砖地疏松，吸水率过大，砂浆不饱满，勾缝不严实，基层处理不干净，抹面厚度不够，养护差而引起面砖开裂、爆皮、脱落。

（3）结构变形引起裂缝。地基不均匀沉降、横墙间距过大、砖墙转角应力集中处未加钢筋、门窗洞口过大、变形缝设置不当等原因使砌体墙身因强度、刚度、稳定性不足而产生的结构变形裂缝。

（4）温度变形引起裂缝。砌女儿墙、混凝土压顶、混凝土檐口、混凝土屋面板及顶层砌体墙身因材质线胀系数不一致，日照的时间、方位不等，经过寒冬酷暑温差的变化，产生不均匀的收缩和膨胀引起裂缝，多呈水平缝或八字缝。

（5）建筑细部、节点构造处渗漏。砖墙体、混凝土墙板的窗台处的排水坡、挡水台、滴水线（图 7－22 所示为房屋滴水线构造图）。细部构造破坏或根本未作分流雨水的构造处理，窗台与窗框连接处、门窗框至四周墙体连接处的缝隙未填实；钢筋混凝土、阳雨篷、腰箍与砌体墙身交接的根部，墙与梁、板交搁置处灰浆不饱满，梁头、板头处混凝土浇捣不紧实，预制空心楼板端未填堵头，雨水由空隙处渗透至墙身或顶端。

（6）墙基、勒脚处防潮材料自然老化，失效引起渗透反潮。

2. 混凝土墙体

（1）预制混凝土墙体纵横墙板之间、连接处的节点构造防水不合理或构造防水破坏，如墙板接缝处的排水槽、滴水线挡水台酥松、破坏。

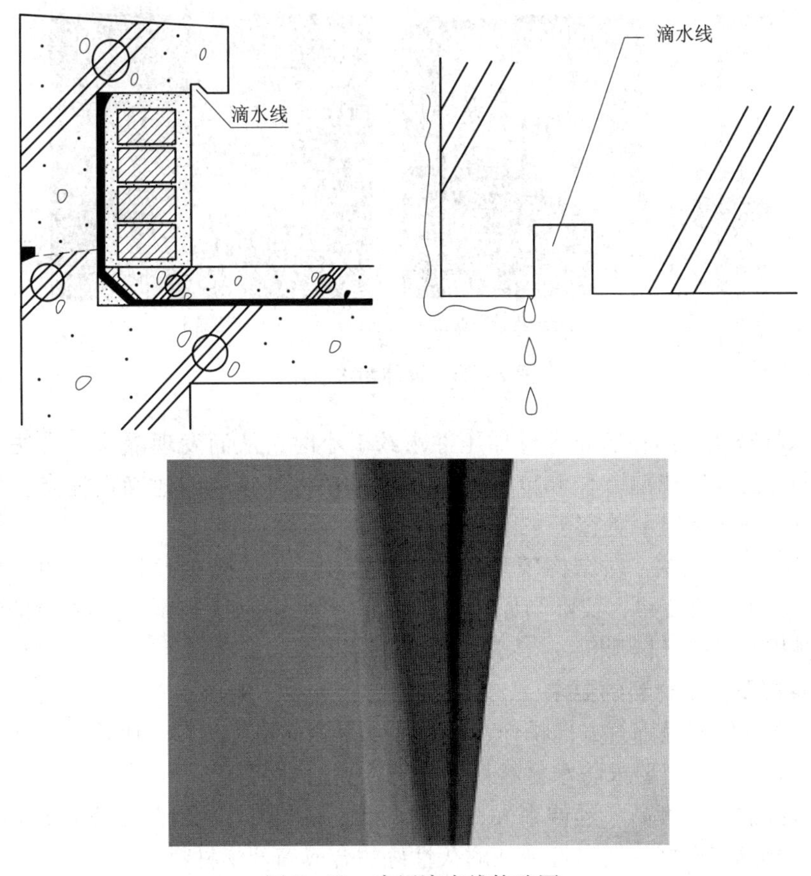

图 7－22　房屋滴水线构造图

（2）墙板垂直、水平、十字缝处的空腔构造被堵塞，背衬材料破损，空腔失去了减压作用，无法切断板缝处毛细管的通道而引起渗漏。

（3）现浇墙板浇筑时强度不够，板面有蜂窝麻面、起酥，施工时留下的穿墙孔洞、脚手孔洞未予填实或填塞材料强度不够而引起渗漏。

（4）预制钢筋混凝土墙体上、下墙板，楼板与墙板装配时连接处的混凝土或座砌砂浆强度不够，铺设不紧实而引起渗漏。

图 7－23 所示为墙体漏水图片。

（三）墙体渗漏部位的查勘及维修

1. 查勘方法

（1）观察法。对现场进行查勘，发现渗漏部位，找出渗漏点和水源点，并对其部位进行反复观察，划出标记，做好记录，以利作出正确判断。该方法宜于在雨天进行。

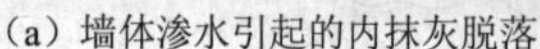

（a）墙体渗水引起的内抹灰脱落　　（b）外墙漏水

图 7－23　墙体漏水图片

（2）淋水检查法。即在墙面进行加压冲水约 1 小时，从而发现漏痕的方法。该方法必须在初步查勘并已确定渗漏方位和范围的情况下采用，可较准确地确定漏点。特别是在屋面、墙面同时渗漏的情况下更宜于采用。

（3）资料分析判断法。对结构较为复杂的建筑物，仅依靠观察是不够的，必须查清原防水构造设计施工有无变更，实际与原始资料是否一致，特别是结构变形引起的渗漏更需要观察，与资料相互对应分析判断。

2. 墙体维修及防水材料的要求

墙面上的防水修理呈垂直方向操作，比屋面水平方向更为复杂、困难。因此，在精心设计、精心施工的前提下，要求防水材料最好能与等级相对应。

（1）宜选择黏结强度高、延伸率大、下垂直低、耐久性好的冷施工密封材料。

（2）宜选择黏结性好、增水性强和耐久性好的合成高分子材料。

（3）宜选用聚合物水泥或掺加防水剂、硅质密实剂的水泥砂浆。

（4）还应注意材料的材质、材性、色泽、外观与原有房屋尽可能保持一致，不能有维修后造成污染的痕迹。

3. 墙体漏水的维修方法

（1）修复原构造防水。构造防水的修复可分为两类。一类属于线型构造防水，其功能是使水流分散，减小接缝处的雨水流量和压力。常见形式为滴水线、挡水台，常设部位在女儿墙压顶处，屋面檐口，腰线，窗台，上、下外墙板接缝处。如线型构造部分轻度或局部破坏，其他大面积完好无损，可采用高强水泥浆、防水胶泥等材料进行修补，恢复其排水功能。另一类属于空腔构造局部破坏，采用恢复性修理效果较好。上述方法经济、耐久、适用于装配式大板建筑。

（2）用防水材料修复。这种方法适用范围更广泛，使用更方便，即在雨水渗入室内部位采用油溶型或水乳型防水材料嵌缝或涂刷。可依不同现状采用防水材料墙外涂堵水法和防水材料外墙内涂堵水法。

① 外墙外涂堵水法：即在外墙板的外侧采取防水措施，通过防水材料堵塞雨水浸入。

其特点：操作方便、直观效果好。但在多层或高层建筑的墙身治漏中需要升降设备或搭设双排外脚手，辅助用工较多，增加了成本。同时也受气温、季节影响，灵活性差。

② 外墙内涂堵水法：要求查勘漏点准确，制定修理方案结合实际，针对性强，否则堵水效果就差。

所谓外、内涂堵水法，仅指施工部位不同，其施工工序及防水构造层是相同的。而方法的运用应棵据原墙体防水构造、墙体渗漏严重程度及所具备的机械、设备等条件进行选择。

图 7－24 所示为外墙漏水维修施工图。

图 7－24　外墙漏水维修施工图

4. 墙体渗漏的维修技术要求

（1）墙体水泥砂浆抹面技术要求。墙面基层表面应清理平整、坚实、无浮灰并充分湿润。水泥砂浆防水层的深度宜为 15 ～ 22 mm，施工时分层铺抹，水泥浆每层厚度宜为 2 mm，水泥砂浆每层厚度宜为 5 ～ 10 mm。第二层的铺设必须待基层砂浆初凝之后进行。抹铺时需压实收光。

（2）防水层砂浆的配合比：基层以 1∶2.5 ～1∶3 为宜，面层以 1∶2 为宜。清理基层：扩缝或扩洞、将缝凿成 V 字形、表面刮平、两侧或四周接口处压实。

（3）涂料防水的技术要求。基面要求清洁、无浮浆、无水渍。涂料的配合比、制备和施工必须严格按各类涂料要求进行。涂粉料选择：使用油溶性或非湿固性材料，基面应保持干燥，其含水率小于 8%。在潮湿基面上施工应选择湿固性涂料，含有吸水能力组分的涂料、水性涂料。涂料的施工应沿墙自上而下进行，不得漏喷涂、跳跃式或无次序喷涂。喷涂次数不少于两遍，后一道涂料必须待前一道涂料结膜后方可进行，且涂刷方向应与前一道方向垂直。防水层初期结膜前（一般 24 小时）不能受雨、雪侵蚀，在成膜过程中，如因雨水冲刷产生麻面或脱落时，必须重新修补、涂刷。涂膜防水层可用无纺布、玻璃布作加筋材料。

（4）墙体注浆技术要求。① 基层处理：将墙体裂缝两侧剔成沟槽并清理干净。② 布置灌浆孔：灌浆孔应选在漏水量最大的部位。水平裂缝宜沿缝下面向上选斜孔，垂直裂缝宜正对裂缝选直孔。灌浆孔不应穿透结构厚度（至少留 10 ～ 100 mm 厚）。孔洞的布置上下交错，其间距视缝隙大小及浆液的扩散半径而定，一般为 500 ～ 1 000 mm。③ 按工序要求埋设注浆嘴、封闭漏水、试灌、灌浆、封闭孔洞。

5. 维修工程验收及质量要求。

（1）墙体修理工程完工后 3 d（冬季 10 d）对墙面进行冲水或雨淋试验，持续 2 小时后无渗漏可定为合格。

（2）隐蔽工程：如基层、嵌缝、补洞等部位每道工序须检查并做好记录。

（3）检查的程序及方法：目测、实测、试验、跟踪观察、定期回访。

（4）竣工资料：应包括修理设计方案、施工方案、施工重大技术问题处理记录、隐蔽工程记录、材料质量报告或检验报告、竣工报告和竣工图。

二、有水房间渗漏的维修

有水房间是指厨房、厕所、卫生间、阳台等设置有给排水管道的房间。其渗漏是一项严重频发的通病，若不能及时维修，将直接影响用户的正常使用。

（一）有水房间楼地面渗漏的维修

1. 有水房间楼地面渗漏的原因

（1）楼地面设计不够合理，在土建设计中未考虑到楼板的四角容易出现裂缝而未采取相应措施。

（2）在施工图设计中各工种配合不好，在水施工图中没有标清预留孔的位置，导致施工时随意预留孔洞，或在土建施工图中没有标清预留孔的处理方法，导致施工时随意处理预留孔洞等。

（3）预留孔洞的位置不准确，安装给排水设施时易造成防水层破坏。

（4）在有水房间楼板浇筑施工中，模板移位、下沉或钢筋被踩陷可造成楼板产生裂缝；另外楼板的蜂窝麻面、起砂等缺陷也易造成楼板渗漏。

（5）先砌筑台、支墩、隔板、小便槽，后进行面层施工，积水易从其底下没有面层的部分渗漏。

2. 有水房间楼地面渗漏的防治

（1）在土建施工图中楼板四个角和预留孔四周等部位加设防裂的构造。

（2）在设计中要考虑各工种的配合，确保各工种表示的预留孔洞位置和处理方法一致。

（3）采用正确的施工方法预留孔洞或凿洞，精心施工，填塞缝隙，切实做好防水层。

（4）楼板出现裂缝、蜂窝等缺陷引起渗漏时，可将损坏处清除干净，并浇水湿润，再分层抹上防水砂浆或局部做防水层。

（5）严格按图施工，遵守施工验收规范，避免出现裂缝、蜂窝、麻面、起砂状况。

（6）穿楼板的管道预留处理时，要将管道周围的混凝土清除干净，然后用防水油膏等防水抹料在管道四周做好防水层。

（二）有水房间卫生器具安装不牢固、连接处渗漏的维修

1. 主要原因

（1）土建墙体施工时，没有按规定预埋木砖。

（2）固定卫生器具的螺栓规格不合适，拧戴不牢固。

（3）卫生器具与墙面接触不够严实。

（4）大便器与排水管道处，排水管甩口高度不够，大便器出口插入排水管的深度不够。

（5）大便器与冲洗管，存水弯头、接口与排水管接口不填塞油麻丝，填塞砂浆不严实，造成接口有漏洞或裂缝等。

2. 防治措施

（1）固定卫生器具用的木砖应刷好防腐油，在墙体施工时预埋好，严禁后装木砖或木塞。

（2）固定卫生器具的螺栓规格要合适，尽量采取合格的金属螺栓。

（3）凡固定卫生器具有托架或螺丝不牢固的，应重新安装。卫生器具与墙面间如有较大缝隙要用水泥砂浆填满。

（4）大便器排水管出口高度必须合适，并高出地面 10 mm。

（5）排水管接口中，铸铁管承插口塞油麻丝为深度的 1/3，接口砂浆要掺含水泥 50% 的防水剂做成防水砂浆，砂浆应分层塞紧捣实。

（6）大便器与冲洗管接口（非绑扎型）用油麻丝填塞，然后用 1∶2 水泥砂浆嵌填密实。若大便器与冲洗管用胶皮绑扎连接时，须用 14 号铜丝并绑扎两道（不得用铁丝）。所有排水管接口，均要先试水后隐蔽。

（三）有水房间墙面渗水的原因和防治

有水房间楼地面的渗漏现象，若未及时处理，则其渗水面积将会沿楼地面及墙体的毛细孔延伸扩大，因此有水房间墙面渗水确是一个容易发生又不可忽视的质量通病。

1. 有水房间墙面渗水的原因

（1）地面排水坡度不合适，墙根处过低而积水。

（2）墙裙处没做防水处理，墙裙起鼓、开裂或用白灰砂浆做面层。

（3）大便器等水卫设备与楼板连接不紧密，且未做防水处理，水顺着本层楼板底面流到板边的墙上。

（4）设计中未考虑在楼板的四周设置附加钢筋，板面出现裂缝后，水顺着裂缝流到板边的墙上。

2. 防治措施

（1）地漏集水半径大于 6 m 时，找坡较难，此时须在墙裙外用水泥砂浆或防水砂浆抹平浇筑。

（2）有水房间在浇捣楼地面的同时做出反边。

（3）在有水房间设置涂膜防水（如聚氨酯涂膜防水）代替各种卷材防水，使地面和墙面形成一个无接缝和封闭严整的整体防水层。

（4）在整治有水房间墙面渗水时，首先查出其原因，其次对引起渗漏的根源进行处理，最后对墙根进行防水处理。

（四）厨房卫生间渗漏的维修

1. 墙面腐蚀修补

将墙面饰面层起壳、脱落、酥松等损坏部位凿除，露出墙体表面，清理干净，干燥后用1:2防水砂浆抹底，再重新做饰面层。

2. 楼地面渗漏的维修

1）大面积渗漏

可以先铲除面层材料，露出漏水部位，清理干净后重新做防水材料，通常都需要加铺胎体增强材料做成涂膜防水层，施工方法可以参照屋面涂膜防水层的做法。防水层完成后需要经过试水，没有渗漏以后才能重新做防水层。

2）裂缝渗漏的维修

（1）宽度在0.5 mm以下的裂缝，可以不用铲除面层，将裂缝处清理干净，待干燥后沿裂缝涂刷多遍高分子防水涂料密封。

（2）宽度在0.5～2 mm的裂缝，沿缝的两边剔除面层，约40 mm宽，清理干净后铺涂膜防水层，然后重新做面层。

（3）宽度在2 mm以上的裂缝，宜用填缝处理。处理时先铲除面层。沿裂缝的位置进行剔槽（槽的宽度和深度不小于10 mm，呈V字形），清理干净后在槽内嵌填密封材料，再铺贴带胎体增强材料的涂膜防水层，最后再做面层。

（五）管道穿过楼地面处渗漏的维修

（1）穿过楼地面的管道根部积水、裂缝渗漏。沿管根部剔凿出宽度和深度均不小于10 mm的沟槽，清除浮灰和杂物后，在沟槽内嵌填合成高分子密封材料，然后沿着管道高度及地面水平方向涂刷宽度均不少于100 mm、厚度不小于1 mm的合成高分子防水涂料。

（2）穿过楼地面的套管损坏。更换套管，套管上部应高出地面20 mm，套管下部与顶棚底齐平，套管内径与立管外径的环隙应该做封闭处理，以防从环隙渗透污水，套管根部要密封。

（六）楼地面与墙面交接部位渗漏的维修

1. 贴缝法

如果根部裂缝较小，渗水不严重，可以采取贴缝修补的方法。具体就是把裂缝部位清理干净后，在裂缝部位涂刷防水涂料，并加贴胎体增强材料将缝隙密封。

2. 凿槽嵌填法

先凿除渗漏处楼地面及踢脚处面层，宽度均为 200 mm 左右，然后沿墙根剔除高 60 mm、深度 40 mm 左右的水平槽。槽内先用密封材料嵌填密实，再用 1∶2 防水砂浆将凿开的楼地面及踢脚粉刷好，最后重新做好面层。

（七）地漏周边渗漏的维修

若是地漏周边孔洞填堵的混凝土酥松，并且夹杂有砖块、碎石和碎混凝土等垃圾，则应该全部凿除，重新支模，浇筑 C20 细石混凝土。若地漏上口排水不畅，可以将地漏周围的楼地面凿除，重新找坡度做地漏。地漏上口应该做成“八”字形，低于地面 30 mm，楼地面找平砂浆应该覆盖地漏周围和堵洞混凝土上的缝隙，最后做面层。

三、地下室渗漏的维修

地下室渗漏分为地下室墙面漏水、墙面潮湿、预埋件部位漏水、穿墙管部位漏水等现象。地下室漏水原因复杂，就漏水位置又可分为孔洞漏水和裂缝漏水，从漏水现象中看又可分为慢渗、快渗、急流、高压急流几种。

1. 地下室墙面漏水

地下室墙面漏水原因：地下室未做防水或防水没做好，内部不密实有微小孔隙，形成渗水通道，地下水在压力作用下，进入这些通道，造成墙面漏水。

维修：将地下水位降低，尽量在无水状态下进行操作，先将漏水墙面刷洗干净，空鼓处去除补平，墙面凿毛，用防水快速止漏材料涂抹墙面，待凝固后，用合适的防水涂料或新型防水材料再涂刷一遍。根据墙面漏水情况，可采用多种方法治漏，如氯化铁防水砂浆抹面处理、喷涂 M1500 水泥密封剂、氰凝剂处理法等。

2. 墙面潮湿

墙面潮湿原因：刚性防水层薄厚不均匀，抹压不密实或漏抹，刚性防水层抹完后未充分养护，砂浆早期脱水，防水层中有微小裂缝。

维修：环氧立得粉处理法。用等量乙二胺和丙酮反应，制成丙酮亚胺，加入环氧树脂和二丁酯混合液中，掺量为环氧树脂的 16%，并加入一定量的立得粉，在清理干净经过干燥化处理的墙上涂刷均匀。

3. 预埋件部位漏水

预埋件部位漏水原因：在预埋件周围，特别是下部，浇筑混凝土较为困难，振捣不易密实。预埋件表面有锈，难与混凝土黏结严密。

维修：用工具将预埋件周边凿出环形沟槽，把预埋件暴露出来，进行除锈并清洗干净放置原处，用防水密封材料填塞四周，然后做好面层防水。

4. 穿墙管部位漏水

穿墙管部位漏水原因：穿墙管道与四周密封不严产生裂缝。

维修：将漏水点四周凿开，除去杂物，将管道清洗干净，沿穿墙管周围粘贴遇水膨胀橡胶条，静置 24 小时后喷涂水玻璃浆液固化后，再用合适的防水材料做好防水。

实训 防水维修

1. 实训任务

屋面、卫生间或墙面渗水维修等任选一次，采用合适防水材料和工具进行防水维修，并拟订科学合理维修计划和维修方案。

2. 实训目的

（1）能根据建筑物防水损坏情况拟订科学的维修计划。

（2）能较正确地分析损坏产生原因。

（3）能根据所学知识选择正确的防水材料和工具进行维修，并学会编写防水工程维修方案。

3. 实训步骤

1）施工工具准备

防水施工常用工具如表 7－2 所示，施工时可以根据施工训练方法选用或自己去建材市场选取。

表 7－2　施工工具选用参考表

序号	名　称	用　途
1	锤子、凿子	开槽、凿洞
2	钢丝刷、平铲	清理基层
3	量筒、秤	配料
4	圆桶	配料、搅拌
5	搅拌棒或者手持电动搅拌器	搅拌
6	棕刷、滚刷	涂刷或喷涂
7	铁刷子、硬胶板	涂刷防水材料
8	喷雾器、长毛刷	养护

2）基层处理

施工前应将空鼓、起皮、松动或者不密实的部位铲除至基层混凝土，直到基层牢固密实为止。如有裂缝，应将其挖深、凿成宽度为 20 mm、深为 15 ～ 20 mm 的 U 形沟槽，并将表面的油污等清洗干净，再洒水润湿，然后准备防水施工。

如果基层铲除较深或凹凸不平，应先用防水砂浆抹面抹平，待结硬后适当洒水养护 1 ～ 2 周，再进行防水施工。

3）防水材料配制

根据选用的防水材料的说明书进行配制。

4）防水砂浆铺抹（选用防水材料不同，防水施工方法也存在差异）

基层洒水润湿后，先均匀涂刷一层防水净浆，再用力抹压第一遍底层防水砂浆，每遍厚度为 5 ～ 7 mm。终凝前用木抹子均匀搓成毛面，阴干后再抹压第二遍防水砂浆，进行表面搓毛处理。12 小时后涂刷一道防水净浆，然后抹压层面防水砂浆，厚度为 10 ～ 13 mm，也同样分两次抹压。第二次抹压后初凝时或终凝时用钢抹子抹实压光。

5）防水砂浆养护

防水砂浆干缩性能大，易产生裂缝，造成渗水，所以后期要洒水养护。

4. 房屋装修管理实训主要事项

（1）拟订防水工程维修计划时要注意对那些不影响正常使用的部位可以集中维修，但如有些防水损坏严重影响了正常使用就要及时进行维修，因此在拟定计划时要注意维修计划一定要具有经济实用性。

（2）防水材料和使用方法应选用易于购买和操作简单的。

（3）维修方案要注意完整性。

5. 问题讨论

（1）哪些部位的防水损坏需要及时维修，哪些可以集中维修？

（2）如何选用防水材料？

6. 技能考核

（1）实操能力。

（2）学生表述和沟通能力。

优____良____中____及格____不及格

房屋防水损坏引起的渗、漏、滴等问题是物业项目常见的问题，也是最难以彻底解决的技术难题，本文将从屋面防水、墙体防水、有水房间防水及地下室防水的分类、构造形式、渗漏原因进行分析并对勘查、修理和保养方法进行讲解；最后通过渗漏部位维修实训让学生用所学的知识对实际遇到的防水损坏问题进行模拟实操，以达到理论与实际相结合的目的。通过本学习情境的学习让学生掌握如下技能。

（1）了解常见的建筑防水部位及其防水构造。

（2）掌握不同类型屋面防水的损坏原因及日常养护措施。

（3）了解屋面防水工程维修方法、掌握维修的一般工作程序。

（4）了解墙体防水构造及损坏原因。

（5）掌握墙体渗漏的维修方法和日常养护方法。

(6) 了解有水房间的防水构造并找出渗漏原因。

(7) 掌握有水房间建造和装修期间防水施工工作的方法。

(8) 掌握有水房间防水施工的工作方法。

(9) 了解地下室渗漏的原因及常用的维修方法。

(10) 了解不同建筑部位防水工程质量控制的重点。

练习与思考题

(1) 常见不同类型防水屋面有哪些？简述其防水构造。

(2) 油毡防水屋面常见弊病有哪些？如何预防与维修？

(3) 简述刚性防水屋面渗漏的主要现象及产生原因。如何预防与维修？

(4) 涂膜防水材料常用的部位有哪些？查找常用的防水材料名称及性能，简述涂膜防水材料施工的方法。

(5) 简述墙体渗漏产生的原因，不同部位渗漏的维修方法是什么？

(6) 有一业主在厕所防水施工时墙面未做防水，简述可能会造成什么损坏，损失谁来承担？如何维修？采用何种方法可以避免此类现象的发生？

(7) 用什么方法可以找出漏水点的准确位置？

(8) 建筑防水部位日常检查与管理应注意哪些问题？

学习情境八 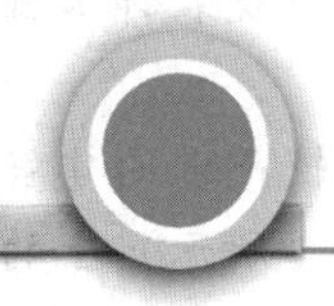 房屋装饰工程的管理与维修

学习任务	任务一　楼地面损坏现象及使用管理 任务二　墙面装饰工程损坏及维修 任务三　门窗工程的维修	参考学时	12
能力目标	熟悉并掌握房屋装饰工程在使用过程中常见的缺损现象和一般的维修方法；能根据损坏现象选择合适、有效的维修方法；学会编制装饰维修工程的施工方案		
教学资源与载体	多媒体网络平台、教材、动画 PPT、建筑装饰实训室、装饰维修工作视频、作业单、工作单、工作计划单、评价表		
教学方法与策略	项目教学法、引导法、演示法、参与型教学法		
教学过程设计	发放作业单→实地参观装饰工程损坏较严重的建筑物→填写作业单→引出建筑装饰工程的维修→分组学习、讨论→教师讲解、实训室参观		
考核与评价内容	学生自学能力、组织能力、分析能力、学习能力和防水工程维修方案编制的能力		
评价方式	自我评价（10%）、小组评价（30%）、教师评价（60%）		

职场典例

宏景物业公司接管光谷天地项目已近三年，小区装修和入住率已达到90%以上，其中30栋已全部装修完毕，业主在搬运装修材料时导致楼梯间墙面碰损严重，严重影响公共区域的美观，因此决定对这30栋进行集中维修，拟定维修费从业主装修时所交纳的300元/户墙面粉刷费中支取。作为工程部的负责人员请你简述其维修方法。

教师活动

（1）前一次课结束时发放作业单，让学生查找建筑装饰工程的相关资料，完成作业单自学部分的内容。

（2）教师预先在校区内选择一栋装饰工程损坏较严重的建筑物，让学生在作业单的引导下边实地参观该建筑物，边填写作业单（如表8－1所示）上的相关内容。

学生活动

分组借助图书馆、网络等学习工具收集建筑装饰工程及施工的相关知识→了解建筑装饰工程的分类→参观现场，查找这些装饰工程在现场的位置、记录损坏状况→参观结束后集中介绍情况并提出问题。

表8－1　作业单

建筑装饰工程项目	完好状况及损坏原因（附照片）	维修方法

任务一　楼地面损坏现象及使用管理

楼地面装饰分为楼面装饰和地面装饰，其主要目的是保护结构安全、使用安全和清理方便，增强地面的美化功能。随着生活水平的提高，人们更关注的是楼地面装饰的美观和舒适性。楼地面装饰已由过去单一的水泥混凝土楼面逐步被瓷砖、大理石、地垫、地毯、实木及复合地面等装饰材料所代替。选择不同楼地面材料，其维修工艺和方法也不尽相同。下面介绍几种常用的材料的装饰地面的维修。

一、水泥混凝土楼地面的损坏及维修

水泥混凝土地面往往是新建毛坯房交房的标准，由于施工过程中存在偷工减料和养护不当等现象，往往使地面工程存在一定的缺陷而达不到交房标准使业主拒绝收房。有些混凝土地面工程的质量问题还会引起地面装饰材料的损害，增加装修成本。例如，地面不平在铺设复合地板时要重新找平，如不及时处理会引起地面装饰材料的损坏；地面裂缝往往会造成漏水问题，甚至会存在安全隐患，这就需要物业部门在分户质量验收的时候把握好验收关，发现问题及时和相关部门联系沟通，及时解决。水泥楼地面常见的损害现象有地面起砂、地面空鼓、地面裂缝等。

图 8－1 所示为楼地面构造层示意图。

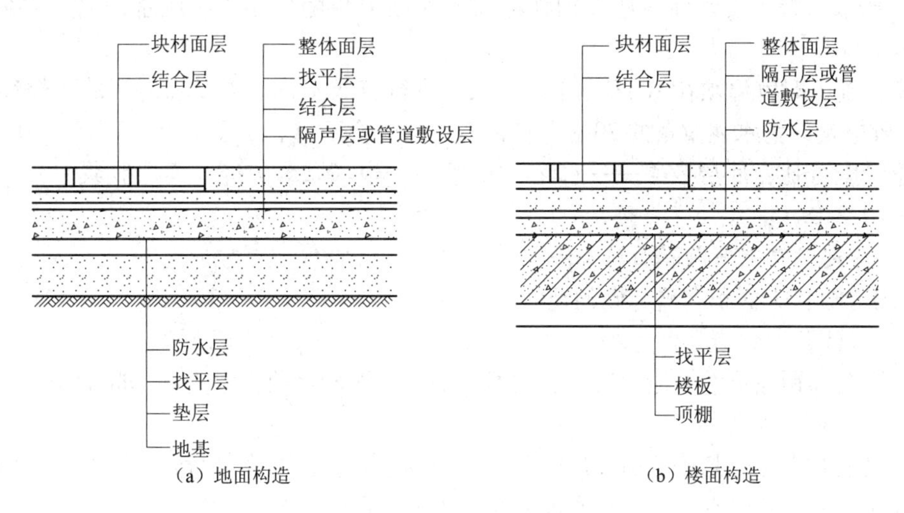

图 8－1　楼地面构造层示意图

（一）地面起砂的维修

1. 地面起砂的原因

合格的水泥地面要求达到平整、光亮、美观、耐磨、利于清扫的标准。水泥地面起砂的表面现象为光洁度差，颜色发白不坚实，表面先有松散的水泥灰，随着走动增多，砂粒逐步松动，直至成片水泥硬壳剥落。

水泥地面起砂一般是由于以下原因造成的。① 砂浆搅拌不均匀，砂浆配合比不当导致水泥用量少，施工作业人员在作业过程中压光次数不够，抹压不实；施工完成后，养护不及时，人员过早在上面活动，养护时间不够。② 材料方面：水泥不合格、水泥存放时间过长、河砂过细、河砂含泥量过大等，都会引起水泥地面起砂。

2. 地面起砂的维修

在楼地面起砂面积不大的情况下，常用以下三种办法处理。

1）纯水泥砂浆罩面法

【适用范围】小面积起砂且不严重。

【施工步骤】

用磨石机将起砂部分磨露出坚硬的表面→用钢丝刷将起砂面层清理干净→用水充分润湿→再用纯水泥砂浆罩面进行压光养护。

2）107 胶水泥批涂法

【适用范围】对于起砂不严重但面积较大的地面。

【施工步骤】

先清除浮砂，冲洗干净→凹凸不平处用水泥拌和少量107胶做成腻子嵌平→用107胶加水（约一倍水）搅匀刷地面一遍以加强地面的黏结力→随后用107胶水泥浆分层刷3～4遍→打蜡。

注意：施工时室温须在10 ℃以上，三天后进行打蜡工作，以增强地面的耐磨性和耐久性。107胶掺量约为水泥重量的20%左右，多了强度会下降，少了黏结力不足。107胶水泥浆参考重量配合比：底层胶浆——水泥:107胶:水=1:0.25:0.35，面层胶浆——水泥:107胶:水=1:0.2:0.45。

3）剔除起砂层重新做罩面施工法

【适用范围】大面积严重起砂的地面。

【施工步骤】

将面层全部剔除重做→地面凿毛、润湿→铺抹水泥砂浆前一定先抹一遍1:0.4的水泥净浆→压实、提浆、压光。

通过以上对水泥砂浆楼地面起砂的防止和处理措施，选用合格材料，严格执行标准规范和施工操作规程，就能有效地阻止水泥砂浆楼地面面层起砂现象的发生。

（二）地面空鼓的维修

地面空鼓多发生于面层和垫层之间，或垫层与基层之间。空鼓处受力容易开裂，严重时大片剥落，破坏地面使用功能和上部的装饰面层。

1. 地面空鼓的原因与防治

引起地面空鼓的原因有很多，如做楼地面的面层前基层表面清理不干净有浮灰而使结合层黏结不牢引起空鼓，原材料质量低劣、配合比不正确达不到规定的强度，楼地面的楼板表面或地面垫层平整度较差且未处理好，违反施工操作规定、未按要求做好结合层，养护不善、受到振动等，都会引起水泥地面空鼓。

防治空鼓的方法：清理地面的混凝土垫层或楼板表面，并用水冲刷干净；按施工质量要求，严格选用原材料；当楼地面的基层平整度较差时，应先做一层找平层，再做面层，使面层厚度一致；严格遵守施工操作规定；养护期间，禁止在上面操作和走动，应适时浇水养护；对空鼓的面层，先将空鼓部分铲除，清理干净并用水润湿，再做结合层，最后用原材料嵌补，挤压密实、压光。

2. 地面空鼓的维修

【适用范围】局部空鼓。

【施工步骤】

用锋利的錾子将损害部分的灰皮剔除掉，将四周凿进结合良好处30～50 mm剔成坡槎，用水清洗干净，补抹1:2.5的水泥砂浆，如厚度超过15 mm，应分层补抹，并留出3～4 mm的深度，待砂浆终凝后再抹3～4倍抹面厚107胶水泥砂浆面层，并用铁抹子压平，待面层终凝后覆盖锯末或草栅，然后洒水养护。

如整间楼地面空鼓，应铲除整个面层，将基层凿毛，按水泥砂浆楼地面的施工要求重做。

（三）地面裂缝的维修

1. 地面裂缝的原因与防治

（1）地基基础不均匀沉降易使楼面产生裂缝。

（2）楼板的板缝处理粗糙，引起楼板的整体性降低，使楼面产生裂缝。

（3）大面积的水泥砂浆抹面因没有设量分格缝，使楼地面产生收缩裂缝。

（4）原材料质量低劣，如水泥标号低或失效等也会引起地面裂缝。

（5）现浇钢筋混凝土楼面温差变形裂缝，使用维护不当等都易引起地面裂缝。

2. 地面裂缝的维修

由于水泥地面产生裂缝的原因有很多，因此要先判断裂缝产生的原因，再根据裂缝损坏的状况选择不同的维修方法。对于伴随空鼓出现的开裂，应按空鼓的维修方法进行维修。由于地基基础不均匀沉降引起的裂缝要先整治地基基础，再修补裂缝。

1）地基不均匀沉降引起的裂缝

【适用范围】由于地基基础不均匀沉降引起的裂缝。

【施工步骤】整治地基基础→提高楼地面面层的整体性→修补裂缝。

先处理地基基础，再在楼板上做一层钢筋网片以抵抗楼面端部的负弯矩，提高楼地面面层的整体性，最后处理楼板的板缝。板缝修补的施工顺序为：清洗板缝→水泥砂浆灌缝→捣实压平→养护。

注意根据质量要求，严格选用原材料，严格控制施工质量，大面积的楼地面面层应做分格。

2）预制板板缝裂缝的维修

【适用范围】预制板板缝出现的裂缝。

【施工步骤】将出现裂缝的预制板板缝凿开→凿毛清理干净→在板缝内先刷纯水泥浆→浇灌细石混凝土→面层抹水泥砂浆压实压光。

3）一般的裂缝

【适用范围】裂缝较深，影响承重性能。

【施工步骤】将裂缝凿成V字形→用水冲洗干净→用1∶1～1∶2的水泥砂浆嵌缝抹平压光即可。

4）大面积的裂缝

【适用范围】面积较大且影响使用性能的裂缝。

【施工步骤】铲除裂缝的面层→清扫干净用水浇湿→在找平层或垫层上刷一道1∶1的水泥砂浆→用1∶3的水泥砂浆找平→挤密压实使新旧层接缝严密→待找平后撒1∶1的水泥砂

子，随撒随压光→最后待面层做好后，用指甲在面层上刻画不起痕则浇水养护。

二、水磨石地面的损坏与维修

水磨石地面主要用于工业车间、医院、学校、办公室及过道等对清洁度要求较高的公共场所。现浇水磨石地面是在水泥砂浆或混凝土垫层上，按设计要求分格并抹水泥石子浆，凝固硬化后，磨光露出石渣，并经补浆、细磨、打蜡即成水磨石地面。水磨石地面构造如图8－2所示。

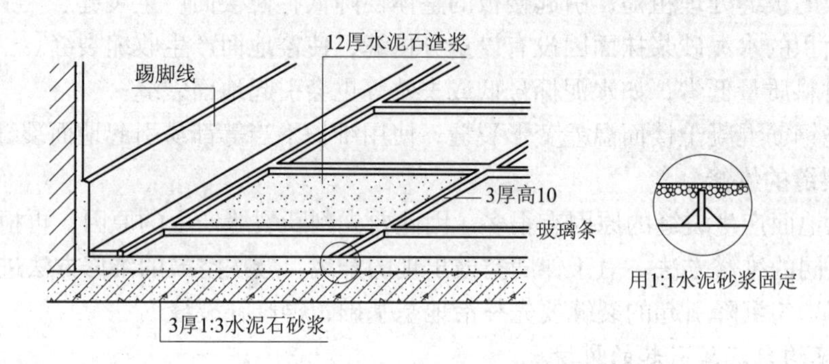

图8－2　水磨石地面构造

1. 水磨石地面损坏现象及原因

水磨石地面常见的损坏现象有裂缝、光亮度差、细洞眼多等。水磨石地面裂缝产生的主要原因如下。

（1）地面回填土不实、高低不平，造成垫层厚薄不匀，引起地面裂缝。

（2）基层未清理干净。

（3）暗敷电线管线太高，也易引起地面裂缝。

2. 水磨石地面损坏防治措施

水磨石地面损坏的防治关键在于面层下面的基层处理，如回填土应层层压实，冬季施工中的回填土要采取保温措施，同时务必注意将基层清理干净等。

水磨石地面光亮度差，细洞眼多，产生原因既有磨光的磨面规格问题，也有金刚石砂轮规格问题；同时磨光过程中的二次补浆未采用擦浆而采用刷浆法，也容易造成打磨时出现洞眼。

维修措施：对于表面粗糙光亮度差的，应重新用细金刚石砂轮或油面打磨，直至光滑。洞眼较多的，应重新擦浆，直到打磨消除洞眼为止。

图8－3所示为水磨石地面维修示意图。

图 8－3　水磨石地面维修

三、瓷砖、大理石等地面的损坏与维修

1. 瓷砖、大理石等地面损坏的产生原因

因装饰效果好、清洁方便等特点，瓷砖、大理石、花岗岩等是现代装饰工程中经常使用的装饰材料。如果板块在铺设时与基层黏结不牢，人走动时有空鼓会引起板块松动或断裂，从而影响装饰效果。通常瓷砖、大理石等松动、空鼓的主要原因有以下几点。

（1）基层处理不干净或浇水湿润不够，水泥素浆结合层涂刷不均匀或涂刷时间过长，使黏结剂风干硬结，造成面层和垫层一起空鼓。

（2）层砂浆应采用干硬性砂浆，如果加水较多或一次铺得太厚，不易进行密实，容易造成面层空鼓。

（3）板块背面的浮灰没有刷净或用水湿润，有的石材背面贴有塑料网，铺设前没有将其撕掉，影响黏结的效果；或者操作质量差，锤击次数不够。

图 8－4 所示为瓷砖地面松动示意图。

图 8－4　瓷砖地面松动

2. 瓷砖、大理石等地面的维修

1）局部空鼓的维修

可用电钻钻几个小孔，注入纯水泥浆或环氧树脂浆加以处理。孔洞表面用与原地面同色的水泥浆堵抹，然后将其磨光即可。

2）板块松动、破损的维修

对于松动的板块，物业管理员应及时收集后集中维修，先将地板砂浆和基层表面清理干净，用水湿润后，再涂刷水泥浆重新铺设。断裂的板块和边角有损坏的板块，应将损坏的板块揭下来，更换合格的板块。

图 8－5 所示为景观小路路面石材脱落的维修示意图。

（a）景观小路路面石材脱落

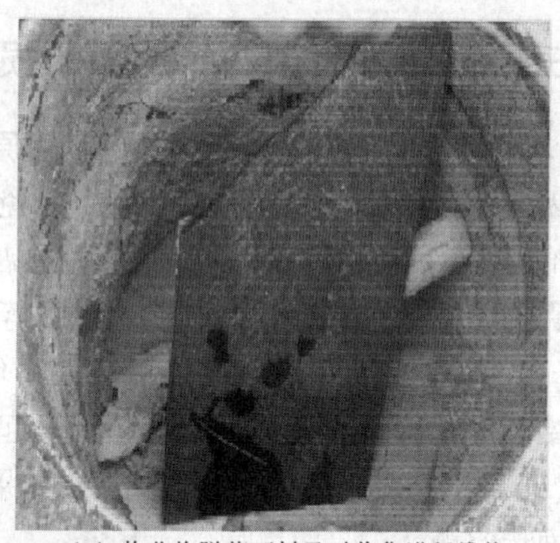

（b）物业将脱落石材及时收集进行维修

（c）物业维修

图 8－5　景观小路路面石材脱落的维修

四、木地板的维修

1. 木地板的损坏及产生原因

木地板主要存在地板起鼓、地板缝不平、表面不平整、踩时有响声等损坏现象。

（1）地板起鼓主要是因局部板面受潮，未铺防潮层或地板未开通气孔所致。

（2）木地板缝不平，常常是因为板条规格不准或板潮所致。

（3）木地板表面不平整，一般多为电刨、手刨同时用，板面吃力深浅不匀，或房内弹线不准所致。

（4）地板踩踏时的响声往往是由于龙骨未被固定住，产生移动而发生响声。木龙骨水率大或施工环境湿度大造成木龙骨松动，也会导致上述结果。

2. 木地板损坏的维修

（1）地板起鼓的防治及维修措施

木地板施工时应注意木板的干燥及施工环境的干燥；遇到起鼓时应将起鼓的木地板面层拆开，在木地板上钻通风孔若干，晾几天时间，待干燥后重新封板。

（2）木地板缝不平的维修

修补缝隙一般可用相同的材料刨成刀背形薄片，醮胶嵌入缝内刨平。

（3）木地板表面不平整的维修

一般多为电刨、手刨同时用使板面吃力深浅不匀，或房内弹线不准所致。若已造成上述情况，可将高刨平或磨平，或调整木栅高度。

（4）地板踩踏时的响声防治措施

在木阁、木栅或铆地板钉后分别检查两次，发现声响及时处理，或加绑铅丝或补钉垫木。现在一般可用膨胀螺栓固定。

五、楼地面的养护

在日常的物业管理过程中，要注意对地面的保护，不要在楼地面上随意敲击、敲打物体，拖拉重物，使地面空鼓、开裂、破损或使地面起砂，损坏面层。要保持室内通风良好，避免室内受潮。如水磨石在空气湿度过大时会有凝结水发生，大理石等楼地面在某些化学成分与水汽的作用下，面层容易被腐蚀而失去光泽，而木地板则容易受潮腐烂。所以要经常保持楼地面面层的清洁。

任务二　墙面装饰工程损坏及维修

墙面装修是建筑装修中的重要内容，它对提高建筑的艺术效果、美化环境起着很重要的作用，同时还具有保护墙体的功能和改善墙体热工性能的作用。墙体表面的饰面装修因其位置不同有外墙面装修和内墙面装修两大类型。又因其饰面材料和做法不同，外墙面装修可分为抹灰类、饰面类、涂料类和铺钉类；内墙面装修则可分为抹灰类、饰面类、涂料类、裱糊类和铺钉类，如表 8－2 所示。

表 8-2 墙面装修分类

类　别	外墙面装修	内墙面装修
抹灰类	水泥砂浆、混合砂浆、聚合物水泥砂浆、拉毛、水刷石、干粘石、斩假石、拉假石、假面石、喷涂、滚涂等	纸筋灰、麻刀灰粉面、石膏粉面、膨胀珍珠岩灰浆、混合砂浆、拉毛、拉条等
饰面类	外墙面砖、马赛克、玻璃马赛克、人造水磨石板、天然石板等	釉面砖、人造石板、天然石板等
涂料类	石灰浆、水泥浆、溶剂型涂料、乳液涂料、彩色胶砂涂料、彩色弹涂等	大白浆、石灰浆、油漆、乳胶漆、水性涂料、弹涂等
裱糊类		塑料墙纸、金属面墙纸、木纹壁纸、花纹玻璃、纤维布、纺织面墙纸及锦缎等
铺钉类	各种金属饰面板、石棉水泥板、玻璃	各种木夹板、木纤维板、石膏板及各种装饰面板

墙面装饰工程的损坏会直接影响建筑物的整体美观，因此对于该部位的装饰工程要根据损坏所在的位置和影响的程度来确定其维修方案。在物业管理过程中常见的墙面装饰工程的损坏有：抹灰层的腐蚀脱落，饰面板（砖）墙面的破裂、缺棱少角、空鼓脱落，下面对几种常见的维修方法进行介绍。

一、抹灰工程

装饰中的抹灰是房屋建筑的组成部分，按建筑物的部位不同有内、外抹灰之分。其作用是：可以保护主体结构，阻挡雨、雪、风、霜、日晒对主体结构的直接侵蚀，增强保温、隔热、抗渗、隔音等能力，使房屋内部平整明亮、清洁美观，改善采光条件，改善居住和工作条件。

（一）抹灰工程的常见损坏现象与原因

1. 常见的损坏现象

（1）抹灰面层酥松脱落：常见底层内墙面发生酥松，往往因勒脚处外墙渗水或基础内防潮层损坏引起。

（2）抹灰面层空鼓：抹灰层与基层脱离，或抹灰层与抹灰层之间局部脱离。

（3）裂缝：抹灰面层局部裂缝应加以区别，应先确定是由结构沉降引起还是由抹灰层收缩引起。

（4）面层爆裂：常见于混合砂浆抹灰中，主要是砂浆中含有未熟化的石灰粒，使用在抹灰层中后，吸收到潮气而产生爆裂。

2. 损坏原因

抹灰层的损坏原因是多方面的，但主要是施工质量、自然因素及人为的使用不当而引起的。

1）施工质量的影响

（1）抹灰前对基层清理不够、墙体浇水不足、各层的抹灰间隔时间不当、未压实，造成各分层之间没能黏结成整体。

（2）灰浆配比不准、搅拌不均匀、胶结材料过期、砂子过细、砂中泥浆含量过大。

（3）抹灰后养护不当，夏天时未能及时浇湿面层或冬季时未能做到防冻措施。

（4）修补后在新旧连接处发生裂缝。

2）自然因素的影响

（1）结构变形。由于地基发生不均匀沉降或地震影响，墙体和抹灰面同时开裂。

（2）胀缩。由于温度变化引起抹灰面的开裂。

（3）雨水浸蚀和冻融。由于抹灰面层存在细裂缝，雨水进入缝隙后在冬季时结冻膨胀，使缝隙增大，抹灰层脱离鼓起，甚至影响室内使用。

3）人为使用不当

（1）由于管道没有维修，引起管道漏水，造成室内外墙面受水侵袭；维修人员进入顶棚检修时损坏顶棚，导致抹灰层开裂、脱落。

（2）室内外墙体和顶棚通过的热力管道未加套管，使用时管子膨胀，使管子附近抹灰损坏。

（3）因抹灰面层都在外部，有时搬运家具、重物、车辆也易撞坏抹灰面层。

（二）抹灰工程的维修

1）抹灰层脱落

对大面积脱落，为了便于施工，可将剩余的部分全部铲除重做；对局部损坏的抹灰层可用钢凿先将计划凿去的外围通凿一遍，以防计划的修补面积无谓扩大。

（1）为了防止新旧抹灰之间干后产生细裂缝，因此在凿除损坏部分后的原抹灰接头处，必须凿得平直，与基层成直角，切忌产生波形，这样可防止接头产生裂缝。

（2）凿除的基层面必须清理干净，浇水湿润，然后在原抹灰层接头处刷一层1∶25的水泥砂浆，加强新旧抹灰层之间的黏结。

（3）严格按照抹灰层的分层要求抹浆，但需注意新抹的砂浆厚度绝不能超过原抹灰层，以免影响美观。

2）空鼓修补

对空鼓面积不大，并且四周边缘连接牢固的可继续观察，暂不处理。对大面积的空鼓、脱皮应全部铲除修补。

3）裂缝的修补

裂缝的处理相对来讲有一定难度，所以除了因结构沉降而引起的裂缝外，应尽量避免开凿、补缝。防止造成原来的一条细裂缝变成二条，这样更影响使用美观。

（1）细裂缝处理：避免开凿，使用与面层相同的材料抹嵌。如必须凿补时，可将裂缝凿成V字形，上口宽20 mm以上，清除缝中垃圾，浇水湿润，采用高于原抹灰砂浆配比的砂浆分层嵌补。其中分层嵌补应避免在一天内完成，以防干缩后又发生裂缝。

（2）结构引起裂缝的处理：若抹灰面层与墙体同时开裂时，应先查出裂缝原因，由技术部门对沉陷或其他引起开裂的问题处理后，裂缝不再扩展时方可凿补，否则补后仍将有裂缝出现。

4）灰面爆裂的修补

对因生石灰熟化而引起的面层爆裂，其表面现象往往是突起一爆裂点，并不会引起其他损坏，因此仅需将突起点挑走，检查内部是否还有石灰粒存在，如无石灰粒渣就可以进行修补。

（三）抹灰工程养护

（1）定期检查。每年至少一次，但对霉季、台风期间应加强检查。对顶棚、屋顶檐口、外墙抹灰应重点检查，以防抹灰层脱落伤人毁物；对窗台、腰线、勒脚处应注意是否损坏，以免雨水渗漏进入室内。

（2）不要在抹灰面层上乱钉、乱凿，注意抹灰面层平整。

（3）屋面检修油毡防水层时，应注意保护外檐抹灰面层避免被沥青污染。

二、饰面工程维修

饰面类是指利用各种天然石材或人造板、块，通过绑、挂或直接粘贴于基层表面的饰面做法。这类装修具有耐久性好、施工方便、装饰性强、质量高、易于清洗等优点。常用的贴面材料有陶瓷面砖、马赛克、剁斧石、铝塑板、花岗岩板、大理石板等。

（一）饰面工程中常见的损坏与维修

1. 饰面工程中常见的损坏现象及原因

（1）饰面材料局部脱落。使用过程中饰面材料脱落、起壳，其主要原因是外墙面砖在粘贴前浸水不当、底面不干净、粘贴不实，基层湿润不够、饰面砖之间（称灰缝）嵌缝不严密、冬季进水冻胀等因素造成。

（2）饰面板与结合层粘贴牢固，但结合层与基层脱离。

（3）饰面板与基层黏结牢固，但饰面有裂缝。主要是由于墙体自身收缩变形而饰面产生裂缝。

（4）饰面板掉角断裂。石材、瓷砖等饰面材料较娇嫩，因此在使用过程中常常出现断裂或掉角的现象。

2. 饰面工程中常见损坏的维修

（1）饰面材料局部脱落的维修

首先清理表面污渍、碱花质；然后可用水泥浆再次勾缝，或用环氧树脂按灰缝勾涂；对损坏严重处应凿除后再镶贴，面砖在铺贴前必须浸湿，切忌边贴边湿润，或者浸水时间过长使面砖的吸水率达到饱和点后，镶贴的面砖会游动影响美观，甚至当场掉落。

(2) 饰面板结合层与基层脱离的维修

如局部脱落时，可将基底清理干净，如表面较光滑时可适当凿毛、浇水湿润按原工程做法修补；若有空鼓但与周围面层连接牢固时，可先将空鼓处用电吹风吹去灰尘，并将内部水分吹干，然后用环氧树脂灌浆的方法黏结。

(3) 饰面有裂缝的维修

修理时用环氧树脂修补基层裂缝，如有相同的饰面材料可用切割机和凿子挖去破损饰面板，再镶贴上去。

(4) 饰面板掉角断裂的维修

对于该损坏现象常采用黏结修补：先将黏结面清洗干净；干燥后，在两个黏结面上均涂上0.5 mm厚意大利进口阻锈剂；粘贴后，养护三天。粘贴剂配好后宜在一个小时内用完。采用502胶黏结，在黏结面上滴上502胶后，稍加压力黏合，在15 ℃温度下，养护24小时即可。

(二) 饰面工程的日常养护及检查

(1) 对饰面工程要定期检查，检查时可用小锤轻击或观察墙面上是否有水渍印的方法进行。

(2) 重点检查外墙檐口、腰线、屋面部位的外墙、雨水管等。发现问题及时修补，以免冬季冻坏饰面。

(3) 加强检查突出墙体的雨篷、阳台的结构是否稳固，并注意饰面有无破损。

(4) 未经专业人员审查许可不得任意凿墙、打洞，防止损坏墙面装饰及结构。

(5) 饰面应定期清洗，应选用与饰面板料相匹配的清洁剂，防止清洁剂中的强酸或强碱使饰面板变色、发花。

三、涂料类装饰工程维修

涂料饰面是指利用各种涂料敷于基层表面，形成完整牢固的膜层，从而起到保护物体和装饰美化等作用，同时又能防止被涂面受污染与融蚀，延长物品的使用寿命，是饰面装修中最简便的一种形式。常见的损坏现象为脱皮，其产生原因为：底层腻子强度不够，比较酥松，而面层结膜时产生的应力超过底层腻子，使面层膜失去附着力而产生卷皮；基层腻子打磨后粉尘没有清除干净，降低了与面层的附着力；基层腻子长期受潮，造成腻子酥松而面层脱皮。其治理方法是：底层腻子与面层涂料要配套使用，涂刷过程中应时刻注意基层的粉尘清除。

涂料工程的日常养护：

(1) 涂料工程易受污染，故清洗时应选用清水或清洁剂擦拭；

(2) 注意对涂料的保护，不随意乱钉、乱凿或用铁器刮磨；

(3) 搬运家具等重物时应注意不要碰伤涂料；

(4) 潮湿的房间要经常通风，以防止涂料受潮起皮。

图 8-6 所示为涂料涂饰用工具，图 8-7 所示为涂料工程涂饰流程。

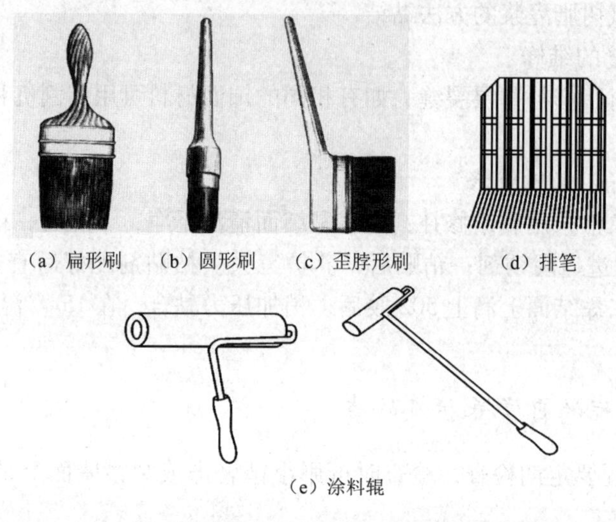

图 8-6 涂料涂饰用工具

图 8-7 涂料工程涂饰流程示意图

任务三　门窗工程的维修

一、木门窗的维修

木门窗框（扇）的损坏主要表现在变形、腐朽与虫蛀等方面。

（一）木门窗框（扇）损坏变形的原因和防治

1. 损坏变形及原因

木门窗的变形一般存在门窗扇倾斜下垂、弯曲和翘曲、缝隙过大、走扇等现象，其主要原因有以下几个方面。

1）木门窗扇倾斜下垂

木门窗扇倾斜下垂一般表现为：不带合叶的立边一侧下垂，四角不成直角，门扇一角接触地面，或窗框和窗扇的裁口不吻合，造成开关不灵。下垂的原因主要是：

（1）制作时榫眼不正，装榫不严；

（2）因受压门窗框倾斜变形，带动门窗扇受压变形；

（3）使用中用门窗扇挂重物，造成榫头松动，下垂变形。

2）弯曲和翘曲

木门窗扇的弯曲和翘曲一般表现为：平面的纵向弯曲，有时是门窗框弯曲，有时是门窗的边框弯曲，使门窗变形开关不灵；门窗纵向和横向同时弯曲；关上门窗，四边仍有很大缝隙，而且宽窄不匀，使得插销、门锁变位，不好使用。其原因：

（1）使用中受潮，湿胀干缩引起变形；

（2）受墙壁压力或其他外力影响造成的门窗翘曲。

3）缝隙过大

此现象除上述原因外，还有在制作时质量不合要求，留缝过大。

4）走扇

走扇，即门窗在没有外力推动时会自行转动而不能停止在任何位置上。其原因：

（1）门窗框安装不垂直，门窗扇随之处于不垂直状态，造成自开现象；

（2）安装用的木螺丝顶帽大或螺丝顶帽没有拧入合页，当两面合页上的螺丝帽相碰，造成门窗扇自动开扇；

（3）由于门窗扇变形，使框与扇不合槽，经常碰撞。

2. 木门窗框（扇）变形的防治

（1）将木材干燥到规定的含水率，即原木或方木结构应不大于25%；板材结构及受拉构件的连接板应不大于18%；通风条件差的木构件应不大于20%。

（2）对要求变形小的门窗框，应选用红白松及杉木等制作。

（3）掌握木材的变形规律，合理下锯，多出径向板。遇到偏心原木，要将平轮疏密部分分别锯割，在截配料时，要把易变形的阴面部分木材挑出不用。

（4）门窗框重叠堆放时，应使底面支撑点在一个平面内，并在表面覆盖防雨布，防止翘曲变形。

（5）门窗框在立框前应在靠墙一侧涂上底子洞，立框后及时涂刷油漆，防止其干缩变形。

（6）提高门窗扇的制作质量，打眼要方正，两侧要平整；开榫要平整，榫肩方正；手工拼装时，要拼一扇检查一扇，掌握其扭歪情况，在加楔子时适当纠正。

（7）对较高、较宽的门窗扇，应适当加大截面，以防止木材干缩或使用时用力扭曲等。

（8）使用时，不要在门窗扇上悬挂重物，对脱落的油漆要及时涂刷，以防止门窗受力或含水量变化产生变形。

（9）选择五金规格要适当，安装要准确，以防止门窗扇下垂变形。

（10）门窗框在立框前变形，对弓形反翘、边弯的木材可通过烘烤使其平直；立框后，可通过弯面锯口加楔子的方法，使其平直。

（二）木门窗框（扇）腐朽、虫蛀的原因及防治

1. 木门窗框（扇）腐朽、虫蛀的原因

（1）门窗框没有经过适当的防腐处理，使引起腐朽的木腐菌在木材中具备了生存条件。

（2）采用易受白蚁、家天牛等虫蛀的马尾松、木麻黄、桦木、杨木等木材做门窗框（扇），并且没有经过适当的防虫处理。

（3）在设计施工中，细部考虑不周全、不到位，如窗台、雨篷、阳台、压顶等没有做适当的流水坡度，未做滴水槽，使门窗框长期潮湿。

（4）浴室、厨房等经常受潮气和积水影响的地方，没有及时采取相应措施。

（5）木门窗框（扇）油漆老化，没有及时涂刷养护。

2. 木门窗框（扇）腐朽、虫蛀的防治

（1）在紧靠墙面和接触地面的门窗框脚等易受潮部位和使用易受白蚁、家天牛等虫蛀的木材时，要进行适当的防腐防虫处理。

（2）加强设计施工中的细部处理，如注意做好窗台、雨篷、阳台、压顶等处的排水坡度和滴水槽。

（3）在使用过程中，对老化脱落的油漆要及时修护涂刷，一般以 3 ～ 5 年为油漆周期。

（4）门窗脚腐朽、虫蛀时，可锯去腐朽、虫蛀部分，用小榫头对半接法换上新材，加固钉牢。新材的靠墙面必须涂刷防腐剂，搭接长度不大于 20 cm。

（5）门窗梃端部腐朽，一般予以换新，如冒头榫头断裂但不腐朽，则可采用安装铁曲尺加固；若门窗冒头腐朽，可以局部接修。

二、钢门窗的维修

钢门窗的损坏主要表现在变形、锈蚀、断裂等方面。

（一）钢门窗变形的原因及防治

1. 钢门窗变形的原因

（1）制作安装质量低劣，存在翘曲、焊接不良等情况，造成日久变形。

（2）安装不牢固，框与墙壁结合不严密、不坚实，致使框与墙壁产生裂缝。

（3）地基基础产生不均匀沉降，引起房屋倾斜等，导致钢门窗变形。

（4）钢门窗面积过大，导致温度升高却没有胀缩余地。

（5）钢门窗上的过梁刚度或强度不足，使钢门窗承受过大压力而变形。

（6）运输过程中处理不当，摔碰、损伤以致配件脱落、丢失等。

2. 钢门窗变形的防治

（1）提高钢门窗的制作安装质量，对钢门窗面积过大的，应考虑其胀缩余地。

（2）当外框弯曲时，先凿去粉刷装饰部分，将外框敲正。敲正时，应垫以硬木，用锤轻轻敲打，并注意不可将扇敲弯。

（3）内框“脱角”变形，放在正确位置后，重新焊固，内框直料弯曲时用衬铁会直。

（4）凡焊接接头在刷防锈漆前须将焊渣铲清。要求较高时，可用手提砂轮机把焊缝磨平，接换的新料必须涂防锈漆二度。

（二）钢门窗锈蚀和断裂的原因和防治

1. 钢门窗锈蚀和断裂的原因

（1）没有适时对钢门窗涂刷油漆。

（2）外框下槛无出水口或内开窗、腰头窗无坡水板。

（3）厨房、浴室等易受潮的部位通风不良。

（4）钢门窗上油灰脱落，钢门窗直接暴露于大气中。

（5）钢窗合叶卷轴因潮湿、缺油而破损等。

2. 钢门窗锈蚀和断裂的防治

（1）对钢门窗要定时涂刷油漆，对脱落的油漆要及时修补。

（2）对厨房、浴室等易受潮的地方，在设计时要考虑改善通风条件。

（3）外窗框料锈蚀严重的，应锯去锈蚀部分，用相同窗料接换，焊接牢固；外窗框直料下部与上槛同时锈蚀时，应先接脚，再断下槛料焊接。

（4）内框局部锈蚀严重时，换接相同规格的新料。

（5）钢窗玻璃油灰脱落时，先将旧油灰清理干净，然后用油灰重新嵌填。

三、铝合金、塑钢门窗维修

铝合金、塑钢门窗的损坏主要表现在开启不灵和渗水方面。

（一）开启不灵的原因和防治

1. 铝合金、塑钢门窗开启不灵的原因

（1）轨道弯曲、两个滑轮不同心，互相偏移及几何尺寸误差较大。

（2）框扇搭接量小于 80%，且未作密封处理或密封条组装错误。

（3）门扇的尺度过大，门扇下坠，使门扇与地面的间隙小于规定量 2 cm。

（4）平开窗窗铰松动，滑块脱落，外窗台超高等。

2. 铝合金、塑钢门窗开启不灵的防治

（1）门窗扇在组装前按规定检查质量，并校正正面与侧面的垂直度、水平度和对角线；调整好轨道，两个滑轮要同心，并正确固定。

（2）安装推拉式门窗扇时，扇与框的搭接量不小于 80%。

（3）开启门窗时，方法要正确，用力要均匀，不能用过大的力开启。

（4）窗框、窗扇及轨道变形，一般应进行更换。

（5）扇铰变形、滑块脱落等，可找配件进行修复。

（二）铝合金门窗渗水的原因和防治

1. 铝合金门窗渗水的原因

（1）密封处理不好，构造处理不当。

（2）外层推拉门窗下框的轨道根部没有设置排水孔。

（3）外窗台没有设排水坡或外窗台流水的坡度反坡。

（4）窗框四周与结构有间隙，没有用防水嵌缝材料嵌缝。

2. 铝合金门窗渗水的防治

（1）横竖框的相交部位，先将框表面清理干净，再注上防水密封胶封严。

（2）在封边和轨道的根部钻直径 2 mm 的小孔，使框内积水通过小孔尽快排向室外。

（3）外窗台流水坡反坡时，应重做流水坡，使流水形成外低内高，形成顺水坡，以利于排水。

（4）窗框四周与结构的间隙，可先用水泥砂浆嵌定，再涂上一层防水胶。

图 8－8 所示为物业维修门窗示意图。表 8－3 为某物业公司门窗损坏投诉登记表。

(a) 单元门锁损坏单元门关不上

(b) 物业维修门锁

图 8-8 物业维修门窗示意图

表 8-3 某物业公司门窗损坏投诉登记表

房屋代码	投诉内容
8-2-1101	塑钢：北边窗户往内墙渗水，靠东边外墙渗水
5-1-1002	塑钢：纱门有问题
4-2-201	塑钢：书房窗户推不动，厨房门有摩擦
3-1-401	塑钢：后阳台门不好开关
24-2-502	塑钢：大阳台纱窗不好开关
2-3-401	塑钢：纱窗推不动
23-2-502	塑钢：北面纱窗破
2-2-401	塑钢：纱门推不动
14-2-601	塑钢：主卫窗户倾斜
14-2-501	塑钢：窗户玻璃松动，缺金属条
14-1-302	塑钢：阳台纱门一推就掉
14-1-1001	塑钢：主卧室八角窗把手短
13-1-201	塑钢：纱门脱落
12-1-401	塑钢：八角窗无把手
12-1-1102	塑钢：阁楼塑钢门有问题
11-3-402	塑钢：小阳台纱门关不严
11-3-1002	塑钢：纱窗有问题
11-1-701	塑钢：纱门短了，脱落
11-1-601	塑钢：八角窗手柄松动
11-1-1101	塑钢：窗户不好开关，纱窗短了

实训 墙、地面工程维修实训

1. 实训任务

选择建筑中任一墙面、地面或门窗损坏处进行维修，选用（购）维修材料和工具，并拟定科学合理的维修方案。

2. 实训目的

（1）能较正确地分析损坏产生的原因。

（2）能根据损坏情况拟定科学的维修计划。

（3）能根据所学知识选择正确材料和工具进行维修，并学会编写维修方案。

3. 实训步骤

（1）维修部位的确定。

（2）施工工具和材料的准备。

（3）以一栋或几栋建筑为一个物业管理单位编制维修计划。

（4）结合其中一处维修部位编写维修方案。

4. 问题讨论

（1）哪些装饰工程的损坏需要及时维修?

（2）在编制维修计划时应注意哪些问题?

5. 技能考核

（1）实操能力。

（2）学生表述和沟通能力。

优____良____中____及格____不及格

在物业管理过程中，房屋装饰工程维修的主要内容包括楼地面工程、墙面装饰工程及门窗工程等三大部分，其中小修项目一般都由物业公司工程部人员来完成，因此本学习情境就这三个方面的损坏原因、维修方法等进行讲解。地面工程根据使用的装饰材料的不同，可分为水泥混凝土地面、水磨石地面、瓷砖地面、大理石地面、木地板等。物业公司主要负责维修的地面为室外和公共部位的地面，该部分经常使用水泥、水磨石、瓷砖和大理石。任务一重点介绍了该类地面的损坏原因及维修方法。墙面装饰部分损坏会直接影响室内外环境的美观，也会直接影响物业的价值，物业公司要定期对主要建筑外立面、公共部位墙面损坏装饰工程进行维修，以保持建筑外观崭新。任务二就不同类型的装饰工程（如抹灰、饰面和涂料）的损害原因、维修和养护方法进行讲解。最后对门窗工程的维修进行介绍。

（1）了解地面装饰工程的类型。

（2）掌握水泥混凝土地面、水磨石地面、瓷砖及大理石地面常用的维修方法。
（3）掌握楼地面养护和质量控制的要点。
（4）了解墙体装饰工程的类型。
（5）掌握墙体装修的损坏现象及原因。
（6）掌握墙体装修工程维修的方法。
（7）了解不同类型门窗常见的损坏现象。

练习与思考题

（1）简述各种地面的常见缺陷和维修方法。
（2）地面裂缝和空鼓的维修程序是什么？
（3）水磨石地面常见的损坏现象有哪些，如何维修？
（4）试述外立面各种装饰工程的常见缺陷。
（5）外立面瓷砖空鼓脱落的修理方法是什么？
（6）简述各种门窗的常见缺陷和维修方法。
（7）如何做好地面、墙面和门窗工程的日常养护工作？

学习情境九 房屋维修预算

教学导航

学习任务	任务一 维修工程预算 任务二 维修工程成本管理	参考学时	8
能力目标	通过教学，要求学生了解房屋管理预算工作的程序和方法，了解维修工程成本控制的方法		
教学资源与载体	多媒体网络平台、教材、动画 PPT 和视频等、作业单、工作单、工作计划单、评价表		
教学方法与策略	项目教学法、引导法、演示法、参与型教学法		
教学过程设计	引入案例→发放作业单→填写作业单→分组学习、讨论→教师讲解		
考核与评价内容	知识的自学能力、理解和动手能力、语言表达能力；工作态度；任务完成情况与效果		
评价方式	自我评价（10%），小组评价（30%），教师评价（60%）		

职场典例

小区交房已经 2 年多了，最近三区 A 栋的一些业主反映 A 栋建筑的外墙因雨水冲刷致外墙涂料脱落，严重影响外观并会影响外墙防水，要求进行外墙的修补和粉刷。业主们还听说房屋防水过了 2 年保质期后的维修费用要由业主使用住房维修基金来支付，但修补和粉刷 A 栋的外墙究竟要花多少钱呢？业主们商量好一起到物业服务中心去询问一番。

负责接待的是工程部的刘刚，他在学校学习过房屋修缮预算的相关知识，还做过房屋修缮预算任务的实训。经过刘刚的一番解释，业主们明白了根据国家规定房屋修缮的维修费用由好几部分组成，是通过一定程序计算出来的，同时还涉及施工图纸、施工方案、当地的定额和物价水平等。

教师活动

（1）教师讲解房屋修缮预算的费用构成及编制流程。

（2）下发作业单，让学生在作业单的引导下填写相关内容。

让学生通过作业单理解：

（1）房屋维修预算的含义及其在物业房屋维修管理中所起的作用；

（2）房屋维修预算的费用构成；

（3）房屋维修预算的编制流程。

学生活动

在听完教师讲解后完成如表9－1所示的作业单的填写。

表9－1　作业单

问　题	答　案
什么时候需要做房屋修缮预算	
房屋修缮预算的费用由哪几部分组成	
完成房屋修缮预算的三大步骤	

物业在使用过程中，由于自然、设计、施工、人为等因素产生的破坏，影响了业主生产生活的正常进行，为保证物业发挥正常的功能，延长使用寿命，必须对物业进行维修与养护及房屋修缮。完成房屋修缮工作必然要消耗一定量的人工费用、材料费用和机械费用。因此在房屋修缮工程开工前，业主委员会或物业公司应预先计算完成修缮工程所需的全部费用。并以此费用总额作为该修缮工程承、发包双方核算工程款，最终确定修缮工程造价的依据。

修缮工程实际造价的确定，一般是在修缮工程预算的基础上，根据国家有关规定及施工承包合同条件的约定，通过招投标竞争确定合同价，再根据施工中发生的变更因素对原合同价进行调整来实现的。

任务一　维修工程预算

一、房屋修缮工程预算的含义

如果你是物业管理公司的工程部人员，小区业主反映小区住宅外墙破损，须进行维修，你应该怎么办？

首先要到现场了解情况，根据房屋图纸提出修缮方案，然后找施工单位商谈维修事宜。商谈的焦点就是维修报价，进行房屋修缮预算，根据预算和最终造价进行房屋维修基金的划拨。

房屋维修工程预算是指在工程开工前预先计算修缮工程造价的计划性文件。其主要作用是承、发包双方核算工程款，最终确定修缮工程造价的依据。修缮工程实际造价的确定，一般是在修缮工程预算的基础上，根据国家有关规定及施工承包合同条件的约定，通过招投标竞争确定合同价，再根据施工中发生的变更因素对原合同价进行调整来实现。

房屋维修与保养是物业管理的一个重要组成部分，我国《物业管理条例》第54条规定："住宅物业、住宅小区内的非住宅物业或者与单幢住宅楼结构相连的非住宅物业的业主，应当按照国家有关规定交纳专项维修资金。专项维修资金属业主所有，专项用于物业保修期满后物业共用部位、共用设施设备的维修和更新、改造，不得挪作他用”。建设部和财政部1998年颁发的《住宅共用部位共用设施设备维修资金管理办法》规定：“商品住房的维修基金全部由购房人缴纳，购房人应当按购房款2%～3%的比例向售房单位交纳维修基金”。专项维修基金的使用、续筹应由业主大会决定。由于专项维修资金属业主所有，所以物业管理企业支取专项维修资金进行相关维修活动时，应向业主大会提交维修预算，供业主大会监督。

二、房屋修缮工程预算的费用构成

房屋修缮工程费用由直接费、间接费、利润和税金构成，即房屋修缮工程费用 = 直接费 + 间接费 + 利润 + 税金。以湖北省为例，具体费用构成如图9－1所示。

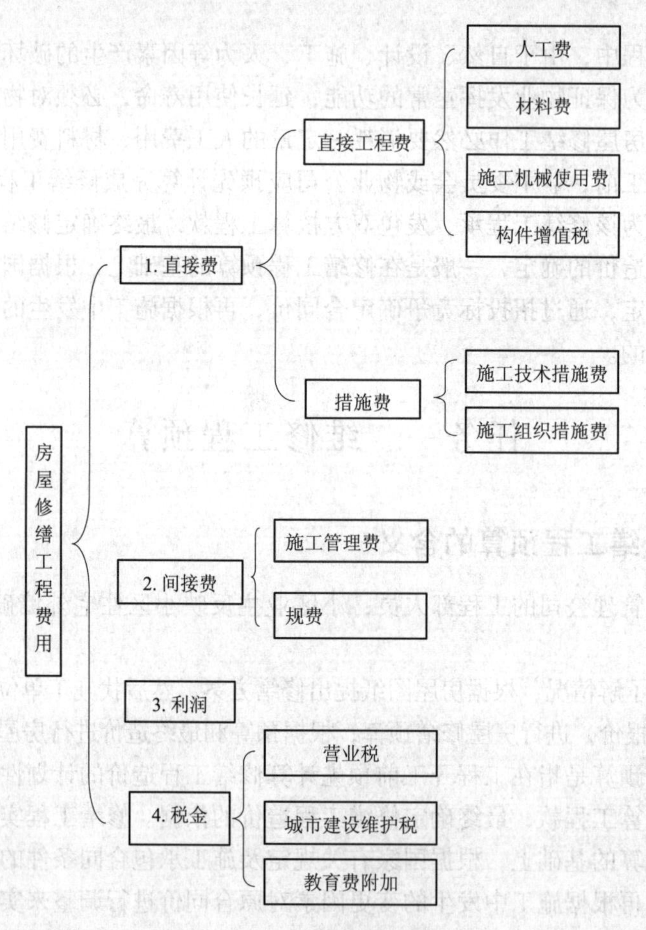

图9－1 房屋修缮工程费用构成图

三、房屋修缮工程预算的编制步骤

房屋修缮工程预算的编制步骤如图 9－2 所示。

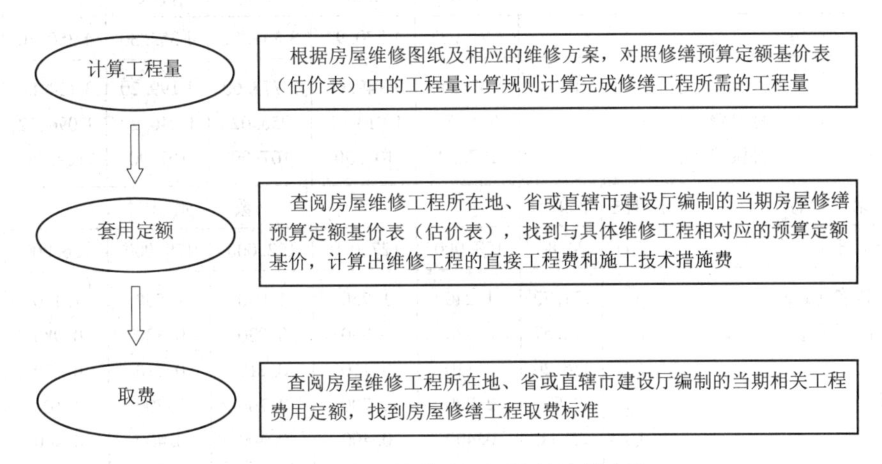

图 9－2　房屋修缮工程预算的编制步骤

什么是定额呢？“定”就是规定，“额”就是额度或数量。在建筑工程中，定额是指在正常的（施工）生产条件下，完成单位合格产品所必须消耗的人工、材料、机械的数量标准。根据工程所涉及的专业不同，定额主要分为建筑工程定额、安装工程定额、市政工程定额、修缮工程定额等。根据制定定额的主体不同，定额主要分为全国统一定额、行业统一定额、地区统一定额、企业定额等。在房屋维修预算工作中常采用的是地区的修缮工程定额，比如湖北省的房屋维修工程采用的定额是《湖北省房屋修缮工程预算定额统一基价表》。

《湖北省房屋修缮工程预算定额统一价表》包括总说明、各章说明、各章工程量计算规则和定额统一基价表四部分。下面以第十五章（墙、柱面工程）第三节（装饰抹灰中现浇水磨石的定额统一基价表）为例，说明定额基价表的格式和内容，如表 9－2 所示。

由表可知，用水磨石对混凝土墙进行中级装饰，每完成 100 m^2 墙面的水磨石装饰，消耗的人工工日数量是 112 个工日，消耗的材料数量分别是：水泥砂浆（1∶3）1.03 m^3；水泥白石子浆（1∶1.25）0.83 m^3；水泥浆 0.21 m^3；硬蜡 2.7 kg；油石 0.4 kg；草酸 4 kg；金刚石（200×75×50）9 块；火碱 9 kg；其他材料费 9.466 元，消耗的机械数量是磨石机（3 kW）5 个台班。

同时由表 9－2 可知，用水磨石对混凝土墙进行中级装饰，每完成 100 m^2 墙面的水磨石装饰，消耗的人工费是 2 777.60 元，消耗的材料费是 956.02 元，消耗的机械费是 107.9 元，消耗的直接工程费是 3 841.52 元。

表 9－2 装饰抹灰中现浇水磨石的定额统一基价表 计量单位：100 m²

定额编号				15－142	15－143	15－144	15－145	15－146	15－147
项目				砖墙		混凝土墙		方柱	圆柱
				中级	高级	中级	高级		
基价/元				3 711.32	4 270.97	3 841.52	4 353.30	4 350.40	4 739.72
其中	人工费/元			2 678.40	3 149.60	2 777.60	3 199.20	3 124.80	3 496.80
	材料费/元			935.02	1 013.47	956.02	1 046.20	1 096.12	113.44
	机械费/元			107.90	107.90	107.90	107.90	129.48	129.48
名称		单位	单价/元	数量					
人工	综合工日	工日	24.80	108.000	127.000	112.000	129.000	126.000	141.000
材料	水泥砂浆（1:3）	m³	171.72	1.240	1.750	1.030	1.550	1.190	1.190
	水泥白石子浆（1:1.25）	m³	578.57	0.830	0.830	0.830	0.830	0.980	0.980
	水泥浆	m³	436.20	0.110	0.110	0.210	0.210	0.110	0.210
	硬蜡	kg	9.57	2.700	2.700	2.700	2.700	3.100	3.100
	油石	kg	25.11	0.400	0.400	0.400	0.400	0.400	0.400
	草酸	kg	4.63	4.000	4.000	4.000	4.000	13.400	13.400
	金刚石（200×75×50）	块	13.37	9.000	9.000	9.000	9.000	10.300	10.300
	火碱	kg	2.57	–	–	9.000	9.000	10.300	–
	其他材料费	元	1.00	9.159	10.034	9.466	10.358	10.853	11.024
机械	磨石机（3kW）	台班	21.58	5.000	5.000	5.000	5.000	6.000	6.000

四、房屋维修预算实例

（一）屋面渗漏维修的预算

【例 9－1】 某市市区住宅楼屋顶平面图如图 9－3 所示。原屋面防水具体做法为：在空心楼板上抹水泥砂浆找平层，直接做二毡三油绿豆砂。经过多年使用，现根据现场勘查，防水层严重破损，需进行修缮，修缮施工方案是：

（1）铲除原防水层；

（2）在水泥砂浆找平层上刷冷底子油一遍，做隔汽层；

（3）现浇 1:12 水泥蛭石保温层（坡度为 1.5%）；

（4）水泥砂浆找平层 20mm 厚；

（5）做新型三元乙丙防水卷材屋面。

图 9－4 所示为修缮后剖面图。

根据房屋修缮工程预算的编制步骤进行以下几个方面的工作。

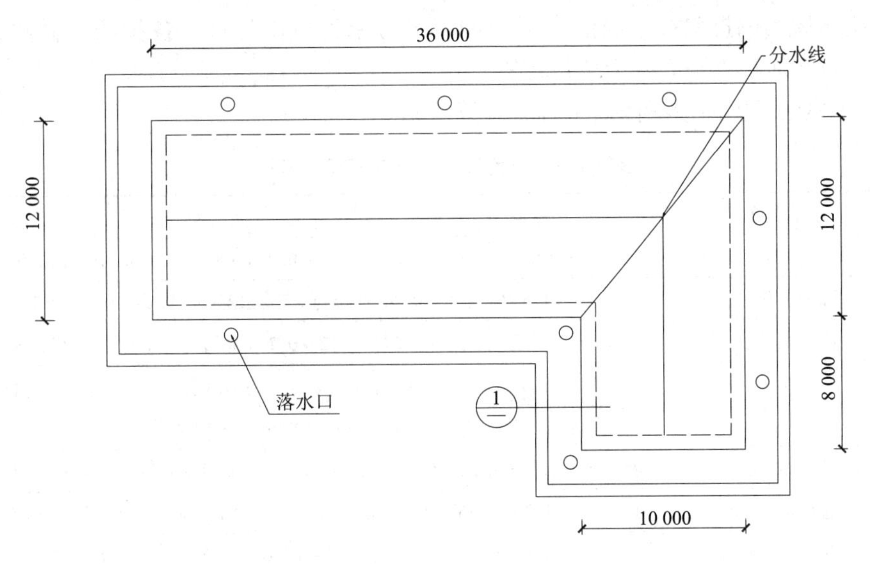

图 9－3　屋顶平面图

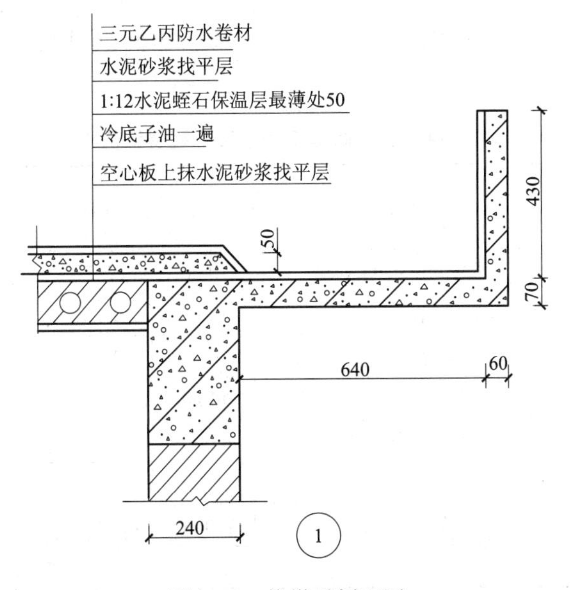

图 9－4　修缮后剖面图

1. 计算工程量

计算工程量需根据所使用的当地预算定额中的说明和工程量计算规则来进行。如该地区《房屋修缮工程消耗量定额及统一基价表》的《说明》指出修补防水工程定额系指工程量单块面积在 10 m^2 以内的项目，超过 10 m^2 时分别执行拆除工程和新做防水工程。《工程量计算规则》指出屋面的拆除按屋面的实拆面积以平方米为单位计算，各种防水做法的屋面工程量按实做防水面积以平方米为单位计算。

表9－3列出了屋面渗漏修缮工程量计算规则。

表9－3　屋面渗漏修缮工程量计算表

序号	项目名称	单位	数量	计算式
1	铲除二毡三油绿豆砂	10 m^2	52.55	(36+0.24)×(12+0.24)+8×(10+0.24)=525.50
2	铲除檐沟防水层	10 m^2	11.552	(36+0.24+0.64)×2+(12+8+0.24+0.64)×2=115.52
3	刷冷底子油	10 m^2	52.550	(36+0.24)×(12+0.24)+8×(10+0.24)=525.50
4	现浇水泥蛭石	10 m^3	4.931	525.5×0.05+6.12×0.015×0.5×12.24×31.12+5.12×0.015×0.5×10.24×14.12=49.31
5	保温层上做找平层	100 m^2	5.633	525.5+(36.24+20.24)×0.64+0.64×0.64×4=563.29
6	卷材防水层	10 m^2	61.365	563.29+(36+0.64×2+20+0.64×2)×2×0.43=613.65
7	铲除垃圾外运	100 m^3	0.063	[525.50+115.52×(0.64+0.25)]×0.01=6.283

2. 套定额

查阅该地区《房屋修缮工程消耗量定额及统一基价表》，套用相关定额，计算直接工程费，如表9－4所列。

表9－4　住宅修缮工程直接工程费计算表

序号	定额编号	项目名称	单位	数量	基价（元）	
					单价	合价
1	1－54	铲除二毡三油绿豆砂	10 m^2	52.55	20.83	1 094.62
2	1－55	铲除檐沟防水层	10 m^2	11.552	14.88	171.89
3	11－3	刷冷底子油	10 m^2	52.550	44.15	2 320.08
4	10－57	现浇水泥蛭石	10 m^3	4.931	3 333.16	16 435.81
5	14－34	保温层上做保温层	100 m^2	5.633	660.96	3723.19
6	11－28	卷材防水层	10 m^2	61.365	462.70	28 393.59
7	2－47	铲除垃圾外运	100 m^3	0.063	1 550.29	97.67
直接工程费						52 236.85

3. 取费

取费主要是计算施工组织措施费、间接费、利润和税金，取费的依据是当地相关工程的费用定额。如本例中该地区当期的房屋修缮工程费用定额取费标准如下。

1）*施工组织措施费*

施工组织措施费包括安全文明施工费（见表9－5）和其他组织措施费（见表9－6）。

表 9－5 安全文明施工费

单位：%

专业工程	建筑工程、装饰装修工程	爆破工程	安装工程
计费基础	直接工程费＋技术措施直接工程费		人工费＋机械费
费率	2.70	2.65	9.35

表 9－6 其他组织措施费

专业工程	建筑工程、装饰装修工程、爆破工程	安装工程
计费基础	直接工程费＋技术措施直接工程费	人工费＋机械费
综合费率	0.60	1.90

2）间接费

间接费包括企业管理费（表 9－7）和规费（表 9－8）。

表 9－7 企业管理费

单位：%

专业工程	建筑工程、装饰装修工程	爆破工程	安装工程
计费基础	直接费		人工费＋机械费
费率	3.25	4.65	12.00

表 9－8 规费

单位：%

专业工程	建筑工程、装饰装修工程	爆破工程	安装工程
计费基础	直接费＋企业管理费＋利润＋其他项目费＋价差		人工费＋机械费
费率	3.85		10.80

3）利润（表 9－9）

表 9－9 利润

单位：%

专业工程	建筑工程、装饰装修工程	爆破工程	安装工程
计费基础	直接费＋价差		
费率	5.15		

4）税金（表 9－10）

表 9－10 税金

单位：%

纳税人地区	纳税人所在地在市区	纳税人所在地在县城、镇	纳税人所在地不在市区、县城或镇
计税基数	不含税工程造价		
综合税率	3.41	3.35	3.22

下面根据上述取费标准和表 9－3、表 9－4 中的数据计算该维修工程所需花费的全部费用，即工程造价，见表 9－11。

表 9－11　修缮工程工程造价计算表

序号	项目		计算方法	金额/元
1	直接费	直接工程费	Σ(定额单价 × 工程量)	52 236.85
2		施工技术措施费	Σ(定额单价 × 工程量)	0
3		施工组织措施费	(1 + 2) × 费率	(52 236.85 + 0) × (2.7 + 0.6)% = 1 723.82
4	间接费	企业管理费	(1 + 2 + 3) × 费率	(52 236.85 + 0 + 1 723.82) × 3.25% = 1 753.72
5		规费	(1 + 2 + 3 + 4 + 6) × 费率	(52 236.85 + 0 + 1 723.82 + 1 753.72 + 2 778.97) × 3.85% = 2 251.99
6	利润		(1 + 2 + 3) × 费率	(52 236.85 + 0 + 1 723.82) × 5.15% = 2 778.97
7	税金		(1 + 2 + 3 + 4 + 5 + 6) × 费率	(52 236.85 + 0 + 1 723.82 + 1 753.72 + 2 778.97 + 2 251.99) × 3.41% = 2 071.42
8	工程造价		Σ(1 + 2 + 3 + 4 + 5 + 6 + 7)	52 236.85 + 0 + 1 723.82 + 1 753.72 + 2 778.97 + 2 251.99 + 2 071.42 = 62 816.77

由表 9－11 得到该住宅屋面渗漏维修工程的工程造价为 62 816.77 元。

由以上例题可以看出，完成维修预算的三大步骤：① 计算工程量；② 套定额；③ 取费。对于不同维修方案的预算，取费的程序是相同的，因此预算的关键在于前两步：计算工程量和套定额。

注：以下例题仅处理前两步。

（二）小区管道维修的预算

【例 9－2】 物业小区某处地下排水管道破裂，需开挖进行维修，开挖面沿管道走向长 10 m，开挖断面如图 9－5 所示，放坡系数为 1∶0.5，地下 1.5 m 处开始有地下水，管径 700 mm，土质为黏性沙土。求开挖及回填的工作量，并套用相关定额。

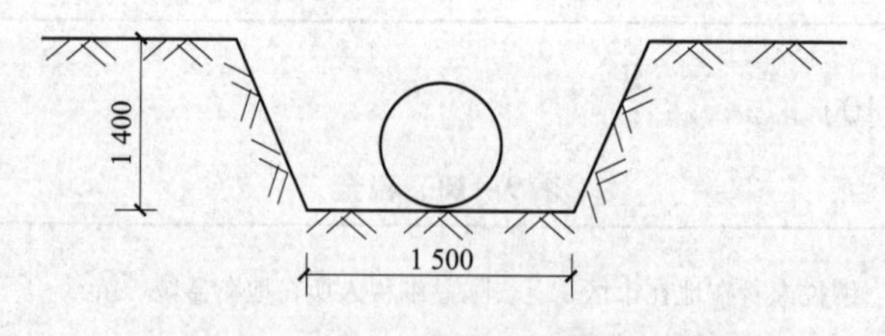

图 9－5　地下排水管道开挖断面

1. 计算工程量

计算工程量需根据所使用的当地预算定额中的说明和工程量计算规则来计算。如该地区《房屋修缮工程消耗量定额及统一基价表》的《工程量计算规则》指出土方体积均以天然密实体积为准计算，回填土按图示回填体积以体积计算，管道沟槽回填应扣除管径200 mm以上管道、基础、垫层和各种构筑物所占的体积，如表9－12所列。

表9－12　管道修缮工程量计算表

序号	项目名称	单位	数量	计　算　式
1	人工挖沟槽(一类土)	m^3	15.4	$\{[1.5+1.5+(1.4\times0.5/1)\times2]\times1.4/2-\pi\times0.7^2\}\times10=15.4$
2	人工填土夯实	m^3	15.4	$\{[1.5+1.5+(1.4\times0.5/1)\times2]\times1.4/2-\pi\times0.7^2\}\times10=15.4$

2. 套定额

查阅该地区《房屋修缮工程消耗量定额及统一基价表》，套用相关定额，计算直接工程费，如表9－13所列。

表9－13　管道修缮工程直接工程费计算表

序号	定额编号	项目名称	单位	数量	基价/元	
					单价	合价
1	3－1	人工挖沟槽（一类土）	m^3	15.4	6.89	106.11
2	3－18	人工沟槽回填土夯实	m^3	15.4	8.12	125.05
直接工程费						231.16

（三）小区住宅散水维修的预算

【例9－3】某住宅室外散水坡损坏严重，需全部拆除，要按原样重新施工，相关情况见图9－6和图9－7。

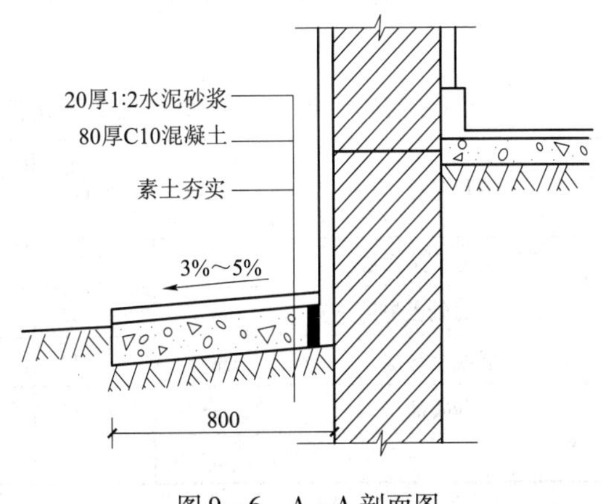

图9－6　A－A剖面图

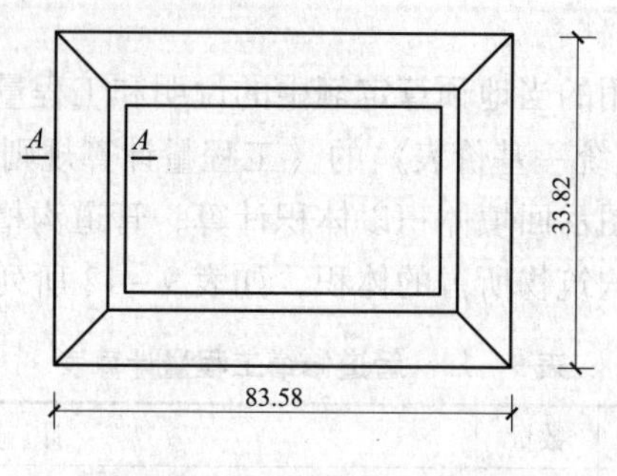

图9-7 住宅底层平面图

1. 计算工程量

计算工程量需根据所使用的当地预算定额中的说明和工程量计算规则来计算。如该地区《房屋修缮工程消耗量定额及统一基价表》的《工程量计算规则》指出地面的拆除（重做）按照水平投影面积以平方米计算，地面垫层拆除（重做）按照水平投影面积乘以厚度以立方米计算，如表9-14所列。

表9-14 小区住宅散水修缮工程量计算表

序号	项目名称	单位	数量	计算式
1	拆除水泥砂浆面层	m^2	185.28	83.58×33.82-(83.58-0.8×2)×(33.82-0.8×2)=185.28
2	拆除素混凝土垫层	m^3	14.822	185.28×0.08=14.822
3	素混凝土垫层	m^3	14.822	14.822
4	水泥砂浆面层	m^2	185.28	185.28

2. 套定额

查阅该地区《房屋修缮工程消耗量定额及统一基价表》，套用相关定额，计算直接工程费，如表9-15所列。

表9-15 小区住宅散水修缮工程直接工程费计算表

序号	定额编号	项目名称	单位	数量	基价/元	
					单价	合价
1	1-115	拆除水泥砂浆面层	m^2	185.28	1.97	365.00
2	1-124	拆除素混凝土垫层	m^3	14.822	61.50	911.55
3	16-23	素混凝土垫层	m^3	14.822	115.46	1 711.35
4	16-39	水泥砂浆面层	m^2	185.28	15.02	2 782.91
直接工程费						5 770.81

任务二　维修工程成本管理

一、维修工程成本及成本管理

（一）维修工程成本及其构成

1. 维修工程成本

维修工程施工过程中要消耗一定量的人力、物力和财力，把施工中的这种消耗用货币形式反映出来，即构成维修施工单位的生产费用，把生产费用归集到各个成本项目和核算对象中，就构成维修工程成本。维修工程成本是一个综合性指标，能全面反映维修工程施工生产活动及企业各项管理工作的质量。在实际工作中，维修工程成本又可分为3类：预算成本、计划成本、实际成本。

（1）预算成本。是指按维修工程预算定额和各项取费标准计算的预算造价。预算成本项目包括人工费、材料费、施工机械使用费、其他直接费、现场管理费、临时设施费、间接费和计划利润。这些费用构成了已完工程的全部造价。

（2）计划成本。是指为了有步骤地降低维修工程成本而编制的内部控制的具体计划指标。

（3）实际成本。是维修工程实际支出的生产费用的总和。它反映维修工程成本耗费的实际水平，因此必须按规定正确核算工程成本，准确地反映维修工程的实际耗费，从而为成本分析提供可靠资料。

预算成本是维修工程价款的结算依据，也是编制成本计划和衡量实际成本水平的依据。计划成本和实际成本反映的是维修企业的成本水平，它受企业自身的生产技术、施工条件和生产管理水平的制约。预算成本和实际成本比较，可以反映维修工程实际盈亏情况；实际成本和计划成本比较，可以考核成本计划各项指标的完成情况。

2. 维修工程成本构成

为了了解各种生产费用情况，监督生产费用的支出，合理组织工程成本核算，必须对生产费用进行科学分类，并考虑使工程实际成本能与预算成本相比较。因此，实际成本项目所包含的内容，应和各项预算成本项目所包含的内容相一致。维修工程成本的构成如下。

（1）直接成本。是指维修工程施工过程中直接耗费的构成工程实体或有助于工程形成的各项支出，包括直接人工费、直接材料费、直接机械费、临时设施费和其他直接费。

（2）间接成本。是指施工企业的项目经理部（作业层）为施工准备、组织和管理施工生产活动所发生的全部施工间接费支出。包括现场管理人员的人工费、管理用材料费、资产使用费、工具用具使用费、保险费、工程保修费和其他费用等。

维修工程预算造价中的间接费，属于企业管理层发生的经营管理费用，不属于成本的范畴。

（二）成本管理的概念及其任务

维修工程成本管理是物业管理公司（或维修施工企业）为降低维修工程成本而进行的各项管理工作的总称。成本管理是企业经营管理的重要组成部分，企业各项管理工作都同成本管理有着紧密的联系，都会反映到成本上。因此，加强成本管理，不仅能够节约费用，而且能改善企业经营管理工作。

成本管理的基本任务就是保证降低成本，通过对维修工程施工中各项耗费进行预测、计划、控制、核算、分析和考核，以便用最少的消耗取得最优的经济效果。成本管理的任务具体表现在以下几个方面。

(1) 做好成本计划，严格进行成本控制。认真编好成本计划，把降低成本的指标与措施层层落实到各职能部门和各环节上去，并通过承包等方法和职工的物质利益挂起钩来，真正调动起职工的积极性，努力降低消耗，节约开支。在施工中严格进行成本控制，保证一切支出都控制在计划成本内。

(2) 做好成本管理的基础工作。加强定额管理，建立健全原始记录、计量与检验制度，建立健全成本管理责任制。

(3) 加强维修成本核算与分析。通过成本核算与分析，可以及时找出存在的问题，了解各项成本费用节约或超支的情况，找出原因，有针对性地提出解决问题的办法，及时总结成本管理工作的经验，促使企业经营管理水平的提高。

二、维修工程成本管理工作内容

维修工程成本管理的工作内容一般包括：成本预测、成本计划、成本控制、成本核算及成本分析与考核。

（一）成本预测

成本预测是加强成本事前管理的重要手段。成本预测的目的，一方面为企业降低成本指出方向；另一方面确定目标成本，为企业编制成本计划提供依据。

成本预测应在大量收集进行预测所需的历史资料和数据的基础上，采用科学方法进行，并和企业挖掘潜力、改进技术组织措施相结合。成本预测的主要目的是确定目标成本，并根据降低成本目标提出降低成本的各项技术组织措施，不断挖掘降低成本的潜力，使各项技术组织措施确实达到或超过降低成本目标的要求。

（二）成本计划

房屋维修成本计划是以货币形式规定计划期内房屋维修工程的生产耗费和成本水平，以及为保证成本计划实施所采取的主要方案。编制成本计划就是确定计划期的计划成本，是成本管理的重要环节。

1. 成本计划的作用

(1) 成本计划是企业日常控制生产费用支出，实行成本控制的主要依据。通过编制成本计划，事先审查费用的支出是否合理，从而在降低成本方面增强预见性。

(2) 成本计划可以为全体职工在降低成本方面指出目标和方向，有利于调动职工采取有效措施降低成本的积极性。

(3) 降低成本是企业利润的主要来源，成本计划是企业利润计划的重要依据。

2. 成本计划编制的程序

1) 收集、整理、分析资料

为了使编制的成本计划有科学的依据，应对有关成本计划的基础资料全面收集整理，作为编制成本计划的依据。主要有：

① 计划期维修工程量、工程项目等技术经济指标；

② 上年度成本计划完成情况及历史最好水平；

③ 计划期内维修生产计划、劳动工资计划、材料供应计划及技术组织措施计划等；

④ 上级主管部门下达的降低成本指标和建议；

⑤ 施工图纸、定额、材料价格、取费标准等。

2) 成本指标的试算平衡

在整理分析资料的基础上，进行成本试算平衡，测算计划期成本降低的幅度，并把它同事先确定的降低成本目标进行比较。如果不能满足降低成本目标的要求，就要进一步挖掘降低成本的潜力，直到达到或超过降低成本目标的要求。

3) 编制成本计划

经过成本试算平衡后，由企业组织有关部门编制成本计划，同时将降低成本指标分解下达到各职能部门和各有关环节上。

(三) 成本控制

成本控制就是在维修生产施工过程中，依据成本计划，对实际发生的生产耗费进行严格的计算，对成本偏差进行经常的预防、监督和及时纠正，把成本费用限制在成本计划的范围内，以达到预期降低成本的目标。

1. 直接成本的控制方法

直接成本是直接耗用在工程上的各种费用，包括人工费、材料费、机械使用费和其他直接费等。为了控制直接成本，除了要控制材料采购成本外，最基本的是在维修施工过程中，落实降低成本的技术组织措施，经常把实际发生的各种直接费用与各种消耗定额及预算中各相应的分部分项工程的目标成本进行对比分析，及时发现实际成本和计划成本的差异，并找出成本差异发生的因素和主客观原因，从而采取有效措施加以改正。

2. 间接成本采用指标分解、归口管理的方法

间接成本是企业各个施工项目上管理人员和职能部门为了组织、管理维修工程施工所发生的各种管理费用，即现场管理过程中发生的费用。该费用项目多而杂，并且与工程施工无直接联系，所以一般采用指标分解、归口管理的办法。即将成本计划指标按特定的用途分解为若干明细项目，确定其开支指标，分别由相应部门归口管理。凡是超过标准、违反成本开支范围的费用都要予以抵制。

3. 建立成本管理制度

建立成本管理制度，是成本控制的一个重要方面。根据分工归口管理的原则，建立成本管理制度，使各职能部门都来加强成本的控制与监督。工程部门负责组织编制维修施工生产计划，搞好施工安排，确保维修工程顺利开展；技术部门负责制订与贯彻技术措施计划，确保工程质量，加速施工进度，节约用工用料，确保施工安全，防止发生事故；合同预算部门负责办理工程合同、协议的签订，编制或核定施工图预算，办理年度结算和竣工结算；材料供应部门负责编制材料采购、供应计划，健全材料的收、发、领、退制度，按期提供材料耗用和结余等有关成本资料，归口负责降低材料成本；劳动人事部门负责执行劳动定额，改善劳动组织，提高劳动生产率，负责降低人工费；财会部门负责落实成本计划，组织成本核算，监督考核成本计划的执行情况，对维修工程的成本进行预测、控制和分析，并制定本企业的成本管理制度；行政管理部门负责制定和执行有关的费用计划和节约措施，归口负责行政管理费节约额的实现。

（四）成本核算

成本核算的目的就是要确定维修工程的实际耗费，考核维修工程的经济效果。为了对维修工程成本进行正确核算，必须合理地划分成本核算对象。

1. 成本核算对象划分的原则

一般应以施工图预算所列的单位工程为划分标准，并结合施工管理的具体情况来确定。成本核算对象一般按以下原则划分。

（1）以每一独立编制施工图预算的单位工程为成本核算对象。

（2）翻建、扩建的大修工程应以工程地点、一个门牌院或一个地点几个门牌院的开、竣工时间接近的工程合并为一个核算对象。

（3）维修、零修、养护工程应以物业管理公司统一划分的维修片和零修养护班组为核算对象。

维修工程成本核算对象一经确定后，各有关部门不得任意变更。所有的原始记录，都必须按照确定的成本核算对象填写清楚，以便归集各个成本核算对象的生产费用和计算工程成本。为了集中反映各个成本核算对象本期应负担的费用，财会部门应该为每一成本核算对象设置工程成本明细账，以便组织各成本核算对象的成本计算。

2. 成本核算的基本要求

为充分发挥成本核算的作用，在进行成本核算时应遵循下列基本要求。

（1）加强对费用支出的审核和控制。审核费用是否应该发生，已经发生的费用是否应计入维修工程成本；在费用发生过程中，对各种耗费进行指导、限制和监督，使费用支出控制在定额或计划要求内。

（2）正确划分各种费用的界限。严格遵守成本、费用的开支范围，正确划分应计入成本和不应计入成本的界限，划分当期费用与下期费用的界限；划分不同成本核算对象之间的成本界限等。

（3）做好各项基础工作。做好消耗定额的制定和修改工作；建立健全原始记录；加强计量和验收工作；建立健全各种财产物资的收发、领退、报废、盘点等制度。

（五）成本分析与考核

成本分析是在成本形成过程中，对维修工程施工耗费和支出进行分析、比较、评价，为今后成本管理工作指明方向。成本分析主要是利用成本核算资料及其他有关资料，全面分析、了解成本变动情况，找出影响成本升降的各种因素及其形成的原因，寻找降低成本的潜力。通过成本分析，可以正确认识和掌握成本变动的规律性；可以对成本计划的执行过程进行有效的控制；可以定期对成本计划执行结果进行分析、评价和总结，为成本预测、编制成本计划提供依据。

成本考核是指定期对维修工程预算成本、计划成本及有关指标的完成情况进行考核、评比。成本考核的目的在于充分调动职工降低成本的主动性和自觉性，进一步挖掘潜力。成本考核应和企业的奖惩制度挂钩，调动职工积极性，以利于节约开支、降低成本，取得更好的经济效益。

房屋修缮预算是指在房屋修缮工程开工前，预先计算完成房屋修缮工程所需的全部费用。房屋修缮工程费用包括直接费、间接费、利润和税金。房屋修缮预算的计算包括计算工程量、套用定额、取费三大步骤。要将房屋修缮预算做得准确，应具备看懂图纸、熟悉施工程序和把握行业市场行情等能力，以及对维修成本进行有效控制和管理的能力。

练习与思考题

1. 什么是房屋修缮预算？物业企业在工作的哪些环节会进行房屋修缮预算？
2. 做一份准确的房屋修缮预算需要哪些工程类相关基础知识？
3. 房屋修缮预算的费用由哪几部分组成？
4. 房屋修缮预算的步骤是哪几步？
5. 到附近小区实地考察房屋公共部位损坏情况，并做出相应的房屋修缮预算。
6. 维修成本管理工作内容包括哪些？

附录A

城乡建设环境保护部批准房屋完损等级评定标准（试行）

【法规标题】城乡建设环境保护部批准房屋完损等级评定标准（试行）
【颁布单位】城乡建设环境保护部
【发文字号】城住字［84］第678号
【颁布时间】1984年11月08日
【生效时间】1985年01月01日

为了统一评定各类房屋的完损等级标准，科学地制定房屋维修计划，尽快地提高房屋完好率，我部委托无锡市房地产管理局编写了《房屋完损等级评定标准》，现批准自1985年1月1日起在房地产管理所试行。

1 引 言

1.1 为使房地产管理部门掌握各类房屋的完损情况，并为房屋技术管理和修缮计划的安排以及城市规划、改造提供基础资料和依据，特制订本标准。

1.2 本标准适用于房地产管理部门经营的房屋。对单位自管房（不包括工业建筑）或私房进行鉴定、管理时，其完损等级的评定，也可适用本标准。在评定古典建筑的完损等级时，本标准可作参考。

1.3 对现有房屋原设计质量和原使用功能的鉴定，不属本标准的评定范围。

2 一般规定

2.1 房屋按常用结构分成下列各类。

a. 钢筋混凝土结构——承重的主要结构是用钢筋混凝土建造的（钢或钢筋混凝土结构参照列入）。

b. 混合结构——承重的主要结构是用钢筋混凝土和砖木建造的。

c. 砖木结构——承重的主要结构是用砖木建造的。

d. 其他结构——承重的主要结构是用竹木、砖石、土建造的简易房屋。

2.2 房屋完损状况，根据各类房屋的结构、装修、设备等组成部分的完好、损坏程度，分成下列各类：

a. 完好房；

b. 基本完好房；

c. 一般损坏房；

d. 严重损坏房；

e. 危险房。

注：危险房是指承重的主要结构严重损坏，影响正常使用，不能确保住用安全的房屋。其评定标准另定。

2.3 各类房屋结构组成为：基础、承重构件、非承重墙、屋面、楼地面。装修组成分为：门窗、外抹灰、内抹灰顶棚、细木装修。设备组成分为：水卫、电照、暖气及特种设备（如消防栓、避雷装置等）。

2.4 有抗震设防要求的地区，在划分房屋完损等级时应结合抗震能力进行评定。

2.5 房地产管理部门在统计房屋完好率时，应按本标准所确定的完好房和基本完好房一并计算。

2.6 凡新接管和经过修缮后的房屋应按本标准重新评定完损等级。

结合房屋的定期普查鉴定，亦应调整房屋的完损等级。

2.7 房屋完损等级的评定，一般以幢为评定单位，一律以建筑面积（平方米）为计量单位。

3 房屋完损标准

3.1 完好标准

3.1.1 结构部分

3.1.1.1 地基基础：有足够承载能力，无超过允许范围的不均匀沉降。

3.1.1.2 承重构件：梁、柱、墙、板、屋架平直牢固，无倾斜变形、裂缝、松动、腐朽、蛀蚀。

3.1.1.3 非承重墙：

a. 预制墙板节点安装牢固，拼缝处不渗漏；

b. 砖墙平直完好，无风化破损；

c. 石墙无风化弓凸；

d. 木、竹、芦帘、苇箔等墙体完整无破损。

3.1.1.4 屋面：不渗漏（其他结构房屋以不漏雨为标准），基层平整完好，积尘甚少，排水畅通。

a. 平屋面防水层、隔热层、保温层完好。

b. 平瓦屋面瓦片搭接紧密，无缺角、裂缝瓦（合理安排利用除外），瓦出线完好。

c. 青瓦屋面瓦垄顺直，搭接均匀，瓦头整齐，无碎瓦，节筒俯瓦灰梗牢固。

d. 铁皮屋面安装牢固，铁皮完好，无锈蚀。

e. 石灰炉渣、青灰屋面光滑平整，油毡屋面牢固无破洞。

3.1.1.5 楼地面：

a. 整体面层平整完好，无空鼓、裂缝、起砂；

b. 木楼地面平整坚固，无腐朽、下沉，无较多磨损和稀缝；

c. 砖、混凝土块料面层平整，无碎裂；

d. 灰土地面平整完好。

3.1.2 装修部分

3.1.2.1 门窗：完整无损，开关灵活，玻璃、五金齐全，纱窗完整，油漆完好（允许有个别钢门、窗轻度锈蚀，其他结构房屋无油漆要求）。

3.1.2.2 外抹灰：完整牢固，无空鼓、剥落、破损和裂缝（风裂除外），勾缝砂浆密实。其他结构房屋以完整无破损为标准。

3.1.2.3 内抹灰：完整、牢固，无破损、空鼓和裂缝（风裂除外）；其他结构房屋以完整无破损为标准。

3.1.2.4 顶棚：完整牢固，无破损、变形、腐朽和下垂脱落，油漆完好。

3.1.2.5 细木装修：完整牢固，油漆完好。

3.1.3 设备部分

3.1.3.1 水卫：上、下水管道畅通，各种卫生器具完好，零件齐全无损。

3.1.3.2 电照：电器设备、线路、各种照明装置完好牢固，绝缘良好。

3.1.3.3 暖气：设备、管道、烟道畅通、完好，无堵、冒、漏，使用正常。

3.1.3.4 特种设备：现状良好，使用正常。

3.2 基本完好标准

3.2.1 结构部分

3.2.1.1 地基基础：有承载能力，稍有超过允许范围的不均匀沉降，但已稳定。

3.2.1.2 承重构件：有少量损坏，基本牢固。

a. 钢筋混凝土个别构件有轻微变形、细小裂缝，混凝土有轻度剥落、露筋。

b. 钢屋架平直不变形，各节点焊接完好，表面稍有锈蚀，钢筋混凝土屋架无混凝土剥落，节点牢固完好，钢杆件表面稍有锈蚀，木屋架的各部件，节点连接基本完好，稍有隙缝，铁件齐全，有少量生锈。

c. 承重砖墙（柱）、砌块有少量细裂缝。

d. 木构件稍有变形、裂缝、倾斜，个别节点和支撑稍有松动，铁件稍有锈蚀。

e. 竹结构节点基本牢固，轻度蛀蚀，铁件稍锈蚀。

3.2.1.3 非承重墙：有少量损坏，但基本牢固。

a. 预制墙板稍有裂缝、渗水、嵌缝不密实，间隔墙面层稍有破损。

b. 外砖墙面稍有风化，砖墙体轻度裂缝，勒脚有侵蚀。

c. 石墙稍有裂缝、弓凸。

d. 木、竹、芦帘，苇箔等墙体基本完整，稍有破损。

3.2.1.4 屋面：局部渗漏，积尘较多，排水基本畅通。

a. 平屋面隔热层、保温层稍有损坏，卷材防水层稍有空鼓、翘边和封口不严，刚性防水层稍有龟裂，块体防水层稍有脱壳。

b. 平瓦屋面少量瓦片裂碎、缺角、风化、瓦出线稍有裂缝。

c. 青瓦屋面瓦垄少量不直，少量瓦片破碎，节筒俯瓦有松动，灰梗有裂缝，屋脊抹灰有裂缝。

d. 铁皮屋面少量咬口或嵌缝不严实，部分铁皮生锈，油漆脱皮。

e. 石灰炉渣、青灰屋面稍有裂缝，油毡屋面少量破洞。

3.2.1.5 楼地面：

a. 整体面层稍有裂缝、空鼓、起砂；

b. 木楼地面稍有磨损和稀缝，轻度颤动；

c. 砖、混凝土块料面层磨损起砂，稍有裂缝、空鼓；

d. 灰土地面有磨损、裂缝。

3.2.2 装修部分

3.2.2.1 门窗：少量变形、开关不灵，玻璃、五金、纱窗少量残缺，油漆失光。

3.2.2.2 外抹灰：稍有空鼓、裂缝、风化、剥落，勾缝砂浆水量酥松脱落。

3.2.2.3 内抹灰：稍有空鼓、裂缝、剥落。

3.2.2.4 顶棚：无明显变形、下垂，抹灰层稍有裂缝，面层稍有脱钉、翘角、松动，压条有脱落。

3.2.2.5 细木装修：稍有松动、残缺，油漆基本完好。

3.2.3 设备部分

3.2.3.1 水卫：上、下水管道基本畅通，卫生器具基本完好，个别零件残缺损坏。

3.2.3.2 电照：电气设备、线路、照明装置基本完好，个别零件损坏。

3.2.3.3 暖气：设备、管道、烟道基本畅通，稍有锈蚀，个别零件损坏，基本能正常使用。

3.2.3.4 特种设备：现状基本良好，能正常使用。

3.3 一般损坏标准

3.3.1 结构部分

3.3.1.1 地基基础：局部承载能力不足，有超过允许范围的不均匀沉降，对上部结构稍有影响。

3.3.1.2 承重构件：有较多损坏，强度已有所减弱。

a. 钢筋混凝土构件有局部变形、裂缝，混凝土剥落、露筋锈蚀、变形、裂缝值稍超过设计规范的规定；混凝土剥落面积占全部面积的10%以内，露筋锈蚀。

b. 钢屋架有轻微倾斜或变形，少数支撑部件损坏，锈蚀严重，钢筋混凝土屋架有剥落、露筋，钢杆有锈蚀；木屋架有局部腐朽、蛀蚀，个别节点连接松动，木质有裂缝、变形、倾斜等损坏，铁件锈蚀。

c. 承重墙体（柱）、砌块有部分裂缝、倾斜、弓凸、风化、腐蚀和灰缝酥松等损坏。

d. 木构件局部有倾斜、下垂、侧向变形，腐朽，裂缝，少数节点松动、脱榫，铁件锈蚀。

e. 竹构件个别节点松动，竹材有部分开裂、蛀蚀、腐朽、局部构件变形。

3.3.1.3 非承重墙：有较多损坏，强度减弱。

a. 预制墙板的边、角有裂缝，拼缝处嵌缝料部分脱落，有渗水，间隔墙层局部损坏。

b. 砖墙有裂缝、弓凸、倾斜、风化、腐朽，灰缝有酥松，勒脚有部分侵蚀剥落。

c. 石墙部分开裂、弓凸、风化、砂浆酥松，个别石块脱落。

d. 木、竹、芦帘墙体部分严重破损，土墙稍有倾斜，硝碱。

3.3.1.4 屋面：局部漏雨，木基层局部腐朽、变形、损坏，钢筋混凝土屋板局部下滑，屋面高低不平，排水设施锈蚀、断裂。

a. 平屋面保温层、隔热层较多损坏，卷材防水层部分有空鼓、翘边和封口脱开，刚性防水层部分有裂缝、起壳，块体防水层部分有松动、风化、腐蚀。

b. 平瓦屋面部分瓦片有破碎、风化，瓦出线严重裂缝、起壳，脊瓦局部松动、破损。

c. 青瓦屋面部分瓦片风化、破碎、翘角，瓦垄不顺直，节筒俯瓦破碎残缺，灰梗部分脱落，屋脊抹灰有脱落，瓦片松动。

d. 铁皮屋面部分咬口或嵌缝不严实，铁皮严重锈烂。

e. 石灰炉渣、青灰屋面，局部风化脱壳、剥落，油毡屋面有破洞。

3.3.1.5 楼地面：

a. 整体面层部分裂缝、空鼓、剥落，严重起砂；

b. 木楼地面部分有磨损、蛀蚀、翘裂、松动、稀缝，局部变形下沉，有颤动；

c. 砖、混凝土块料面层磨损，部分破损、裂缝、脱落，高低不平；

d. 灰土地面坑洼不平。

3.3.2 装修部分

3.3.2.1 门窗：木门窗部分翘裂，榫头松动，木质腐朽，开关不灵；钢门、窗部分铁胀变形、锈蚀，玻璃、五金、纱窗部分残缺；油漆老化翘皮、剥落。

3.3.2.2 外抹灰：部分有空鼓、裂缝、风化、剥落，勾缝砂浆部分松酥脱落。

3.3.2.3 内抹灰：部分空鼓、裂缝、剥落。

3.3.2.4 顶棚：有明显变形、下垂，抹灰层局部有裂缝，面层局部有脱钉、翘角、松动，部分压条脱落。

3.3.2.5 细木装修：木质部分腐朽、蛀蚀、破裂；油漆老化。

3.3.3 设备部分

3.3.3.1 水卫：上、下水道不够畅通，管道有积垢、锈蚀，个别滴、漏、冒；卫生器具零件部分损坏、残缺。

3.3.3.2 电照：设备陈旧，电线部分老化，绝缘性能差，少量照明装置有损坏、残缺。

3.3.3.3 暖气：部分设备、管道锈蚀严重，零件损坏，有滴、冒、跑现象，供气不正常。

3.3.3.4 特种设备：不能正常使用。

3.4 严重损坏标准

3.4.1 结构部分

3.4.1.1 地基基础：承载能力不足，有明显不均匀沉降或明显滑动、压碎、折断、冻酥、腐蚀等损坏，并且仍在继续发展，对上部结构有明显影响。

3.4.1.2 承重构件：明显损坏，强度不足。

a. 钢筋混凝土构件有明显下垂变形、裂缝，混凝土剥落和露筋锈蚀严重，下垂变形、裂缝值超过设计规范的规定，混凝土剥落面积占全面积的10%以上。

b. 钢屋架明显倾斜或变形，部分支撑弯曲松脱，锈蚀严重，钢筋混凝土屋架有倾斜，混凝土严重腐蚀剥落、露筋锈蚀，部分支撑损坏，连接件不齐全，钢杆锈蚀严重；木屋架端节点腐朽、蛀蚀，节点连接松动，夹板有裂缝，屋架有明显下垂或倾斜，铁件严重锈蚀，支撑松动。

c. 承重墙体（柱）、砌块强度和稳定性严重不足，有严重裂缝、倾斜、弓凸、风化、腐蚀和灰缝严重酥松损坏。

d. 木构件严重倾斜、下垂、侧向变形、腐朽、蛀蚀、裂缝，木质脆枯，节点松动，榫头折断拔出、榫眼压裂，铁件严重锈蚀和部分残缺。

e. 竹构件节点松动、变形，竹材弯曲断裂、腐朽，整个房屋倾斜变形。

3.4.1.3 非承重墙：有严重损坏，强度不足。

a. 预制墙板严重裂缝、变形，节点锈蚀，拼缝嵌料脱落，严重漏水，间隔墙立筋松动、断裂，面层严重破损。

b. 砖墙有严重裂缝、弓凸、倾斜、风化、腐蚀，灰缝酥松。

c. 石墙严重开裂、下沉、弓凸、断裂，砂浆酥松，石块脱落。

d. 木、竹、芦帘、苇箔等墙体严重破损，土墙倾斜、硝碱。

3.4.1.4 屋面：严重漏雨。木基层腐烂、蛀蚀、变形损坏，屋面高低不平，排水设施严重锈蚀、断裂、残缺不全。

a. 平屋面保温层、隔热层严重损坏，卷材防水层普遍老化、断裂、翘边和封口脱开、流淌，刚性防水层严重开裂、起壳、脱落，块体防水层严重松动、腐蚀、破损。

b. 平瓦屋面瓦片凌乱不落槽，严重破碎、风化，瓦出线破损、脱落，脊瓦严重松动破损。

c. 青瓦屋面瓦片凌乱、风化、碎瓦多，瓦垄不直、脱脚，节筒俯瓦严重脱落残缺，灰梗脱落，屋脊严重损坏。

d. 铁皮屋面严重锈烂，变形下垂。

e. 石灰炉渣、青灰屋面大部冻鼓、裂缝、脱壳、剥落，油毡屋面严重老化，大部分损坏。

3.4.1.5 楼地面：

a. 整体面层严重起砂、剥落、裂缝、沉陷、空鼓；

b. 木楼地面有严重磨损、蛀蚀、翘裂、松动、稀缝、变形下沉，颤动；

c. 砖、混凝土块料面层严重脱落、下沉、高低不平、破碎、残缺不全；

d. 灰土地面严重坑洼不平。

3.4.2 装修部分

3.4.2.1 门窗：木质腐朽，开关普遍不灵，榫头松动、翘裂，钢门、窗严重变形锈蚀，玻璃、五金、纱窗残缺，油漆剥落见底。

3.4.2.2 外抹灰：严重空鼓、裂缝、剥落，墙面渗水，勾缝砂浆严重松酥脱落。

3.4.2.3 内抹灰：严重空鼓、裂缝、剥落。

3.4.2.4 顶棚：严重变形下垂，木筋弯曲翘裂、腐朽、蛀蚀，面层严重破损，压条脱落，油漆见底。

3.4.2.5 细木装修：木质腐朽、蛀蚀、破裂，油漆老化见底。

3.4.3 设备部分

3.4.3.1 水卫：下水道严重堵塞、锈蚀、漏水；卫生器具零件严重损坏、残缺。

3.4.3.2 电照：设备陈旧残缺，电线普遍老化、凌乱，照明装置残缺不齐，绝缘不符合安全用电要求。

3.4.3.3 暖气：设备、管道锈蚀严重，零件损坏、残缺不齐，跑、冒、滴现象严重，基本上已无法使用。

3.4.3.4 特种设备：严重损坏，已无法使用。

4 房屋完损等级评定方法

4.1 钢筋混凝土结构、混合结构、砖木结构房屋完损等级评定方法。

4.1.1 凡符合下列条件之一者可评为完好房

4.1.1.1 结构、装修、设备部分各项完损程度符合完好标准。

4.1.1.2 在装修、设备部分中有一、二项完损程度符合基本完好的标准，其余符合完好标准。

4.1.2 凡符合下列条件之一者可评为基本完好房

4.1.2.1 结构、装修、设备部分各项完损程度符合基本完好标准。

4.1.2.2 在装修、设备部分中有一、二项完损程度符合一般损坏的标准，其余符合基本完好以上的标准。

4.1.2.3 结构部分除基础、承重构件、屋面外，可有一项和装修或设备部分中的一项符合一般损坏标准，其余符合基本完好以上标准。

4.1.3 凡符合下列条件之一者可评为一般损坏房

4.1.3.1 结构、装修、设备部分各项完损程度符合一般损坏的标准。

4.1.3.2 在装修、设备部分中有一、二项完损程度符合严重损坏标准，其余符合一般损坏以上标准。

4.1.3.3 结构部分除基础、承重构件、屋面外，可有一项和装修或设备部分中的一项完损程度符合严重损坏的标准，其余符合一般损坏以上标准。

4.1.4 凡符合下列条件之一者可评为严重损坏房

4.1.4.1 结构、装修、设备部分各项完损程度符合严重损坏标准。

4.1.4.2 在结构、装修、设备部分中有少数项目完损程度符合一般损坏标准，其余符合严重损坏的标准。

4.2 其他结构房屋完损等级评定方法

4.2.1 结构、装修、设备部分各项完损程度符合完好标准的，可评为完好房。

4.2.2 结构、装修、设备部分各项完损程度符合基本完好标准，或者有少量项目完损程度符合完好标准的，可评为基本完好房。

4.2.3 结构、装修、设备部分各项完损程度符合一般损坏标准，或者有少量项目完损程度符合基本完好标准的，可评为一般损坏房。

4.2.4 结构、装修、设备部分各项完损程度符合严重损坏标准，或者少量项目完损程度符合一般损坏标准的，可评为严重损坏房。

附录B

房屋接管验收参考标准

一、梁柱、板主体

1. 按图纸设计逐间检查无变形、弓凸、剥落、开裂、倾斜、移位和非收缩性裂缝。
2. 无钢筋外露。

二、顶棚

1. 抹灰面平整，面层涂料均匀、无漏刷、无脱皮。
2. 无裂纹、无霉点、无渗水痕迹、无污渍。

三、墙面

1. 抹灰面平整，面层涂料均匀、无漏刷、无面层剥落、无明显裂缝、无污渍。
2. 块料（如瓷砖）面层：
   a. 粘贴牢固，无缺棱掉角；
   b. 面层无裂纹、损伤，色泽一致；
   c. 对缝砂浆饱满、线条须直；
   d. 外墙面无裂纹、起砂、麻面等缺陷，无渗水现象。

四、地（楼）面

1. 毛地面：平整、无裂纹。
2. 块料（如瓷砖）面层：
   a. 粘贴牢固，无缺棱掉角；
   b. 面层无裂纹、损伤，色泽一致，对缝线条须直；
   c. 对缝砂浆饱满，线条须直。
3. 水泥砂浆面层：抹灰平整，压光均匀无空鼓、无裂纹、无起泡等缺陷。
4. 卫生间、厨房和前后阳台地面：
   a. 用小桶塑料胶管向地面冲倒水，观察水准确流向地漏，不应有积水，倒泛水；
   b. 第二天到楼下检查楼面无渗漏。

五、门窗

1. 开启自如，手轻摇晃门窗与墙面接触牢固，无晃动和裂缝出现；目视零配件装配齐全，位置准确，无翘曲变形。

2. 从室内轻摇晃门锁与门连接牢固，开启灵活。

3. 木门油漆均匀，观察门缝线条均匀，不掉角，无变形。

4. 单指轻击玻璃安装牢固，无轻微晃动现象，玻璃胶缝密实，玻璃面层无裂缝，无损伤和刮花痕迹。

5. 电子对讲门：

a. 开启灵活，通话器完好无损，通话清楚；

b. 不锈钢门无刮花痕迹；

6. 防盗铁门无锈迹和刮花痕迹。

7. 窗台泛水正常，无向室内倒流缺陷。

六、楼梯、扶手

1. 钢结构的楼梯：无裂缝，无面层剥落，钢筋无外露。

2. 钢木结构的楼梯：

a. 用力轻摇晃动，无弯曲；

b. 钢筋无锈蚀，无弯曲；

c. 木块表面无龟裂，无油漆脱落，色泽一致，表面平滑，不扎手。

七、插座

1. 电器插座，单指轻击检查盖板安装牢固，无晃动并紧贴墙面；盖板无损坏，符合安全要求。用试电笔检查每个插座电源接通是否正常。

2. 天线插座，单指轻击盖板安装牢固，盖板无损坏（收视效果由业主入住后检查）。

3. 电话插座，只进行外观验收，单指轻击盖板安装牢固，盖板无损坏。

八、接线盒

1. 单指轻击盖板安装牢固，目视盖板无损坏。

2. 用试电笔检查每处预留线头的电源接通是否正常，并用电胶布安全缠包线头。

九、开关

1. 安装牢固，目视盖板无损坏。

2. 全检开关灵活，开启接触效果良好。

十、照明灯具

1. 用木或硬竹片等碰灯具无轻微摇晃，与楼面紧贴，零配件齐全，灯罩完好无损。

2. 打开所有灯具，检查电源接通是否正常、灯具发光是否正常。

3. 产品合格，使用寿命达到要求，室内公共照明灯全部接通。连续工作 3 天，统计有多少自然损坏的。

十一、供水系统

1. 安装牢固摇晃，打开每栋的供水总阀门（注意关闭室内的水阀），管道完好无损，无渗漏水、无锈迹。

2. 管道接头无渗水。

3. 水龙头（花洒和水阀）：打开水阀，流水畅通，接头无漏水。

十二、排污管道（含塑料管）

1. 安装牢固，外观完好无损，配件齐全。

2. 从楼上的各排水口注水，楼下目视管道接口密实无渗水，楼上排水畅通无阻。

十三、地漏

地滤铁网安放稳固、管道密实、无渗漏水、无堵塞、排水畅通。

十四、卫生洁具

1. 安装牢固，配件齐全，完好无损，无面层污迹和刮花痕迹。

2. 灌水后排水口接口密实，无渗水，接水软管无锈迹。

3. 便器：水箱冲水正常，不堵塞，冲水畅通。

十五、室内配电箱

1. 安装牢固，配件齐全，口试操作一次空气开关等控制是否正常。

2. 开关符合型号规定。

3. 导线与设计相符，布线规范。

4. 目视箱盖无损坏，操作一次开关灵活。

十六、其他

1. 晾衣钩，室内吊扇挂钩。

用软线等套住挂钩用力拉时，安装牢固，无摇晃，目视钢筋挂钩表面无裂纹，弯处无裂缝。

2. 水表、电表和石油气表。

安装牢固，无摇晃，打开室内水阀看表内读数运转是否正常，目视外观完好无损，镜面玻璃无损伤。

物业管理接管验收应收资料

一、项目建设资料

1. 《国家建设征用土地通知书》及红线图　　复印件
2. 同意使用土地通知书　　复印件
3. 建设用地批准书　　复印件
4. 固定资产投资许可证　　复印件
5. 建设工程规划许可证　　复印件
6. 市规划局《建设工程报建审核书》　　复印件
7. 规划报建图　　复印件
8. 建筑设计防火审核意见书　　复印件
9. 物业各分项工程设计方案　　复印件
10. 建设工程规划验收合格证　　复印件
11. 建设工程竣工验收质量认定书　　复印件
12. 建筑工程竣工消防审核意见书　　复印件
13. 单位工程质量综合评定表　　复印件
14. 工程建筑埋放线、验线、验收意见书　　复印件
15. 公共安全技术防范工程设施使用证　　复印件
16. 通信管线等各分项工程竣工验收书/验收报告　　复印件
17. 供水协议书　　复印件
18. 供用电合同　　复印件
19. 同意供电通知　　复印件
20. 申请门牌呈批表　　复印件
21. 通邮申报表　　复印件
22. 其他相关资料

二、物业产权资料

1. 拆迁资料　　复印件
2. 销售资料（业主、产权、位置、建筑面积等）　　复印件
3. 其他相关资料

三、建筑工程技术资料

1. 地质勘察报告　　复印件
2. 工程合同及开、竣工报告　　复印件
3. 建筑施工图（结构、建施、水施、电施、防雷、弱电等）　　原件
4. 图纸会审记录　　复印件
5. 工程设计变更通知（包括质量事故处理记录）　　复印件
6. 隐蔽工程验收签证　　复印件
7. 沉降观察记录　　复印件
8. 竣工验收证明书　　复印件
9. 主要建筑材料质量保证书（钢材、水泥等）　　复印件
10. 新材料、构配件的鉴定合格证书　　复印件
11. 砂浆、混凝土试块试压报告　　复印件
12. 建筑竣工图（包括总平面图、建筑、结构、水、电、防雷、弱电、设备安装、附属工程及隐蔽管线等）　　原件
13. 其他项目竣工图（绿化、景观、二次装修等）　　原件
14. 各分项工程施工单位资料　　复印件
15. 各分项工程/隐蔽工程验收表/测试报告　　复印件
16. 其他相关资料

四、设备资料——供电系统

1. 供电系统设备购买、安装合同　　复印件
2. 供电系统设备制造、安装单位、维护单位资料　　复印件
3. 供电系统设备产权所有者及用户的名称和地址　　复印件
4. 高低压配电柜、变压器、直流控制屏等设备参数（型号、数量、重量、额定电压、电流、频率等）　　原件
5. 高低压配电柜、变压器、直流控制屏等设备随机资料（安装使用说明书、技术图纸、机房布置图、产品合格证、安装配件清单等）　　原件
6. 高低压配电柜、变压器、直流控制屏等设备主要配件资料（生产单位、技术参数、说明书、产品合格证等）　　原件
7. 高低压配电柜、变压器、直流控制屏等设备试运行检验记录、运行许可证　　原件
8. 配电箱、电缆、插接母线、电表等资料（生产单位、技术参数、说明书、检测报告、产品合格证等）　　原件
9. 灯具、末端用电器具资料（生产单位、技术参数、说明书、产品合格证等）　　原件
10. 配套装置、仪表、电度表资料（检验记录、测试报告、原始数据记录等）　　复印件

11. 其他相关资料

五、设备资料——给排水系统

1. 给排水系统设备购买、安装合同　　复印件
2. 给排水系统设备制造、安装单位、维护单位资料　　复印件
3. 给排水系统设备产权所有者及用户的名称和地址　　复印件
4. 水泵等配套设备参数（型号、额定功率、扬程、编号等）　原件
5. 设备随机资料（安装使用说明书、维护保养手册、机房布置图、产品合格证、随机配件清单、主要配件资料等）　　原件
6. 设备运行检验记录、管道水压及闭水试验记录、给水管道的冲洗及消毒记录　原件
7. 主要材料和制品的合格证或试验记录　复印件
8. 配套装置、仪表、水表资料（检验记录、测试报告、原始数据记录等）　复印件
9. 水、暖、卫生器具检验合格证书　　原件
10. 其他相关资料

六、设备资料——电梯系统

1. 电梯设备购买安装合同　　复印件
2. 电梯制造、安装单位、维护单位资料　　复印件
3. 电梯产权所有者及用户的名称和地址　　复印件
4. 电梯设备参数（型号、数量、额定载重、额定速度、乘客数、电梯行程、层站数、轿厢及对重的质量、机器编号等）　　原件
5. 随机资料（安装使用说明书、维护保养手册、电梯机房井道布置图、产品合格证、随机配件清单、主要配件资料等）　　原件
6. 设备安装调试记录　原件
7. 电梯设备检验记录、运行许可证　　原件
8. 国家特种设备档案　　复印件
9. 其他相关资料

七、设备资料——消防系统

1. 消防设备购买安装合同　　复印件
2. 消防设备制造、安装单位、维护单位资料　　复印件
3. 消防设备产权所有者及用户的名称和地址　　复印件
4. 消防自动报警、消防广播、消防栓、消防喷淋等设备参数（型号、数量、水泵额定功率、扬程等）　原件
5. 随机资料（安装使用说明书、维护保养手册、机房布置图、产品合格证、随机配件

清单、主要配件资料等） 原件

6. 设备、仪表调试运行检验记录、管道冲洗、水压及闭水试验检验记录 复印件

7. 消防系统主要材料和制品的合格证或试验记录 复印件

8. 消防验收合格证书 复印件

9. 其他相关资料

八、设备资料——弱电系统

1. 弱电系统设备购买、安装合同 复印件

2. 弱电系统设备制造、安装单位、维护单位资料 复印件

3. 弱电系统设备参数（系统、型号、规格、数量） 原件

4. 弱电系统随机资料（安装使用说明书、维护保养手册、产品合格证、随机配件清单、主要配件资料等） 原件

5. 弱电系统设备调试运行检验记录、安装检验合格证书、智能化等设备国家许可使用证明 原件

6. 宽频接入协议 复印件

7. 有线电视及电话协议 复印件

8. 其他相关资料

附录 C

建设部房屋接管验收标准

【颁布单位】建设部
【颁布日期】19910204
【实施日期】19910701
【失效日期】
【内容分类】房地产管理
【文号】建设部建标（1991）第69号

1991年2月4日国家建设部以建标（91）69号文发布了ZAP30001－90《房屋接管验收标准》，并于1991年7月1日起实施。《标准》全文如下。

1 主题内容与适用范围

1.1 为确保房屋住用的安全和正常的使用功能。明确在房屋接管验收中交接双方应遵守的事项，特制定本标准。

1.2 凡按规定交房管部门接管的房屋，应按本标准执行；依法代管、依约托管和单位自有房屋的接管，可参照本标准执行。

1.3 本标准主要适用于一般民用建筑的接管验收，对工业建筑、大型公共建筑、文物保护建筑及某些有特殊设备和使用要求的建筑的接管验收可参照使用。

2 引用标准

GBJ 7 建筑地基基础设计规范
GBJ 10 钢筋混凝土结构设计规范
GBJ 11 建筑抗震设计规范
GBJ 14 室外排水设计规范
GBJ 16 建筑设计防火规范
GBJ 45 高层民用建筑设计防火规范
GBJ 206 木结构工程施工及验收规范
GBJ 207 屋面工程施工及验收规范
GBJ 232 电气装置安装工程施工及验收规范
GBJ 242 采暖与卫生工程施工及验收规范
GBJ 13 危险房屋鉴定标准

3 术语和定义

3.1 本标准提及的“接管验收”，主要是指地方政府设置的房屋管理部门（以下简称“房管部门”）对接管建设单位移交的新建房屋和实行产权转移的原有房屋进行的验收。

3.2 本标准提及的“凡按规定交房管部门接管的房屋”，主要是指中央或地方政府投资建造并决定由房管部门直接管理的房屋。市、县政府用收取的住宅建设配套费建造的房屋。征（拨）地拆迁安置中按规定把产权划归政府的房屋。人民法院依法判决没收并通知接管的房屋，以及其他应由政府接收并决定交房管部门接管的房屋。

3.3 新建房屋

建成后未经确认产权的房屋。

3.4 原有房屋

已取得房屋所有权证，并已投入使用的房屋。

4 新建房屋的接管验收

4.1 新建房屋的接管验收，是在竣工验收合格的基础上，以主体结构安全和满足使用功能为主要内容的再检验。

4.2 接管验收应具备的条件：

a. 建设工程全部施工完毕，并已经竣工验收合格；

b. 供电、采暖、给排水、卫生、道路等设备和设施能正常使用；

c. 房屋幢、户编号已经有关部门确认。

4.3 接管验收应检索提交的资料

4.3.1 产权资料：

a. 项目批准文件；

b. 用地批准文件；

c. 建筑执照；

d. 拆迁安置资料。

4.3.2 技术资料：

a. 竣工图——包括总平面、建筑、结构、设备、附属工程及隐蔽管线的全套图纸；

b. 地质勘察报告；

c. 工程合同及开、竣工报告；

d. 工程预决算；

e. 图纸会审记录；

f. 工程设计变更通知及技术核定单（包括质量事故处理记录）；

g. 隐蔽工程验收签证；

h. 沉降观察记录；

i. 竣工验收证明书；

j. 钢材、水泥等主要材料的质量保证书；

k. 新材料、构配件的鉴定合格证书；

l. 水、电、采暖、卫生器具、电梯等设备的检验合格证书；

m. 砂浆、混凝土试块试压报告；

n. 供水、供暖的试压报告。

4.4 接管验收程序

4.4.1 建设单位书面提请接管单位接管验收。

4.4.2 接管单位按“4.2”和“4.3”条进行审核，对具备条件的，应在15日内签发验收通知并约定验收时间。

4.4.3 接管单位会同建设单位按“4.5”条进行检验。

4.4.4 对验收中发现的质量问题，按4.6.1和4.6.2条处理。

4.4.5 经检验符合要求的房屋，接管单位应签署验收合格凭证，签发接管文件。

4.5 质量与使用功能的检验

4.5.1 主体结构

4.5.1.1 地基基础的沉降不得超过GBJ 7的允许变形值；不得引起上部结构的开裂或相邻房屋的损坏。

4.5.1.2 钢筋混凝土构件产生变形、裂缝，不得超过GBJ 10的规定值。

4.5.1.3 砖石结构必须有足够的强度和刚度。不允许有明显裂缝。

4.5.1.4 木结构应结点牢固、支撑系统可靠，无蚁害，其构件的选材必须符合GBJ 206中2.1.1条的有关规定。

4.5.1.5 凡应抗震设防的房屋，必须符合GBJ 11的有关规定。

4.5.2 外墙不得渗水

4.5.3 屋面

4.5.3.1 各类屋面必须符合GBJ 207中4.0.6条的规定，排水畅通，无积水、不渗漏。

4.5.3.2 平屋面应有隔热保温措施，三层以上房屋在公用部位应设置屋面检修孔。

4.5.3.3 阳台和三层以上房屋的屋面应有组织排水、出水口，檐沟、落水管应安装牢固、接口严密，不渗漏。

4.5.4 楼地面

4.5.4.1 面层与基层必须黏结牢固，不空鼓、整体面层平整、不允许有裂缝、脱皮和起砂等缺陷；块料面层应表面平整，接缝均匀顺直，无缺棱掉角。

4.5.4.2 卫生间、阳台、盥洗间地面与相邻地面的相对标高应符合设计要求，不应有积水，不允许倒泛水和渗漏。

4.5.4.3 木楼地面应平整牢固，接缝密合。

4.5.5 装修

4.5.5.1 钢木门窗应安装平正牢固，无翘曲变形，开关灵活，零配件装配齐全，位置准确，钢门窗缝隙严密，木门窗缝隙适度。

4.5.5.2 进户门不得使用胶合板制作，门锁应安装牢固，底层外窗、楼层公共走道窗，进户门上的亮子均应装设铁栅栏。

4.5.5.3 木装修工程应表面光洁，线条顺直，对缝严密，不露钉帽，与基层必须钉牢。

4.5.5.4 门窗玻璃应安装平整，油灰饱满，粘贴牢固。

4.5.5.5 抹灰应表面平整，不应有空鼓、裂缝和起泡等缺陷。

4.5.5.6 饰面砖应表面洁净，粘贴牢固，阴阳角与线脚顺直，无缺棱掉角。

4.5.5.7 油漆、刷浆应色泽一致，表面不应有脱皮、漏刷现象。

4.5.6 电气

4.5.6.1 电气线路安装应平整、牢固、顺直，过墙应有导管，导线连接必须紧密，铝导线连接不得采用铰接或绑接，采用管子配线时，连接点必须紧密、可靠，使管路在结构上和电气上均连成整体并有可靠的接地。每回路导线间和对地绝缘电阻值不得小于 1 MΩ/kV。

4.5.6.2 应按套安装电表或预留表位，并有电器接地装置。

4.5.6.3 照明器具等低压电器安装支架必须牢固，部件齐全，接触良好，位置正确。

4.5.6.4 各种避雷装置的所有连接点必须牢固可靠，接地电阻值必须符合 GBJ 232 的要求。

4.5.6.5 电梯应能准确地启动运行、选层、平层、停层，曳引机的噪声和震动声不得超过 GBJ 232 的规定值。制动器、限速器及其他安全设备应动作灵敏可靠。安装的隐蔽工程、试运转记录、性能检测记录及完整的图纸资料均应符合要求。

4.5.6.6 对电视信号有屏蔽影响的住宅，电视信号场强微弱或被高层建筑遮挡及反射波复杂地区的住宅，应设置电视共用天线。

4.5.6.7 除上述要求外，同时应符合地区性“低压电气装置规程”的有关要求。

4.5.7 水卫消防

4.5.7.1 管道应安装牢固，控制部件启闭灵活，无滴漏。水压试验及保温、防腐措施必须符合 GBJ 242 的要求，应按套安装水表或预留表位。

4.5.7.2 高位水箱进水管与水箱检查口的设置应便于检修。

4.5.7.3 卫生间、厨房内的排污管应分设，出户管长不宜超过 8m，并不应使用陶瓷管、壁料管。地漏、排污管接口、检查口不得渗漏，管道排水必须流畅。

4.5.7.4 卫生器具质量良好，接口不得渗漏，安装应平正、牢固，部件齐全、制动灵活。

4.5.7.5 水泵安装应平稳、运行时无较大震动。

4.5.7.6 消防设施必须符合 GBJ 16、GBJ 45 的要求，并且有消防部门检验合格签证。

4.5.8 采暖

4.5.8.1 采暖工程的验收时间必须在采暖期以前两个月进行。

4.5.8.2 锅炉、箱罐等压力容器应安装平正、配件齐全、不得有变形、裂纹、磨损、腐蚀等缺陷。安装完毕后，必须有专业部门的检验合格签证。

4.5.8.3 炉排必须进行经 12h 以上试运转。炉排之间、炉排与炉铁之间不得互相摩擦，且无杂音，不跑偏，不凸起，不受卡，返转应自如。

4.5.8.4 各种仪器、仪表应齐全精确，安全装置必须灵敏、可靠，控制阀门应开关灵活。

4.5.8.5 炉门、灰门、煤斗闸板、烟、风档板应安装平正、启闭灵活，闭合严密，风室隔墙不得透风漏气。

4.5.8.6 管道的管径、坡度及检查井必须符合 GBJ 242 的要求。管沟大小及管道排列应便于维修，管架、支架、吊架应牢固。

4.5.8.7 设备、管道不应有跑、冒、滴、漏现象。保温、防腐措施必须符合 GBJ 242 的规定。

4.5.8.8 锅炉辅机应运转正常，无杂音。消烟除尘、消音减震设备应齐全。水质、烟尘排放浓度应符合环保要求。

4.5.8.9 经过 48h 连续试运行，锅炉和附属设备的热工、机械性能及采暖区室温必须符合设计要求。

4.5.9 附属工程及其他

4.5.9.1 室外排水系统的标高、窨井（检查井）设置，管道坡度、管径均必须符合 GBJ 14 第二章第2.3.4节的要求。管道应顺直且排水通畅。井盖应搁置稳妥并设置井圈。

4.5.9.2 化粪池应按排污量合理设置，池内无垃圾杂物，进出水口高差不得小于5 cm。立管与粪池间的连接管道应有足够坡度，并不应超过两个弯。

4.5.9.3 明沟、散水、落水沟头不得有断裂、积水现象。

4.5.9.4 房屋和入口处必须做室外道路，并与主干道相通，路面不应有积水、空鼓和断裂现象。

4.5.9.5 房屋应按单元设置信报箱，其规格、位置须符合有关规定。

4.5.9.6 挂物钩、晒衣架应安装牢固。烟道、通风道、垃圾道应畅通，无阻塞物。

4.5.9.7 单体工程必须做到工完料净场地清、临时设施及过渡用房拆除清理完毕、室外地面平整、室内外高差符合设计要求。

4.5.9.8 群体建筑应检验相应的市政、公建配套工程和服务设施，达到应有的质量和使用功能要求。

4.6 质量问题的处理

4.6.1 影响房屋结构安全和设备使用安全的质量问题，必须约定期限由建设单位负责进行加固补强返修、直至合格。

影响相邻房屋的安全问题，由建设单位负责处理。

4.6.2 对于不影响房屋结构安全和设备使用安全的质量问题。可约定期限由建设单位负责维修，也可采取费用补偿的办法由接管单位处理。

5 原有房屋的接管验收

5.1 接管验收应具备的条件

a. 房屋所有权、使用权清楚；

b. 土地使用范围明确。

5.2 接管验收应检索提交的资料

5.2.1 产权资料：

a. 房屋所有权证；

b. 土地使用证；

c. 有关司法、公证文书和协议；

d. 房屋分户使用清册；

e. 房屋设备及定、附着物清册。

5.2.2 技术资料：

a. 房地产平面图；

a. 房屋分间平面图；

c. 房屋及设备技术资料。

5.3 接管验收程序

5.3.1 移交人书面提请接管单位接管验收。

5.3.2 接管单位按5.1和5.2条进行审核。对具备条件的，应在15日内签发验收通知并约定验收时间。

5.3.3 接管单位会同移交人按5.4条进行检验。

5.3.4 对检验中发现的危损问题，按5.5条处理。

5.3.5 交接双方共同清点房屋、装修、设备和定、附着物，核实房屋使用状况。

5.3.6 经检验符合要求的房屋，接管单位应签署验收合格凭证，签发接管文件、办理房屋所有权转移登记。

5.3.7 移交人配合接管单位按接管单位的规定与房屋使用人重新建立租赁关系。

5.4 质量与使用功能的检验

5.4.1 以CJ13－86和国家有关规定作检验依据。

5.4.2 从外观检查建筑物整体的变异状态。

5.4.3 检查房屋结构、装修和设备的完好与损坏程度。

5.4.4 查验房屋使用情况（包括建筑年代、用途变迁、拆改添建、装修和设备情况）。评估房屋现有价值，建立资料档案。

5.5 危险和损坏问题的处理

5.5.1 属有危险的房屋，应由移交人负责排险解危后，始得接管。

5.5.2 属有损坏的房屋，由移交人和接管单位协商解决，既可约定期限由移交人负责维修，也可采用其他补偿形式。

5.5.3 属法院判决没收并通知接管的房屋，按法院判决办理。

6 交接双方的责任

6.1 为尽快发挥投资效益，建设单位应按4.2和4.3条的要求提前做好房屋交验准备。房屋竣工后，及时提出接管验收申请，接管单位应在15日内审核完毕、及时签发验收通知并约定时间验收。经检验符合要求，接管单位应在7日内签署验收合格凭证，并应及时签发接管文件，未经接管的新建房屋一律不得分配使用。

6.2 接管验收时，交接双方均应严格按照本标准执行。验收不合格时，双方协商处理办法，并商定时间复验，建设单位应按约返修合格，组织复验。

6.3 房屋接管交付使用后，如发生隐蔽性的重大质量事故，应由接管单位会同建设单位组织设计、施工等单位，共同分析研究，查明原因；如属设计、施工、材料的原因应由建设单位负责处理；如属使用不当、管理不善的原因，则应由接管单位负责处理。

6.4　新建房屋自验收接管之日起，应执行建筑工程保修的有关规定由建设单位负责保修，并应向接管单位预付保修保证金，接管单位在需要时用于代修。保修期满，按实结算，也可以在验收接管时，双方达成协议，建设单位一次性拨付保修费用，由接管单位负责保修，保修保证金和保修费的标准由各地自定。

6.5　新建房屋一经接管，建设单位应负责在三个月内组织办理承租手续，逾期不办，应承担因房屋空置而产生的经济损失和事故责任。

6.6　执行本标准有争议而又不能协商解决时，双方均得申请市、县房地产管理机关进行协调或裁决。

附录 D

建设工程质量管理条例

（2000 年 1 月 10 日国务院第 25 次常务会议通过，2000 年 1 月 30 日中华人民共和国国务院令第 279 号公布，自公布之日起施行）

目　　录

第一章　总　　则

第一条　为了加强对建设工程质量的管理，保证建设工程质量，保护人民生命和财产安全，根据《中华人民共和国建筑法》，制定本条例。

第二条　凡在中华人民共和国境内从事建设工程的新建、扩建、改建等有关活动及实施对建设工程质量监督管理的，必须遵守本条例。

本条例所称建设工程，是指土木工程、建筑工程、线路管道和设备安装工程及装修工程。

第三条　建设单位、勘察单位、设计单位、施工单位、工程监理单位依法对建设工程质量负责。

第四条　县级以上人民政府建设行政主管部门和其他有关部门应当加强对建设工程质量的监督管理。

第五条　从事建设工程活动，必须严格执行基本建设程序，坚持先勘察、后设计、再施工的原则。

县级以上人民政府及其有关部门不得超越权限审批建设项目或者擅自简化基本建设程序。

第六条 国家鼓励采用先进的科学技术和管理方法，提高建设工程质量。

第二章 建设单位的质量责任和义务

第七条 建设单位应当将工程发包给具有相应资质等级的单位。

建设单位不得将建设工程肢解发包。

第八条 建设单位应当依法对工程建设项目的勘察、设计、施工、监理以及与工程建设有关的重要设备、材料等的采购进行招标。

第九条 建设单位必须向有关的勘察、设计、施工、工程监理等单位提供与建设工程有关的原始资料。原始资料必须真实、准确、齐全。

第十条 建设工程发包单位不得迫使承包方以低于成本的价格竞标，不得任意压缩合理工期。建设单位不得明示或者暗示设计单位或者施工单位违反工程建设强制性标准，降低建设工程质量。

第十一条 建设单位应当将施工图设计文件报县级以上人民政府建设行政主管部门或者其他有关部门审查。施工图设计文件审查的具体办法，由国务院建设行政主管部门会同国务院其他有关部门制定。

施工图设计文件未经审查批准的，不得使用。

第十二条 实行监理的建设工程，建设单位应当委托具有相应资质等级的工程监理单位进行监理，也可以委托具有工程监理相应资质等级并与被监理工程的施工承包单位没有隶属关系或者其他利害关系的该工程的设计单位进行监理。

下列建设工程必须实行监理：

（一）国家重点建设工程；

（二）大中型公用事业工程；

（三）成片开发建设的住宅小区工程；

（四）利用外国政府或者国际组织贷款、援助资金的工程；

（五）国家规定必须实行监理的其他工程。

第十三条 建设单位在领取施工许可证或者开工报告前，应当按照国家有关规定办理工程质量监督手续。

第十四条 按照合同约定，由建设单位采购建筑材料、建筑构配件和设备的，建设单位应当保证建筑材料、建筑构配件和设备符合设计文件和合同要求。

建设单位不得明示或者暗示施工单位使用不合格的建筑材料、建筑构配件和设备。

第十五条 涉及建筑主体和承重结构变动的装修工程，建设单位应当在施工前委托原设计单位或者具有相应资质等级的设计单位提出设计方案；没有设计方案的，不得施工。

房屋建筑使用者在装修过程中，不得擅自变动房屋建筑主体和承重结构。

第十六条 建设单位收到建设工程竣工报告后，应当组织设计、施工、工程监理等有关单位进行竣工验收。

建设工程竣工验收应当具备下列条件：

（一）完成建设工程设计和合同约定的各项内容；

（二）有完整的技术档案和施工管理资料；

（三）有工程使用的主要建筑材料、建筑构配件和设备的进场试验报告；

（四）有勘察、设计、施工、工程监理等单位分别签署的质量合格文件；

（五）有施工单位签署的工程保修书。

建设工程经验收合格的，方可交付使用。

第十七条 建设单位应当严格按照国家有关档案管理的规定，及时收集、整理建设项目各环节的文件资料，建立、健全建设项目档案，并在建设工程竣工验收后，及时向建设行政主管部门或者其他有关部门移交建设项目档案。

第三章 勘察、设计单位的质量责任和义务

第十八条 从事建设工程勘察、设计的单位应当依法取得相应等级的资质证书，并在其资质等级许可的范围内承揽工程。

禁止勘察、设计单位超越其资质等级许可的范围或者以其他勘察、设计单位的名义承揽工程。禁止勘察、设计单位允许其他单位或者个人以本单位的名义承揽工程。

勘察、设计单位不得转包或者违法分包所承揽的工程。

第十九条 勘察、设计单位必须按照工程建设强制性标准进行勘察、设计，并对其勘察、设计的质量负责。

注册建筑师、注册结构工程师等注册执业人员应当在设计文件上签字，对设计文件负责。

第二十条 勘察单位提供的地质、测量、水文等勘察成果必须真实、准确。

第二十一条 设计单位应当根据勘察成果文件进行建设工程设计。

设计文件应当符合国家规定的设计深度要求，注明工程合理使用年限。

第二十二条 设计单位在设计文件中选用的建筑材料、建筑构配件和设备，应当注明规格、型号、性能等技术指标，其质量要求必须符合国家规定的标准。

除有特殊要求的建筑材料、专用设备、工艺生产线等外，设计单位不得指定生产厂、供应商。

第二十三条 设计单位应当就审查合格的施工图设计文件向施工单位作出详细说明。

第二十四条 设计单位应当参与建设工程质量事故分析，并对因设计造成的质量事故，提出相应的技术处理方案。

第四章 施工单位的质量责任和义务

第二十五条 施工单位应当依法取得相应等级的资质证书，并在其资质等级许可的范围内承揽工程。

禁止施工单位超越本单位资质等级许可的业务范围或者以其他施工单位的名义承揽工程。禁止施工单位允许其他单位或者个人以本单位的名义承揽工程。

施工单位不得转包或者违法分包工程。

第二十六条　施工单位对建设工程的施工质量负责。

施工单位应当建立质量责任制，确定工程项目的项目经理、技术负责人和施工管理负责人。

建设工程实行总承包的，总承包单位应当对全部建设工程质量负责；建设工程勘察、设计、施工、设备采购的一项或者多项实行总承包的，总承包单位应当对其承包的建设工程或者采购的设备的质量负责。

第二十七条　总承包单位依法将建设工程分包给其他单位的，分包单位应当按照分包合同的约定对其分包工程的质量向总承包单位负责，总承包单位与分包单位对分包工程的质量承担连带责任。

第二十八条　施工单位必须按照工程设计图纸和施工技术标准施工，不得擅自修改工程设计，不得偷工减料。

施工单位在施工过程中发现设计文件和图纸有差错的，应当及时提出意见和建议。

第二十九条　施工单位必须按照工程设计要求、施工技术标准和合同约定，对建筑材料、建筑构配件、设备和商品混凝土进行检验，检验应当有书面记录和专人签字；未经检验或者检验不合格的，不得使用。

第三十条　施工单位必须建立、健全施工质量的检验制度，严格工序管理，做好隐蔽工程的质量检查和记录。隐蔽工程在隐蔽前，施工单位应当通知建设单位和建设工程质量监督机构。

第三十一条　施工人员对涉及结构安全的试块、试件及有关材料，应当在建设单位或者工程监理单位监督下现场取样，并送具有相应资质等级的质量检测单位进行检测。

第三十二条　施工单位对施工中出现质量问题的建设工程或者竣工验收不合格的建设工程，应当负责返修。

第三十三条　施工单位应当建立、健全教育培训制度，加强对职工的教育培训；未经教育培训或者考核不合格的人员，不得上岗作业。

第五章　工程监理单位的质量责任和义务

第三十四条　工程监理单位应当依法取得相应等级的资质证书，并在其资质等级许可的范围内承担工程监理业务。

禁止工程监理单位超越本单位资质等级许可的范围或者以其他工程监理单位的名义承担工程监理业务。禁止工程监理单位允许其他单位或者个人以本单位的名义承担工程监理业务。

工程监理单位不得转让工程监理业务。

第三十五条 工程监理单位与被监理工程的施工承包单位及建筑材料、建筑构配件和设备供应单位有隶属关系或者其他利害关系的，不得承担该项建设工程的监理业务。

第三十六条 工程监理单位应当依照法律、法规以及有关技术标准、设计文件和建设工程承包合同，代表建设单位对施工质量实施监理，并对施工质量承担监理责任。

第三十七条 工程监理单位应当选派具备相应资格的总监理工程师和监理工程师进驻施工现场。

未经监理工程师签字，建筑材料、建筑构配件和设备不得在工程上使用或者安装，施工单位不得进行下一道工序的施工。未经总监理工程师签字，建设单位不拨付工程款，不进行竣工验收。

第三十八条 监理工程师应当按照工程监理规范的要求，采取旁站、巡视和平行检验等形式，对建设工程实施监理。

第六章　建设工程质量保修

第三十九条 建设工程实行质量保修制度。

建设工程承包单位在向建设单位提交工程竣工验收报告时，应当向建设单位出具质量保修书。质量保修书中应当明确建设工程的保修范围、保修期限和保修责任等。

第四十条 在正常使用条件下，建设工程的最低保修期限为：

（一）基础设施工程、房屋建筑的地基基础工程和主体结构工程，为设计文件规定的该工程的合理使用年限；

（二）屋面防水工程、有防水要求的卫生间、房间和外墙面的防渗漏，为5年；

（三）供热与供冷系统，为2个采暖期、供冷期；

（四）电气管线、给排水管道、设备安装和装修工程，为2年。

其他项目的保修期限由发包方与承包方约定。

建设工程的保修期，自竣工验收合格之日起计算。

第四十一条 建设工程在保修范围和保修期限内发生质量问题的，施工单位应当履行保修义务，并对造成的损失承担赔偿责任。

第四十二条 建设工程在超过合理使用年限后需要继续使用的，产权所有人应当委托具有相应资质等级的勘察、设计单位鉴定，并根据鉴定结果采取加固、维修等措施，重新界定使用期。

第七章　监 督 管 理

第四十三条 国家实行建设工程质量监督管理制度。

国务院建设行政主管部门对全国的建设工程质量实施统一监督管理。国务院铁路、交通、水利等有关部门按照国务院规定的职责分工，负责对全国的有关专业建设工程质量的监督管理。

县级以上地方人民政府建设行政主管部门对本行政区域内的建设工程质量实施监督管理。县级以上地方人民政府交通、水利等有关部门在各自的职责范围内，负责对本行政区域内的专业建设工程质量的监督管理。

第四十四条　国务院建设行政主管部门和国务院铁路、交通、水利等有关部门应当加强对有关建设工程质量的法律、法规和强制性标准执行情况的监督检查。

第四十五条　国务院发展计划部门按照国务院规定的职责，组织稽查特派员，对国家出资的重大建设项目实施监督检查。

国务院经济贸易主管部门按照国务院规定的职责，对国家重大技术改造项目实施监督检查。

第四十六条　建设工程质量监督管理，可以由建设行政主管部门或者其他有关部门委托的建设工程质量监督机构具体实施。

从事房屋建筑工程和市政基础设施工程质量监督的机构，必须按照国家有关规定经国务院建设行政主管部门或者省、自治区、直辖市人民政府建设行政主管部门考核；从事专业建设工程质量监督的机构，必须按照国家有关规定经国务院有关部门或者省、自治区、直辖市人民政府有关部门考核。经考核合格后，方可实施质量监督。

第四十七条　县级以上地方人民政府建设行政主管部门和其他有关部门应当加强对有关建设工程质量的法律、法规和强制性标准执行情况的监督检查。

第四十八条　县级以上人民政府建设行政主管部门和其他有关部门履行监督检查职责时，有权采取下列措施：

（一）要求被检查的单位提供有关工程质量的文件和资料；

（二）进入被检查单位的施工现场进行检查；

（三）发现有影响工程质量的问题时，责令改正。

第四十九条　建设单位应当自建设工程竣工验收合格之日起 15 日内，将建设工程竣工验收报告和规划、公安消防、环保等部门出具的认可文件或者准许使用文件报建设行政主管部门或者其他有关部门备案。

建设行政主管部门或者其他有关部门发现建设单位在竣工验收过程中有违反国家有关建设工程质量管理规定行为的，责令停止使用，重新组织竣工验收。

第五十条　有关单位和个人对县级以上人民政府建设行政主管部门和其他有关部门进行的监督检查应当支持与配合，不得拒绝或者阻碍建设工程质量监督检查人员依法执行职务。

第五十一条　供水、供电、供气、公安消防等部门或者单位不得明示或者暗示建设单位、施工单位购买其指定的生产供应单位的建筑材料、建筑构配件和设备。

第五十二条　建设工程发生质量事故，有关单位应当在 24 小时内向当地建设行政主管部门和其他有关部门报告。对重大质量事故，事故发生地的建设行政主管部门和其他有关部门应当按照事故类别和等级向当地人民政府和上级建设行政主管部门和其他有关部门报告。

特别重大质量事故的调查程序按照国务院有关规定办理。

第五十三条 任何单位和个人对建设工程的质量事故、质量缺陷都有权检举、控告、投诉。

第八章 罚 则

第五十四条 违反本条例规定，建设单位将建设工程发包给不具有相应资质等级的勘察、设计、施工单位或者委托给不具有相应资质等级的工程监理单位的，责令改正，处 50 万元以上 100 万元以下的罚款。

第五十五条 违反本条例规定，建设单位将建设工程肢解发包的，责令改正，处工程合同价款百分之零点五以上、百分之一以下的罚款；对全部或者部分使用国有资金的项目，并可以暂停项目执行或者暂停资金拨付。

第五十六条 违反本条例规定，建设单位有下列行为之一的，责令改正，处 20 万元以上 50 万元以下的罚款：

（一）迫使承包方以低于成本的价格竞标的；

（二）任意压缩合理工期的；

（三）明示或者暗示设计单位或者施工单位违反工程建设强制性标准，降低工程质量的；

（四）施工图设计文件未经审查或者审查不合格，擅自施工的；

（五）建设项目必须实行工程监理而未实行工程监理的；

（六）未按照国家规定办理工程质量监督手续的；

（七）明示或者暗示施工单位使用不合格的建筑材料、建筑构配件和设备的；

（八）未按照国家规定将竣工验收报告、有关认可文件或者准许使用文件报送备案的。

第五十七条 违反本条例规定，建设单位未取得施工许可证或者开工报告未经批准，擅自施工的，责令停止施工，限期改正，处工程合同价款百分之一以上、百分之二以下的罚款。

第五十八条 违反本条例规定，建设单位有下列行为之一的，责令改正，处工程合同价款百分之二以上、百分之四以下的罚款；造成损失的，依法承担赔偿责任；

（一）未组织竣工验收，擅自交付使用的；

（二）验收不合格，擅自交付使用的；

（三）对不合格的建设工程按照合格工程验收的。

第五十九条 违反本条例规定，建设工程竣工验收后，建设单位未向建设行政主管部门或者其他有关部门移交建设项目档案的，责令改正，处 1 万元以上、10 万元以下的罚款。

第六十条 违反本条例规定，勘察、设计、施工、工程监理单位超越本单位资质等级承揽工程的，责令停止违法行为，对勘察、设计单位或者工程监理单位处合同约定的勘察费、设计费或者监理酬金 1 倍以上、2 倍以下的罚款；对施工单位处工程合同价款百分之二以上、百分之四以下的罚款，可以责令停业整顿，降低资质等级；情节严重的，吊销资质证书；有违法所得的，予以没收。

未取得资质证书承揽工程的，予以取缔，依照前款规定处以罚款；有违法所得的，予以没收。

以欺骗手段取得资质证书承揽工程的，吊销资质证书，依照本条第一款规定处以罚款；有违法所得的，予以没收。

第六十一条　违反本条例规定，勘察、设计、施工、工程监理单位允许其他单位或者个人以本单位名义承揽工程的，责令改正，没收违法所得，对勘察、设计单位和工程监理单位处合同约定的勘察费、设计费和监理酬金 1 倍以上、2 倍以下的罚款；对施工单位处工程合同价款百分之二以上、百分之四以下的罚款；可以责令停业整顿，降低资质等级；情节严重的，吊销资质证书。

第六十二条　违反本条例规定，承包单位将承包的工程转包或者违法分包的，责令改正，没收违法所得，对勘察、设计单位处合同约定的勘察费、设计费百分之二十五以上、百分之五十以下的罚款；对施工单位处工程合同价款百分之零点五以上、百分之一以下的罚款；可以责令停业整顿，降低资质等级；情节严重的，吊销资质证书。

工程监理单位转让工程监理业务的，责令改正，没收违法所得，处合同约定的监理酬金百分之二十五以上、百分之五十以下的罚款；可以责令停业整顿，降低资质等级；情节严重的，吊销资质证书。

第六十三条　违反本条例规定，有下列行为之一的，责令改正，处 10 万元以上、30 万元以下的罚款：

（一）勘察单位未按照工程建设强制性标准进行勘察的；

（二）设计单位未根据勘察成果文件进行工程设计的；

（三）设计单位指定建筑材料、建筑构配件的生产厂、供应商的；

（四）设计单位未按照工程建设强制性标准进行设计的。

有前款所列行为，造成工程质量事故的，责令停业整顿，降低资质等级；情节严重的，吊销资质证书；造成损失的，依法承担赔偿责任。

第六十四条　违反本条例规定，施工单位在施工中偷工减料的，使用不合格的建筑材料、建筑构配件和设备的，或者有不按照工程设计图纸或者施工技术标准施工的其他行为的，责令改正，处工程合同价款百分之二以上、百分之四以下的罚款；造成建设工程质量不符合规定的质量标准的，负责返工、修理，并赔偿因此造成的损失；情节严重的，责令停业整顿，降低资质等级或者吊销资质证书。

第六十五条　违反本条例规定，施工单位未对建筑材料、建筑构配件、设备和商品混凝土进行检验，或者未对涉及结构安全的试块、试件及有关材料取样检测的，责令改正，处 10 万元以上、20 万元以下的罚款；情节严重的，责令停业整顿，降低资质等级或者吊销资质证书；造成损失的，依法承担赔偿责任。

第六十六条　违反本条例规定，施工单位不履行保修义务或者拖延履行保修义务的，责令改正，处10万元以上、20万元以下的罚款，并对在保修期内因质量缺陷造成的损失承担赔偿责任。

第六十七条 工程监理单位有下列行为之一的，责令改正，处50万元以上、100万元以下的罚款，降低资质等级或者吊销资质证书；有违法所得的，予以没收；造成损失的，承担连带赔偿责任：

（一）与建设单位或者施工单位串通，弄虚作假、降低工程质量的；

（二）将不合格的建设工程、建筑材料、建筑构配件和设备按照合格标准签字的。

第六十八条 违反本条例规定，工程监理单位与被监理工程的施工承包单位以及建筑材料、建筑构配件和设备供应单位有隶属关系或者其他利害关系承担该项建设工程的监理业务的，责令改正，处5万元以上、10万元以下的罚款，降低资质等级或者吊销资质证书；有违法所得的，予以没收。

第六十九条 违反本条例规定，涉及建筑主体或者承重结构变动的装修工程，没有设计方案擅自施工的，责令改正，处50万元以上、100万元以下的罚款；房屋建筑使用者在装修过程中擅自变动房屋建筑主体和承重结构的，责令改正，处5万元以上、10万元以下的罚款。

有前款所列行为，造成损失的，依法承担赔偿责任。

第七十条 发生重大工程质量事故隐瞒不报、谎报或者拖延报告期限的，对直接负责的主管人员和其他责任人员依法给予行政处分。

第七十一条 违反本条例规定，供水、供电、供气、公安消防等部门或者单位明示或者暗示建设单位或者施工单位购买其指定的生产供应单位的建筑材料、建筑构配件和设备的，责令改正。

第七十二条 违反本条例规定，注册建筑师、注册结构工程师、监理工程师等注册执业人员因过错造成质量事故的，责令停止执业1年；造成重大质量事故的，吊销执业资格证书，5年以内不予注册；情节特别恶劣的，终身不予注册。

第七十三条 依照本条例规定，给予单位罚款处罚的，对单位直接负责的主管人员和其他直接责任人员处单位罚款数额百分之五以上、百分之十以下的罚款。

第七十四条 建设单位、设计单位、施工单位、工程监理单位违反国家规定，降低工程质量标准，造成重大安全事故，构成犯罪的，对直接责任人员依法追究刑事责任。

第七十五条 本条例规定的责令停业整顿，降低资质等级和吊销资质证书的行政处罚，由颁发资质证书的机关决定；其他行政处罚，由建设行政主管部门或者其他有关部门依照法定职权决定。

依照本条例规定被吊销资质证书的，由工商行政管理部门吊销其营业执照。

第七十六条 国家机关工作人员在建设工程质量监督管理工作中玩忽职守、滥用职权、徇私舞弊，构成犯罪的，依法追究刑事责任；尚不构成犯罪的，依法给予行政处分。

第七十七条 建设、勘察、设计、施工、工程监理单位的工作人员因调动工作、退休等原因离开该单位后，被发现在该单位工作期间违反国家有关建设工程质量管理规定，造成重大工程质量事故的，仍应当依法追究法律责任。

第九章　附　　则

第七十八条　本条例所称肢解发包，是指建设单位将应当由一个承包单位完成的建设工程分解成若干部分发包给不同的承包单位的行为。

本条例所称违法分包，是指下列行为：

（一）总承包单位将建设工程分包给不具备相应资质条件的单位的；

（二）建设工程总承包合同中未有约定，又未经建设单位认可，承包单位将其承包的部分建设工程交由其他单位完成的；

（三）施工总承包单位将建设工程主体结构的施工分包给其他单位的；

（四）分包单位将其承包的建设工程再分包的。

本条例所称转包，是指承包单位承包建设工程后，不履行合同约定的责任和义务，将其承包的全部建设工程转给他人或者将其承包的全部建设工程肢解以后以分包的名义分别转给其他单位承包的行为。

第七十九条　本条例规定的罚款和没收的违法所得，必须全部上缴国库。

第八十条　抢险救灾及其他临时性房屋建筑和农民自建低层住宅的建设活动，不适用本条例。

第八十一条　军事建设工程的管理，按照中央军事委员会的有关规定执行。

第八十二条　本条例自发布之日起施行。

附：刑法有关条款

第一百三十七条　建设单位、设计单位、施工单位、工程监理单位违反国家规定，降低工程质量标准，造成重大安全事故的，对直接责任人员处五年以下有期徒刑或者拘役，并处罚金；后果特别严重的，处五年以上、十年以下有期徒刑，并处罚金。

参考文献

[1] 陆云. 房屋修缮与预算. 北京：高等教育出版社，2003.

[2] 何石岩. 房屋管理与维修. 北京：机械工业出版社，2009.

[3] 韩继云. 建筑物检测鉴定：加固改造技术与工程实例. 北京：化学工业出版社，2008.

[4] 王振斌. 建筑构造. 北京：科学出版社，2007.

[5] 肖博成. 住宅工程质量分户验收：指南与实例. 北京：中国建筑工业出版社，2006.

[6] 刘文新. 房屋维修技术与预算. 武汉：华中科技大学出版社，2006.

[7] 张伟. 物业修缮技术. 北京：科学出版社，2006.

[8] 范锡盛. 建筑物改造与维修加固新技术. 北京：中国建材工业出版社，1999.

[9] 廖天平. 建筑工程定额与预算. 北京：高等教育出版社，2002.

[10] 刘群. 房屋维修与管理. 北京：高等教育出版社，2003.